Teubner Studienbücher der Geographie

E. Löffler
Geographie und Fernerkundung

Teubner Studienbücher der Geographie

Herausgegeben von
Prof. Dr. Ch. Borcherdt, Stuttgart
Prof. Dr. C. Rathjens, Saarbrücken
Prof. Dr. E. Wirth, Erlangen

Die Studienbücher der Geographie wollen wichtige Teilgebiete, Probleme und Methoden des Faches, insbesondere der Allgemeinen Geographie, zur Darstellung bringen. Dabei wird die herkömmliche Systematik der Geographischen Wissenschaft allenfalls als ordnendes Prinzip verstanden. Über Teildisziplinen hinweggreifende Fragestellungen sollen die vielseitigen Verknüpfungen der Problemkreise wenigstens andeutungsweise sichtbar machen. Je nach der Thematik oder dem Forschungsstand werden einige Sachgebiete in theoretischer Analyse oder in weltweiten Übersichten, andere hingegen in räumlicher Einschränkung behandelt. Der Umfang der Studienbücher schließt ein Streben nach Vollständigkeit bei der Behandlung der einzelnen Themen aus. Den Herausgebern liegt besonders daran, Problemstellungen und Denkansätze deutlich werden zu lassen. Großer Wert wird deshalb auf didaktische Verarbeitung sowie klare und verständliche Darstellung gelegt. Die Reihe dient den Studierenden der Geographie zum ergänzenden Eigenstudium, den Lehrern des Faches zur Fortbildung und den an Einzelthemen interessierten Angehörigen anderer Fächer zur Einführung in Teilgebiete der Geographie.

Geographie und Fernerkundung

Eine Einführung in die geographische
Interpretation von Luftbildern
und modernen Fernerkundungsdaten

Von Dr. rer. nat. Ernst Löffler
Professor an der Universität des Saarlandes

Mit 121 Abbildungen

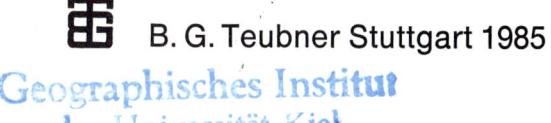

B. G. Teubner Stuttgart 1985

Prof. Dr. rer. nat. Ernst Löffler

1939 geboren in Heilbronn, Studium der Geographie, Geologie, Botanik, Mathematik 1959 – 1966, Promotion 1967 in Heidelberg. 1967 – 1981 Anstellung als Research Scientist, ab 1979 Principal Research Scientist, bei der australischen Division of Land Use Research der Commonwealth Scientific and Industrial Research Organization (CSIRO). Geländearbeiten mit starkem Praxisbezug in Papua New Guinea, Australien, Iran, Indonesien und Thailand.
1979 Habilitation in Mainz, 1981 – 1985 Professor für physische Geographie an der Universität Erlangen-Nürnberg, seit Sommersemester 1985 Lehrstuhl Physikalische Geographie, Universität des Saarlandes.

CIP Kurztitelaufnahme der Deutschen Bibliothek

Löffler, Ernst:
Geographie und Fernerkundung : e. Einf. in d. geograph. Interpretation von Luftbildern u. modernen Fernerkundungsdaten / von Ernst Löffler. – Stuttgart : Teubner, 1985.
 (Teubner-Studienbücher : Geographie)
 ISBN 3-519-03423-9

Das Werk ist urheberrechtlich geschützt. Die dadurch begründeten Rechte, besonders die der Übersetzung, des Nachdrucks, der Bildentnahme, der Funksendung, der Wiedergabe auf photomechanischem oder ähnlichem Wege, der Speicherung und Auswertung in Datenverarbeitungsanlagen, bleiben, auch bei Verwertung von Teilen des Werkes, dem Verlag vorbehalten.

Bei gewerblichen Zwecken dienender Vervielfältigung ist an den Verlag gemäß § 54 UrhG eine Vergütung zu zahlen, deren Höhe mit dem Verlag zu vereinbaren ist.

© B. G. Teubner Stuttgart 1985

Printed in Germany
Gesamtherstellung: Präzis-Druck GmbH, Karlsruhe
Umschlaggestaltung: M. Koch, Reutlingen

Vorwort

Als ich kurz nach meiner Rückkehr aus Australien von dem Mitherausgeber dieser Studienbuchreihe E. Wirth gefragt wurde, ob ich bereit sei, ein kurzes, einführendes Studienbuch zur geographischen Fernerkundung zu schreiben, war meine erste Reaktion negativ. Wozu noch ein neues Buch über Fernerkundung? Es gibt bereits eine Vielzahl ausgezeichneter Handbücher und Einführungen über dieses Gebiet (siehe Literaturverzeichnis), allerdings hauptsächlich in englischer Sprache. Außerdem erschien 1983 das nahezu 2500-seitige Manual of Remote Sensing (COLWELL 1983), das unter der Mitarbeit von über 200 namhaften Wissenschaftlern erstellt wurde und mit Tausenden von Literaturangaben und zahlreichen Illustrationen und Bildbeispielen ausgestattet ist. Auch die als Einführungen gedachten, allerdings oft sehr anspruchsvollen Handbücher von LILLESAND und KIEFER 1979, BARRETT und CURTIS 1982, SCHANDA 1976, TOWNSHEND 1981, SABINS 1978, VERSTAPPEN 1977, SCHNEIDER 1974, LINTZ und SIMONETT 1976, um nur die wichtigsten zu nennen, schienen mir die Notwendigkeit eines weiteren Buches zu erübrigen.

Dennoch sagte ich schließlich zu, nicht nur wegen der Überredungskunst meines Kollegen Wirth, sondern weil ich zu der Überzeugung gelangte, daß im deutschsprachigen Raum ein zusammenfassendes, einführendes Buch, welches sich hauptsächlich an den Studenten wendet und daher weder zu teuer, noch zu technisch, noch zu ausführlich ist und das sich schwerpunktmäßig auf die geographische Anwendung der Fernerkundung konzentriert, immer noch fehlt. Auch fiel mir auf, daß die Fernerkundung an deutschen Geographischen Instituten – von wenigen Ausnahmen abgesehen – wesentlich weniger intensiv betrieben wird als etwa im angelsächsischen Bereich, wo die Fernerkundung ein zentraler Bestandteil der geographischen Ausbildung ist. Das zeigt sich beispielsweise in der geringen Anwendung der Luftbildinterpretation in Arbeiten zur naturräumlichen Gliederung Deutschlands (obwohl hier kriegsbedingte Beschränkungen auch eine Rolle spielten); auch in Arbeiten wie der geomorphologischen Detailkartierung Deutschlands werden Luftbilder nicht in dem zu erwartenden Maße eingesetzt. Diese Situation ist umso erstaunlicher, als gerade in Deutschland die Bedeutung der Fernerkundung für die geographische Forschung schon sehr früh durch Wissenschaftler wie CARL TROLL und HANS BOBEK herausgestellt wurde.

Die Situation hat sich allerdings im letzten Jahrzehnt mit dem Erscheinen der ersten Landsatbilder sowie dem Einsatz des reflektierten und thermalen Infrarot deutlich gewandelt. Gleichzeitig änderte sich damit die Lage in der Forschung. Wurde zur Zeit der Luftbildauswertung die Entwicklung der Methodik hauptsächlich von Geologen, Geographen, Glaziologen, Bodenkundlern, Forstwissenschaftlern, Archäologen, also von geländeorientierten Wissenschaftlern getragen, so sind heute Physiker, Mathematiker, Informatiker und Techniker in starkem Maße daran beteiligt; sie spielen eine immer größere und unentbehrlichere Rolle. Wenn HILDEBRAND (1976) vor 10 Jahren feststellte, daß damit der traditionelle „Einzelkämpfer" unter den Wissenschaftlern immer mehr gegenüber dem interdisziplinären Team, aber auch das Einzelforschungsprojekt gegenüber dem Großforschungsprojekt und das kleine Institut gegenüber dem finanziell und personell großzügig ausgestatteten Großforschungsinstitut zurücktritt, so gilt dies heute in noch stärkerem Maße. Dies spiegelt sich auch deutlich in den Verfasserlisten der führenden internationalen Zeitschriften zur Fernerkundung wider; Veröffentlichungen von Einzelautoren sind zur Seltenheit geworden.

Das vorliegende Buch stellt allerdings im Gegensatz zu dem Gesagten eine Einzelarbeit dar, aber das liegt einfach daran, daß es sich um keine originäre Forschungsleistung handelt, sondern um eine Zusammenfassung von Ergebnissen zahlreicher Arbeiten. Ich konnte auf ausgezeichnetes Material zurückgreifen, und das Buch beschränkt sich im wesentlichen auf geographisch wichtige Aspekte. Es fällt einem Einzelnen leichter, ein einigermaßen geschlossenes Buch über ein komplexes und vielfältiges Thema zu schreiben, auch wenn dabei selbstverständlich die persönliche Erfahrung, das Interesse und auch die Schwächen des Verfassers stärker in den Vordergrund treten.

Das vorliegende Buch soll jedoch keine Einführung in die Fernerkundung sein und auch kein Handbuch, sondern ein Studienbuch, welches dem Studenten und hoffentlich auch dem interessierten Nicht-Fachmann einen Einblick in die Möglichkeiten und Grenzen der Fernerkundung für geographische Fragen- und Aufgabenstellungen gibt. Ich mache kein Hehl daraus, daß ich als Geograph mich vornehmlich als Geländewissenschaftler sehe und daher stärker an den wissenschaftlichen und praxisbezogenen Anwendungen und Aussagemöglichkeiten der Fernerkundung interessiert bin als an der Technik der Datenaufnahme und Datenverarbeitung. Auch mir fällt es nicht leicht, der technologischen Entwicklung zu folgen und die Details der technischen und physikalischen Zusammenhänge zu verstehen. Ich habe mich hierbei vor allem auf die oben angeführten Handbücher, das Manual of Remote Sensing und die verschiedenen Data Users Handbooks gestützt. Ich glaube aber, daß gerade bei der technologischen Komplexität der modernen Fernerkundung der Blick „von unten nach oben", also vom Gelände zum Fernerkundungssystem, wichtig ist, da letztlich der Nutzer, der nun einmal der geländeorientierte Wissenschaftler und Praktiker ist, über die Brauchbarkeit und Aussagekraft der Fernerkundungsdaten entscheiden wird. Die Faszination des technischen Fortschritts und die nahezu unbegrenzten Möglichkeiten der Datengewinnung, -verarbeitung und -manipulierung sollten unsere Einsicht in die eigentliche Aufgabe der Fernerkundung als Hilfsmittel in der effektiveren, genaueren und schnelleren Erforschung und Überwachung unserer Umwelt nicht verstellen. Die Fernerkundung sollte daher nicht um ihrer selbst willen betrieben werden, sondern immer mit einem klaren Bezug zum Gelände.

Mein Dank gilt den Herausgebern des Studienbuches, vor allem den Kollegen Rathjens und Wirth, für ihre Ermutigung und konstruktive Kritik. Besonders danken möchte ich an dieser Stelle auch meinen Freunden und früheren Kollegen in Australien, allen voran meinen Teamkameraden in der Division of Land Use Research, mit denen ich im schwierigen Gelände von Neu Guinea und Australien, aber auch in den nüchternen Büro- und Laborräumen in Canberra 13 Jahre lang zusammengearbeitet habe. Dr. D. Jupp, Leiter der Remote Sensing Abteilung und seine Mitarbeiter haben mir den Schritt vom Luftbild zur digitalen Bildverarbeitung erleichtert und in großzügiger Weise bei der Auswertung und Durchführung der Bildanalysen geholfen. Mein herzlicher Dank gilt auch Dipl. Ing. M. Bloss, Prof. W. Hütteroth, Dipl. Ing. K.H. Lambert und Dr. D. Soyez für die kritische Durchsicht des Manuskriptentwurfs, für die großzügige Bereitstellung von Bildmaterial danke ich Prof. J. Bodechtel, Dr. W. Endlicher, Dr. H. Lücke, Dr. F. F. Sabins und insbesondere Dr. R. Winter von der DFVLR. K. Brunner, E. Gläßel und A. Löffler haben dankenswerterweise bei der sprachlichen Überarbeitung des Textes geholfen und E. Göncü hat mit großer Geduld das Manuskript mehrmals neu geschrieben. Die Strichzeichnungen wurden mit großer Sorgfalt von R. Rössler angefertigt.

Erlangen, Februar 1985　　　　　　　　　　　　　　　　　　　　　　　Ernst Löffler

Inhalt

1 Einführung 19

   1.1 Entwicklung der Fernerkundung vom Luftbild zu modernen, elektronischen Fernerkundungssystemen 21
   1.2 Anwendungs- und Aussagemöglichkeiten der Fernerkundung in der Geographie 23

2 Technische Grundlagen der Fernerkundung 26

   2.1 Physikalische Grundlagen 26
      2.1.1 Die elektromagnetische Strahlung 26
      2.1.2 Atmosphärische Beeinflussung der Stahlung 28
      2.1.3 Reflexion und Streuung 29
      2.1.4 Spektraleigenschaften des Lichts 29
      2.1.5 Infrarotstrahlung 30
      2.1.6 Mikrowellen 30
   2.2 Fernerkundungsplattformen 31
      2.2.1 Flugzeuge 31
      2.2.2 Satelliten und Raumschiffe 32
         2.2.2.1 Umlaufbahnen 32
         2.2.2.2 Aufbau und Ausstattung der Landsat-Satelliten 38
         2.2.2.3 Das Worldwide Reference System (WRS) 40
   2.3 Fernerkundungssysteme 41
      2.3.1 Photokameras und Filme 41
         2.3.1.1 Kameras 41
         2.3.1.2 Metric Camera 42
         2.3.1.3 Schwarzweißfilme 44
         2.3.1.4 Farbfilme 44
         2.3.1.5 Infrarotfarbfilme 46
      2.3.2 Fernsehkameras (Return Beam Vidicon, RBV) 50
      2.3.3 Der Multispektralabtaster (MSS) 52
      2.3.4 Thematic Mapper (TM) 53
      2.3.5 Opto-elektronische Aufnahmesysteme 55
      2.3.6 MOMS (Modular Optoelectronic Multispectral Scanner) 56
      2.3.7 SPOT HRV 57
      2.3.8 Datenverarbeitung 60
         2.3.8.1 Datenaufnahme 61

10 Inhalt

2.3.8.2 Datenempfang	63
2.3.8.3 Geometrische und radiometrische Fehler	64
2.3.8.4 Bildherstellung	65
2.3.8.5 Bildverbesserung (Image Inhancements)	65
2.3.9 Thermale Infrarotabtaster und Radiometer	69
2.3.10 Radar (SLAR und SAR)	71
2.3.10.1 Arbeitsweise des SLAR (Reale Apertur)	72
2.3.10.2 Synthetische Apertur-Systeme	73
2.3.11 Lidar (Laser Radar)	74
2.3.12 Passive Mikrowellensysteme	75
2.3.13 Fernerkundungssysteme in der Meteorologie	75
2.3.14 Auflösungsvermögen von Fernerkundungssystemen	78

3 Das Luftbild: Geometrische Grundlagen und kartographische Anwendung 81

3.1 Geometrie des Luftbildes	84
3.1.1 Grundbegriffe	86
3.1.2 Maßstab	87
3.1.3 Der höhenbedingte Versatz von Bildpunkten	88
3.2 Stereoskopisches Betrachten	90
3.2.1 Linsenstereoskope	91
3.2.2 Spiegelstereoskope	92
3.2.3 Vertikale Überhöhung	95
3.3 Die Parallaxe und ihre photogrammetrische Anwendung	96
3.3.1 Messung der Parallaxe	97
3.3.2 Messungen von Höhenunterschieden mit Hilfe der Parallaxe	99
3.3.3 Ermittlung von Hangneigungen	101
3.4 Einfache Methoden der Entzerrung	103
3.5 Orthophotos	106

4 Interpretation von photographischen Bildern 110

4.1 Allgemeine Richtlinien	113
4.2 Interpretationsschlüssel	117
4.3 Geomorphologische und geologische Luftbildauswertung	118
4.3.1 Das fluviatile Abtragungsrelief mit fehlender oder geringer Anlehnung an die Struktur	119
4.3.2 Das fluviatile Abtragungsrelief mit deutlicher Anlehnung an die Struktur	127
4.3.3 Das Karst-Relief	130

4.3.4	Das glaziale Relief	131
4.3.5	Akkumulationsformen	135
4.3.6	Vulkanische Oberflächenformen	140
4.3.7	Das Gewässernetz	143
4.4	Interpretation der Vegetation	146
4.5	Böden	148
4.6	Bodenzerstörung und Bodenverschlechterung	151
4.7	Naturräumliche Gliederung, Landklassifizierung und Landressourcenkartierung	157
4.8	Siedlungshistorische und archäologische Luftbildauswertung	160
4.9	Landnutzung	162
4.10	Ländliche Siedlungen	165
4.11	Städte	167
4.12	Industrie	171

5 Interpretation von modernen Fernerkundungsdaten — 173

5.1	Interpretation von Bildern aus dem reflektierten Infrarot	173
	5.1.1 Anwendung	176
5.2	Thermale Infrarotbilder	177
5.3	Die Interpretation von Landsat-MSS-Bildern	188
	5.3.1 Die visuelle Interpretation	188
	5.3.2 Beispiele der visuellen Interpretation von MSS-Daten	190
	5.3.3 Automatische Klassifizierungen	197
	5.3.4 Beispiele für automatische Klassifizierungen	200
5.4	Seitensichtradaraufnahmen und ihre Interpretation	202
	5.4.1 Faktoren, die das Radarecho beeinflussen	202
	5.4.2 Interpretation von Beispielen	205

6 Weitere Bereiche der Anwendung von Fernerkundungsdaten — 210

6.1	Hydrologische und Hydrogeologische Fragestellungen	210
	6.1.1 Oberflächenwasser	210
	6.1.2 Grundwasser	213
6.2	Fernerkundung und meereskundliche Fragestellung	214
6.3	Naturgefahren	215
6.4	Wetter und Klima	218
6.5	Untersuchungen über Wildbestände und -habitats	219

12 Inhalt

7 Ausblick: Fernerkundung zwischen technischen Möglichkeiten und natürlichen Grenzen 222

7.1 Auflösungsvermögen 222
7.2 Das Problem der Datenschwemme 223
7.3 Kosten 224
7.4 Technische Perfektion versus natürliche Limitation 225
7.5 Zukunftsperspektiven 228

Verzeichnis der Abkürzungen 229

Literaturhinweise 230

Sachregister 240

Verzeichnis der Abbildungen

2.1 Das elektromagnetische Spektrum   S. 27
2.2 Arten des Umlaufs   S. 33
2.3 Tägliche Umlaufbahnen von Landsat 1–3   S. 34
2.4 Folge der Umläufe von Landsat 1–3   S. 37
2.5 Folge der Umläufe von Landsat 4/5   S. 37
2.6 Landsat 1–3   S. 39
2.7 Landsat 4/5   S. 39
2.8 a WRS (Worldwide Reference System) für Deutschland; Landsat 1–3   S. 41
2.8 b WRS für Deutschland; Landsat 4/5   S. 41
2.9 Metric-Camera-Bild über dem südlichen Iran   S. 43
2.10 Additive und subtraktive Farbmischung   S. 45
2.11 Aufbau und Farbwiedergabe eines Farbfilms   S. 46
2.12 Aufbau und Farbwiedergabe eines Infrarotfilms   S. 47
2.13 Farbmischprojektor   S. 48
2.14 Prinzip des Diazo-Prozesses   S. 49
2.15 a, b Prinzip der Return Beam Vidicon (RBV)   S. 51
2.16 a, b Prinzip eines Multispektralabtasters (MSS) und Abtastvorgang beim Landsat MSS   S. 52
2.17 Thematic Mapper (TM)-Bild von der deutschen Mittelgebirgsschwelle   S. 54
2.18 Optoelektronischer Abtaster   S. 55
2.19 Prinzip der MOMS-Doppeloptik   S. 56
2.20 MOMS-Bild   S. 58
2.21 a Prinzip des SPOT HRV   S. 59
2.21 b Unterschiedliche Aufnahmemöglichkeiten des SPOT durch Schrägstellung des Sichtspiegels   S. 59
2.22 Wiederholtes Aufzeichnen desselben Gebiets durch SPOT   S. 60
2.23 Überlappung der Bildelemente bei Landsat 1–3   S. 61
2.24 Integrierte Natur der Reflexion innerhalb eines Bildelements   S. 62
2.25 Sichtbarwerden von Erscheinungen, die kleiner als ein Bildelement sind   S. 62
2.26 Vorhandene Landsat-Stationen   S. 64
2.27 Landsat MSS-Szene mit und ohne Kontrastdehnung   S. 66
2.28 Prinzip von Dehnungsverfahren   S. 67
2.29 Thermaler Infrarot-Abtaster   S. 69
2.30 Abtastvorgang während einer TIR-Befliegung   S. 70
2.31 Prinzip einer SLAR-Aufnahme   S. 72
2.32 Geostationäre Wettersatelliten   S. 77
2.33 Meteosat-Aufnahme   S. 78

3.1 Schrägluftbild   S. 81
3.2 Prinzip der Befliegung   S. 82
3.3 Systematische Befliegung und Überlappung   S. 83

Verzeichnis der Abbildungen

3.4 Zentralperspektivische Abbildung und Parallelprojektion   S. 84
3.5 Versatz von Bildpunkten unterschiedlicher Höhenlage   S. 85
3.6 Senkrechtluftbild mit Randmarken, Rahmenmarken, Bildbasis   S. 86
3.7 Höhenbedingter Versatz von Bildpunkten   S. 89
3.8 Ausrichtung von Luftbildpaaren unter dem Linsenstereoskop   S. 91
3.9a Strahlengang im Spiegelstereoskop   S. 92
3.9b Ausrichtung eines Luftbildpaars unter dem Spiegelstereoskop   S. 93
3.10 Ausrichtung von Luftbildern anhand der Bildmittelpunkte   S. 94
3.11 Überhöhter Reliefeindruck   S. 95
3.12 Verhältnis Aufnahmebasis und Flughöhe zur Überhöhung   S. 96
3.13 Die Parallaxe   S. 97
3.14 Geometrische Beziehung zwischen Parallaxe und anderen Luftbildparametern   S. 98
3.15 Geometrische Beziehung zwischen Höhenunterschieden zweier Punkte und dem Parallaxenunterschied   S. 100
3.16 Stereomikrometer   S. 101
3.17 Messung von Hangneigungen   S. 102
3.18 Dreipunktmethode   S. 102
3.19 Messung der Schichtmächtigkeit   S. 103
3.20 Einfache Entzerrung von Bildpunkten   S. 104
3.21 Methode der einfachen Radialtriangulation   S. 105
3.22 Orthophoto mit Höhenlinien   S. 107
3.23 Prinzip des Orthophotoskops   S. 108

4.1 Der Grauton des Luftbilds   S. 114
4.2 Geomorphologische Interpretationsskizze zu Abb. 4.1   S. 115
4.3 Textur eines Luftbilds   S. 117
4.4 Das Abtragungsrelief auf feinklastischen tonreichen Gesteinen   S. 119
4.5 Abtragungsrelief auf feinklastischen Gesteinen in einem tropisch humiden Gebiet   S. 120
4.6 Abtragungsrelief auf grobklastischen Gesteinen (Sandstein) im immerfeuchten Hochland von Neuguinea   S. 121
4.7 Abtragungsrelief auf Sandstein in einem semiariden Gebiet   S. 122
4.8 Abtragungsrelief auf ultrabasischen und metamorphen Gesteinen   S. 123
4.9 Abtragungsrelief auf Granit   S. 125
4.10 Abtragungsrelief auf Granit in Trockengebieten   S. 126
4.11 Plateaulandschaft der Kirchauff Ranges, Zentralaustralien   S. 127
4.12 Schichtstufenlandschaft der Schwäbischen Alb   S. 128
4.13 Schichtrippen und Schichtkämme   S. 129
4.14 Tropischer Karst   S. 131
4.15 Die glaziale Überformung von Hochgebirgen   S. 132
4.16 Grundmoränenlandschaft   S. 133
4.17 Subglaziale Schmelzwasserablagerungen   S. 134
4.18 Schwemmfächer   S. 136
4.19 Alluvialebene mit stark mäandrierendem Fluß   S. 137

Verzeichnis der Abbildungen 15

4.20 Typische Luftbildmuster einer Mangrovenküste   S. 138
4.21 Ausgedehnte Längsdünen im ariden Australien   S. 139
4.22 Stratovulkan des Mt Tavurvur   S. 141
4.23 Schildvulkan   S. 142
4.24 Vulkanische Decken   S. 143
4.25 Die wichtigsten Gewässernetztypen   S. 145
4.26 Pflanzensukzessionen an einem jungen Vulkan   S. 147
4.27 Unterschiedliche Bodeneinheiten und Luftbildmuster   S. 150
4.28 Konzept der Erfassung der Bodenzerstörung   S. 153
4.29 Aktuelle Bodenzerstörung im Einzugsgebiet des Karaj Dammes, Iran   S. 154
4.30 Bodenversalzung im unteren Mun-River Becken, Nordostthailand   S. 155
4.31 Reisbaulandschaft im Mun-River Gebiet, Nordostthailand   S. 156
4.32 Beispiel eines Landsystems   S. 159
4.33 Das Luftbild in der archäologischen Forschung   S. 161
4.34 Flurbereinigung im Luftbild   S. 163
4.35 Landgewinnung an der ostfriesischen Küste bei Greetsiel   S. 164
4.36 Ausgeprägte Streusiedlung in Neuguinea   S. 166
4.37 Phasen der Stadterweiterung am Beispiel von Nördlingen   S. 168
4.38 Die bauliche Differenzierung marokkanischer Städte   S. 169
4.39 Industrieanlage Völklingen/Saarland   S. 172

5.1 Reflexion von Vegetation, Boden und Wasser im sichtbaren und nahen Infrarotbereich   S. 173
5.2 Vergleich eines panchromatischen und infraroten Luftbilds   S. 174
5.3 Vergleich eines panchromatischen und infraroten Films   S. 175
5.4 Thermale Infrarotaufnahme (Nacht) und konventionelles Luftbild   S. 178
5.5 Interpretationsskizze zu Abb. 5.4   S. 179
5.6 Temperaturveränderung in der Saar aufgrund der Einleitung von thermalen Abwässern   S. 181
5.7 Temperaturverteilung über die Flußbreite des Oberrheins   S. 182
5.8 Kontrastverstärktes Thermalbild der Großterrassen am Fohrenberg   S. 183
5.9a Tag-HCMM-Aufnahme der Alpen und des Oberrheingebiets   S. 186
5.9b Nacht-HCMM-Aufnahme   S. 187
5.10 Landsat MSS-Bilder aus Nordostthailand (Khorat Plateau)   S. 189
5.11 Beispiel einer naturräumlichen Kartierung im Gebiet des Flinders Ranges, Südaustralien   S. 191
5.12 Landsat MSS-Szene aus Papua Neuguinea   S. 194
5.13 Interpretationsskizze zu 5.12   S. 195
5.14 Prinzip der Reliefdarstellung in den verschiedenen Abbildungsmöglichkeiten   S. 203
5.15 SLAR-Aufnahme (slant range) aus dem westlichen Papua Neuguinea und Interpretationsskizze   S. 206
5.16 SLAR-Aufnahme aus dem südlichen Zentralgebirge von Papua Neuguinea   S. 207
5.17 SLAR-Aufnahme aus dem Sepik River-Gebiet, Papua Neuguinea   S. 207

5.18 Sesat SAR-Aufnahme der Niederrheinischen Bucht vom 28. 8. 1978   S. 208

6.1 Landsat-Aufnahme von Überschwemmungen   S. 211
6.2 Großräumige Erfassung überfluteter Gebiete mit Hilfe von Mikrowellenaufnahmen   S. 212
6.3 a, b Mt. St. Helens vor und nach der katastrophalen Eruption vom 18.5.1980   S. 217
6.4 Landsatbild aus der Nullarbor-Ebene mit Höhlenbauten von Wombats   S. 220

Bildquellen und Freigaben

Die folgenden Institutionen stellten freundlicherweise Bildmaterial zur Verfügung bzw. genehmigten die Reproduktion.

Aero Photo GmbH & Co
Abb. 4.34; Freigabe: Reg. Präsident Darmstadt unter Nr. 2008/80
Ausgrabung Tell Schech Hamad 1984, Abb. 4.33. Luftaufnahme durchgeführt mit Genehmigung des Landwirtschaftsministeriums und in Zusammenarbeit mit der Arabischen Republik Syrien, der Generaldirektion der Syrischen Antikenverwaltung und der Gesellschaft für Technische Zusammenarbeit.

Bayerisches Landesvermessungsamt
Abb. 3.6; Aufnahme aus dem Bayerischen Landesluftbildarchiv,
Freigabe: Bayerisches Landesvermessungsamt unter Nr. 189
Abb. 4.17; Aufnahme aus dem Bayerischen Landesluftbildarchiv,
Freigabe: Regierung von Oberbayern, Nr. 67/88 155

Carl Zeiss Photogrammetrisches Laboratorium, Oberkochen
Abb. 4.12; Freigabe Nr. 031/0039, Reg. Präsident Nord Württemberg und Abb. 5.2; Freigabe Nr. 18/10, Reg. Präsident Düsseldorf

DFVLR (Deutsche Forschungs- und Versuchsanstalt für Luft- und Raumfahrt)
Abb. 2.9; 2.17; 2.20; 2.33; 5.18

Division of National Mapping, Department of National Development, Canberra, Australien
Abb. 4.4; 4.7; 4.10; 4.11; 4.13; 4.21; 4.24
Alle Aufnahmen sind Crown Copyright reserved

Department of Lands and Mines, Port Moresby, Papua New Guinea
Abb. 4.1; 4.5; 4.6; 4.8; 4.14; 4.15; 4.19; 4.20; 4.23;

Hansa Luftbild GmbH
Abb. 4.35; Freigabe Nr. PK 714, 11.10.1957, Reg. Präsident Münster/Westf.

IFG Verlag, Neu Isenburg
Abb. 4.37; Freigabe G 35/24, Bayerischer Staatsminister für Wirtschaft und Verkehr

Landesvermessungsamt des Saarlandes, Saarbrücken
Abb. 4.39; Freigabe Nr. 697, Reg. Präsident Münster

Luftbild und Rechenstelle der Landeskulturverwaltung Rheinland-Pfalz
Abb. 4.3; Freigabe Nr. 1013/73, Reg. Präsident Darmstadt

Geological Society of America, Boulder
Abb. 5.5 a, b

Rikets Allmänna Kartvern, Stockholm
Abb. 4.17

Royal Irrigation Department, Bangkok, Thailand
Abb. 4.27; 4.31

USGS Photography
Abb. 4.18

1 Einführung

Unter den geographischen Hilfsmitteln gibt es sicherlich keines, welches in den vergangenen 2 Jahrzehnten eine schnellere Entwicklung erfahren hat als die Fernerkundung. Diese Entwicklung wurde allerdings weniger von Geowissenschaftlern oder gar Geographen getragen, sondern von Technikern. Sie fand auch weitgehend außerhalb der Universitäten in großzügig finanzierten und ausgestatteten Forschungsanstalten statt. Dennoch hat die Fernerkundung auch die geographische Forschung in starkem Maße stimuliert, und besonders der Einsatz der Satelliten hat ihr neue und faszinierende Möglichkeiten eröffnet, die gar als „dritte Entdeckung der Erde" (BODECHTEL und GIERLOFF-EMDEN 1973) bezeichnet wurden.
Gleichzeitig hat sich jedoch aufgrund der technologischen Komplexität und des hohen Aufwands an finanziellen Mitteln, der nicht allein mit dem Einsatz der neuen Systeme, sondern auch mit der Auswertung der Daten verbunden ist, eine Kluft zwischen den im Gelände arbeitenden Wissenschaftlern und den in den technologischen Disziplinen tätigen Wissenschaftlern entwickelt.
Fernerkundung ist keine Wissenschaft, sondern ein modernes Hilfsmittel, eine Technik, vergleichbar mit der Mikroskopie, welche von einer Vielzahl von wissenschaftlichen Disziplinen eingesetzt wird und zur Lösung vieler Fragen beitragen kann. Hierbei wird in den seltensten Fällen die Fernerkundung das alleinige Arbeitsverfahren sein, sondern eine Ergänzung anderer meist geländebezogener Hilfsmittel darstellen. Daher ist es auch schwierig, allgemein gültige Rezepte und Vorgehensweisen für die geographische Interpretation von Fernerkundungsdaten zu geben. Diese werden sich vielmehr im einzelnen in Abhängigkeit von Fragestellung, Untersuchungsgebiet, Stand der Forschung in diesem Gebiet, Detail der Untersuchung, vorhandenen Fernerkundungsdaten und Auswertegeräten und nicht zuletzt von der persönlichen Erfahrung des Interpreten unterscheiden. Das Ziel des vorliegenden Buches ist daher mehr darauf ausgerichtet, grundsätzliche Zusammenhänge aufzuzeigen und mit relativ wenigen Beispielen zu erläutern. Die Zahl der Bildbeispiele wurde aus Kostengründen möglichst niedrig gehalten, und auf Farbaufnahmen wurde ganz verzichtet, was insbesondere deshalb nicht allzu schwer fiel, weil es eine Reihe ausgezeichneter und leicht zugänglicher Publikationen mit zahlreichen Interpretationsbeispielen gibt. An deutschen Zeitschriften sind hier vor allem „Die Erde" zu nennen, die in jedem Heft zumindest ein Interpretationsbeispiel enthält, und „Bildmessung und Luftbildwesen", eine Zeitschrift, die sich zwar mehr den technischen Aspekten der Fernerkundung widmet, aber auch Interpretationsbeispiele, insbesondere von modernen Fernerkundungsdaten, enthält. Zahlreiche Beispiele sind natürlich auch in den verschiedenen Luftbildatlanten, der Serie „Luftbildinterpretation: Landschaftstypen und Landschaftsräume der Bundesrepublik Deutschland", den verschiedenen Satellitenbildbänden (BODECHTEL und GIERLOFF-EMDEN 1973, GIERLOFF-EMDEN 1977, MAYER et al. 1981) und nicht zuletzt den Lehrbüchern und anderen Veröffentlichungen vorhanden (z. B. KRONBERG 1967, 1984; SCHNEIDER 1974, 1984; DIETZ 1981; G. R. 32, 1980; G. R. 33, 1981; Praxis Geographie 1981).

Die Komplexität der Fernerkundung und ihrer methodischen Anwendung, aber auch die Komplexität der Umwelt, erfordern eine multidisziplinäre Arbeitsweise. Hier sind dem Einzelnen, der darüber zu berichten versucht, deutliche Grenzen gesetzt. Es war daher von vornherein klar, daß dieses Buch keine Vollständigkeit anstreben und auch keine allgemeine Einführung in die Fernerkundung sein kann, sondern eine Einführung, die sich im wesentlichen auf die für geographische Fragestellungen wichtigen Aspekte beschränkt.

Hierbei wurde der konventionellen Luftbildinterpretation und der visuellen Auswertung von Fernerkundungsdaten wesentlich mehr Raum zugesprochen, weil ich der Überzeugung bin, daß die photographischen Systeme weiterhin die wichtigsten Fernerkundungssysteme bleiben werden, weil ein Verständnis der konventionellen Interpretationsmethoden die Voraussetzung zum Verständnis moderner Methoden darstellt, und weil die überwiegende Mehrzahl der Geographiestudenten weiterhin mit visuellen Methoden der Interpretation arbeiten wird. Auch wenn durch die Einführung von Mikrocomputern digitale Bildauswertegeräte wesentlich „billiger" wurden, so wird die Anzahl der Institute, die derartige Geräte besitzen, auf absehbare Zeit begrenzt bleiben.

Grundwissen in den verschiedenen Teilbereichen der Geographie wird im folgenden vorausgesetzt, denn ein Hilfsmittel wie die Fernerkundung kann nur dann sinnvoll eingesetzt werden, wenn ausreichende Kenntnisse über die zu interpretierenden Erscheinungen, ihre Zusammenhänge und die daraus resultierenden geographischen Fragestellungen vorhanden sind.

Beim Aufbau des Buches wurde ursprünglich versucht, die Fernerkundung und insbesondere die Interpretation von Fernerkundungsdaten als eine Einheit darzustellen, ohne die übliche Trennung zwischen Luftbild und modernen (nichtphotographischen) Fernerkundungsdaten. Dies ließ sich aus Gründen der Übersichtlichkeit nicht konsequent durchführen, so daß auch hier die Interpretation von photographischen Luftbildern und nicht-photographischen Daten in getrennten Kapiteln behandelt wird. Damit soll jedoch nicht angedeutet werden, daß es sich um grundsätzlich verschiedene Arbeits- und Interpretationsweisen handelt. Im Gegenteil, die konventionelle Luftbildinterpretation und die Interpretation moderner Fernerkundungsdaten sind sich im Prinzip in vieler Hinsicht ähnlich, trotz aller Unterschiede in Aufnahmetechnik, gemessener Strahlung und Datenverarbeitung.

Die in Kapitel 2 besprochenen technischen Aspekte der Fernerkundung wurden in stark vereinfachter Form dargestellt, um auch dem technisch weniger interessierten oder bewanderten Leser die Grundlagen der modernen Fernerkundungssysteme in verständlicher Form näher zu bringen. Auch wenn es sich hierbei zunächst um relativ trockenen Stoff zu handeln scheint, so sollte sich der Leser nicht abschrecken lassen, denn er wird feststellen, daß die Sachverhalte weder so kompliziert, noch so langweilig sind, wie es zunächst den Anschein hat und vor allem, daß z. B. die Satelliten- oder Radartechnologie faszinierende Errungenschaften technischer Präzision und Perfektion sind.

Die Literaturauswahl ist notwendigerweise selektiv. Es gibt eine nahezu unüberschaubare Flut von Publikationen über die verschiedensten Aspekte der Fernerkundung (siehe COLWELL 1983, Geo-Abstracts 1971 – 85) und es ist daher unmöglich, eine auch nur annähernd repräsentative Auswahl zu treffen. Das Standardwerk der Fernerkundung ist das unter der Mitarbeit von über 200 Wissenschaftlern aus unterschiedlichen Disziplinen erstellte „Manual of Remote Sensing" (COLWELL 1983). Daneben liegt, mit unterschiedlicher Schwerpunktsetzung, eine Reihe von Lehr- und Handbüchern, hauptsächlich in englischer Sprache, vor. In der deutschen Literatur ist das Standardwerk nach wie vor das 1974 erschienene Lehrbuch „Luftbild und Luftbildinterpretation" von S.SCHNEIDER, das allerdings einige der jüngsten Entwicklungen verständlicherweise unberücksichtigt läßt. Neben diesen Arbeiten wurde vor allem auf Veröffentlichungen verwiesen, die dem deutschen Studenten in der Regel zugänglich sind, also Aufsätze in deutschen oder gängigen internationalen Zeitschriften.

Für den, der sich über den neuesten Stand der Entwicklung informieren will, ist ein Studium der Fachzeitschriften „Bildmessung und Luftbildwesen", „Photogrammetric Engineering", „Remote Sensing of the Environment", und „Photogrammetria" unerläßlich. Die wichtigsten Schriftenreihen für die geographische Fernerkundung sind die vom Institut für Geographie der Universität München herausgegebenen „Münchener Geographische Abhandlungen" und die von der Bundesanstalt für Landeskunde und Raumordnung veröffentlichte „Landeskundliche Luftbildauswertung im mitteleuropäischen Raum" (seit 1984 „Fernerkundung in Raumordnung und Städtebau").

1.1 Entwicklung der Fernerkundung vom Luftbild zu modernen elektronischen Fernerkundungssystemen

Fernerkundung ist das Beobachten, Kartieren und Interpretieren von Erscheinungen auf der Erdoberfläche oder auch der Oberfläche anderer Himmelskörper, ohne die Gebiete zunächst zu betreten; – also die Gesamtheit aller Methoden, die das *kontaktlose wissenschaftliche Beobachten und Erkunden eines Gebiets aus der Ferne* erlauben. Fernerkundung ist nicht unbedingt an den Einsatz von Flugkörpern gebunden – man kann auch von höher gelegenen Geländepunkten aus „fernerkunden". Aber der wissenschaftliche Einsatz der Fernerkundung ist doch direkt mit der Technologie des Fliegens verbunden: denn nur aus der Luft kann man Bilder gewinnen, die eine systematische wissenschaftliche Auswertung erlauben.

Der erste Versuch, die Photographie von Flugkörpern aus einzusetzen, geht auf den französischen Photographen FELIX TOURNACHON zurück, der bereits Mitte letzten Jahrhunderts von einem Ballon aus Aufnahmen von Paris machte. Etwa zur gleichen Zeit wurde das Prinzip der Stereoskopie und damit die Möglichkeit des räumlichen Betrachtens von Bildpaaren in Deutschland erkannt. Anfang des Jahrhunderts erstellte die Firma Zeiss einen Stereoautographen, der es ermöglichte, Luftbilder photogrammetrisch auszuwerten.

Der Einsatz von lenkbaren Luftschiffen um die Jahrhundertwende und des Motorflugzeugs (1903) gestattete erstmals das systematische Überfliegen von Gebieten; damit war auch die Möglichkeit zu systematischen Luftaufnahmen und zu einer wissenschaftlichen Luftbildinterpretation geschaffen. Der erste Weltkrieg brachte einen ungeheuren Aufschwung nicht nur in der Flugtechnik, sondern auch im Einsatz des Luftbilds für militärische Zwecke: Die Aufnahmetechnik wurde verbessert und automatische Kameras wurden entwickelt; nach Kriegsende zeigten nicht nur die Geodäsie (Erdvermessung) Interesse am Luftbild, sondern auch die Geowissenschaften, allen voran die Geologie, die den Wert des Luftbilds für die Exploration schnell erkannte. Aber auch andere Disziplinen, wie die Forstwirtschaft (v. a. in den USA) und die Archäologie, machten sich bald das Luftbild zunutze. Eindrucksvolle Erfolge erzielten die Geologen beim Kartieren unwegsamer Gebiete; denn geologische Strukturen, Gesteinsunterschiede und Lageverhältnisse der Schichten sind auf dem Luftbild meist gut zu erkennen, oft besser als im Gelände selbst, wo der größere räumliche Überblick oft fehlt oder erst durch sehr viel Geländearbeit möglich wird. Man erkannte daher bald, daß die räumliche Verteilung gewisser Erscheinungen und das Erfassen größerer Gebiete mit Hilfe des Luftbilds nicht nur möglich ist, sondern große Ersparnisse an Zeit und Geld mit sich bringt, da man den Aufwand an Geländearbeit ohne nennenswerten Verlust an Genauigkeit deutlich reduzieren kann.

Unter den Geographen war es vor allem CARL TROLL, der die Bedeutung des Luftbilds für die Geographie und insbesondere die Landschaftsökologie erkannte; er verwies bereits Ende der 30er und Anfang der 40er Jahre in mehreren Veröffentlichungen darauf (siehe Zusammenstellung in TROLL 1966). Der Zweite Weltkrieg brachte wieder einen starken Aufschwung im Einsatz des Luftbilds und in den Interpretationsmethoden; erstmals setzten sich Wissenschaftler aus verschiedenen Disziplinen zusammen, um Geländeinterpretation für militärische Zwecke durchzuführen.

In der Nachkriegszeit mußte die deutsche geographische Forschung zunächst ohne Luftbilder auskommen, so daß beispielsweise die naturräumliche Gliederung Deutschlands weitgehend ohne Auswertung von Luftbildern durchgeführt werden mußte. Im Ausland jedoch wurden Luftbilder verstärkt eingesetzt, vor allem in anwendungsbezogenen Untersuchungen im Hinblick auf die Erfassung von natürlichen Ressourcen wenig erforschter Gebiete. Im angelsächsischen Raum setzten sich die Methoden der „integrated multidisciplinary surveys", die von einer Gruppe von Wissenschaftlern ausgeführt wurden, durch; vornehmlich in den ehemaligen britischen Kolonien (durch den British Overseas Survey), in Australien und Neuguinea (durch die Division of Land Research der Commonwealth Scientific and Industrial Research Organization) und in Kanada (Canada Land Inventory). Weiterhin wurde das Luftbild selbstverständlich in geologischer Exploration, Archäologie, Bodenkunde und Forstwirtschaft eingesetzt.

Die Methoden der Luftbildinterpretation änderten sich zunächst wenig; sie beruhten im wesentlichen auf dem Erfassen von Mustern (air photo patterns) und dem Erkennen von räumlichen Zusammenhängen, wobei die persönliche Erfahrung des Luftbildinterpreten eine große Rolle spielte.

1.2 Anwendungs- und Aussagemöglichkeiten der Fernerkundung

Mit dem Aufkommen der elektronischen Datenverarbeitung in den 60er Jahren erhielt die Luftbildinterpretation neue Impulse. Zunächst war hiervon hauptsächlich die kartographische Auswertung von Luftbildern betroffen, aber bald wurden mit dem Einsatz von elektronischen Sensoren auch Methoden der automatischen Interpretation entwickelt. Auch Farbluftbilder und Aufnahmen aus nicht sichtbaren Spektralbereichen, wie dem nahen und fernen Infrarot und dem Mikrowellenbereich, wurden verstärkt eingesetzt. Letztere waren zwar zuvor schon im militärischen Bereich erprobt und verwendet worden, wurden aber nun auch der wissenschaftlichen Auswertung zugänglich gemacht.

Geradezu explosionsartig verlief die Entwicklung der Fernerkundung in den siebziger Jahren durch den systematischen Einsatz von Erderkundungssatelliten und die weltweite Zugänglichkeit der daraus hervorgehenden Daten. Gleichzeitig gelangte durch die (bemannte) Raumfahrt die Fernerkundung auch in das Bewußtsein der Öffentlichkeit und damit auch ins Bewußtsein der politischen Entscheidungsträger. Dies hat zur Folge, daß in vielen Ländern die Fernerkundung großzügige finanzielle Unterstützung genießt.

Die wichtigsten technologischen Errungenschaften, die den heutigen Stand der Fernerkundung bestimmen, sind folgende:
1. Die Ausnutzung von nicht sichtbaren Bereichen des elektromagnetischen Spektrums (wie z. B. das reflektierte und thermale Infrarot, Mikrowellen oder enge Teilbereiche des Spektrums).
2. Der Einsatz von nicht-photographischen Aufnahmemethoden, wie Multispektralabtaster, Radiometer, Radar (=**Ra**dio **D**etection **a**nd **R**anging) und Lidar (=**L**ight **D**etection **a**nd **R**anging).
3. Der Einsatz von Satelliten als Fernerkundungsplattformen.
4. Der Einsatz von Computern in der Verarbeitung und Interpretation von Fernerkundungsdaten.

1.2 Anwendungs- und Aussagemöglichkeiten der Fernerkundung in der Geographie

Der Einsatz der Fernerkundung wird je nach Forschungsrichtung verschiedene Schwerpunkte aufweisen; der Interessentenkreis der Fernerkundung hat sich im vergangenen Jahrzehnt in außerordentlich starkem Maße erweitert. Er ist heute nicht nur auf die Geowissenschaften, die Archäologie und die Kartographie beschränkt, die seit langem die Fernerkundung in ihren Arbeiten einsetzen, sondern umfaßt praktisch alle Wissenschaften, die sich in irgendeiner Weise mit der Erdoberfläche und ihren sichtbaren Erscheinungen befassen. Die Mehrzahl der Nutzer der Fernerkundung kommt allerdings noch immer aus den Geowissenschaften. Für die Geographie bleibt die Fernerkundung von zentraler Bedeutung, sowohl das Luftbild als auch moderne Fernerkundungssysteme betreffend; denn die Fernerkundung erlaubt in idealer Weise sowohl das Beobachten der Landschaft als Gesamtheit, als auch das rasche wissenschaftliche Erfassen von Einzelerscheinungen.

So kann das Luftbild vom Geographen als Kartenersatz oder als Kartenergänzung verwendet werden; denn Aussagen über Oberflächenformen, geologische und geomorphologische Zusammenhänge, Vegetation, Böden, Landnutzung, Wasserhaushalt, Siedlungen und dgl. können direkt oder indirekt dem Luftbild entnommen werden. Das Luftbild kann auch als Hilfsmittel zur Herstellung thematischer Karten, zum besseren Verständnis geographischer Sachverhalte oder zur gezielten Lokalisierung von Untersuchungspunkten im Gelände verwendet werden. Hier kommt der große Vorteil des Luftbildes, der gute und schnelle räumliche Überblick, zum Tragen.

Die Genauigkeit und Zuverlässigkeit der Aussagen hängen von verschiedenen Faktoren ab; hierbei spielen der Maßstab und die Art des Luftbilds, Aufbau und Komplexität des Geländes, aber auch die Erfahrung und Geländekenntnis des Interpreten eine große Rolle. Von größter Wichtigkeit ist die Dichte der Punkte, die im Gelände untersucht und überprüft werden. Es ist ganz selbstverständlich, daß die Luftbilduntersuchung in keinem Fall die Geländeuntersuchung ersetzen kann, sondern lediglich eine wertvolle Ergänzung darstellt. Die Bedeutung des Luftbilds wird in der Regel im umgekehrten Verhältnis zum Maßstab der Untersuchung stehen; aber selbst bei sehr detaillierten großmaßstäblichen Untersuchungen kann das Luftbild wertvolle Informationen liefern, sofern die Oberflächenbedeckung dies zuläßt.

Das Luftbild eröffnet dem Beobachter eine neue Perspektive und damit eine neue Dimension der räumlichen Erfassung geographischer Sachverhalte. Hierbei muß der Beobachter lernen, die Information, die das Luftbild vermittelt, mit Hilfe geeigneter Kriterien in die für ihn relevante Information umzusetzen. Derartige Kriterien sind z. B. Grau- oder Farbton des Bildes, seine Textur, Bildmuster, sowie bei stereoskopischer Betrachtung das dreidimensionale Bild der Oberflächenformen. Diese Kriterien können aber nicht „mechanisch" angewendet werden, sondern der Interpret muß durch Erfahrung im Umgang mit Luftbildern aus den verschiedensten Gebieten lernen, sie sinnvoll umzusetzen. Damit wird klar, daß die Luftbildinterpretation nicht immer eindeutige und von unterschiedlichen Bearbeitern exakt wiederholbare Ergebnisse liefern kann.

Die nicht-photographischen Fernerkundungssysteme und die Systeme, die die nicht sichtbaren Bereiche des Spektrums ausnutzen, werden im Prinzip ähnlich interpretiert. Allerdings sind diese Reflexionswerte nicht direkt mit den Werten aus dem sichtbaren Bereich vergleichbar. Man muß sich bewußt sein, daß es sich bei derartigen Bildern nicht um Photographien handelt, sondern um R e f l e x i o n s w e r t e, die durch unterschiedliche Methoden in Grau- und Farbtöne umgesetzt worden sind. Im Englischen spricht man daher von „images", wenn man nicht-photographische Produkte ansprechen will, im Gegensatz zu den „aerial photographs". Zwar entsprechen die deutschen Wörter Bild und Photographie diesen Ausdrücken, aber in der Praxis werden Bild und Photographie und zusätzlich noch der Ausdruck Aufnahme synonym verwendet. Falls der Zusammenhang nicht eindeutig auf die Art des Bildprodukts hinweist, wird dies daher im folgenden durch zusätzliche Angaben der spektralen Bandbreite und des Aufnahmesystems klargestellt. Der Ausdruck L u f t b i l d wurde grundsätzlich nur für photographische Aufnahmen aus dem Flugzeug verwendet und, falls notwendig, durch Angaben wie panchromatisch, multispektral oder infrarot spezifiziert. Steht der Ausdruck ohne Zusatz, ist immer ein konventionelles panchromatisches Luftbild gemeint. Vom Flugzeug aus gewonnene Aufnahmen nicht-photographischer Systeme werden als Bilder oder Abbildungen bezeichnet und ebenfalls durch Angabe des spektralen Bandes genauer gekennzeichnet. Der Ausdruck Satellitenbild bezieht sich zunächst lediglich auf die Plattform, es kann sich um Photographien (photographische Satellitenbilder) oder nicht-photographische Produkte handeln, welche durch Angaben des Satellitentyps, des Aufnahmesystems und/oder Spektralbereichs genauer bezeichnet werden (z. B. Landsat MSS Bilder, Landsat Infrarotbilder).

Wegen der neuen und ungewohnten Signale nicht-photographischer Aufnahmen muß der Interpret erst lernen, diese Werte mit den Elementen und Eigenschaften der untersuchten Landschaften in Verbindung zu setzen. In ähnlicher Weise tun wir das schon lange mit Schwarzweiß-Photographien; denn die Grauwerte entsprechen nicht unserem Farbsehen, auch wenn sie etwa der Augenempfindlichkeit für Farbstrahlung angepaßt sind. Solange die Interpretation in einer visuellen Auswertung von Bildern besteht, werden wieder ähnliche Kriterien wie bei der Luftbildinterpretation herangezogen, also Grau- und Farbton, Muster und Textur des Bildes. Da die modernen Fernerkundungsdaten meist in digitaler Form vorliegen, sind jedoch zusätzlich zur visuellen Interpretation andere Methoden möglich, die oft als quantitative Interpretation angesprochen werden.

Dieser Ausdruck ist etwas irreführend, da letzten Endes jede Art der Interpretation von Fernerkundungsdaten qualitative Elemente enthält und von der subjektiven Auswertung des Bearbeiters beeinflußt wird. Man sollte daher eher von einer automatischen oder maschinellen Interpretation sprechen. Es handelt sich hierbei um die Auswertung und Klassifizierung von Fernerkundungsdaten mit Hilfe von Computern; gerade auf diesem Gebiet ist die Entwicklung ungemein dynamisch. Ein Problem bei dieser Entwicklung stellt die immer stärker werdende Trennung zwischen dem Nutzer, also dem im Gelände arbeitenden Wissenschaftler einerseits, und dem Computerfachmann auf der anderen Seite dar. Eine enge Zusammenarbeit zwischen Computerfachmann und Nutzer ist für eine erfolgreiche Auswertung von Fernerkundungsdaten unbedingt erforderlich.

2 Technische Grundlagen der Fernerkundung

Alle Fernerkundungssysteme beruhen auf der Ausnutzung elektromagnetischer Strahlung und fast alle basieren direkt oder indirekt auf der Sonnenstrahlung. Die Ausnahmen sind die auf Radar und Laser (=**L**ight **A**mplification by **S**timulated **E**mission of **R**adiation) aufgebauten Fernerkundungssysteme; hier wird die Strahlung vom System selbst erzeugt. In allen Fällen jedoch sind die elektromagnetischen Wellen die Informationsträger, die die Information vom Objekt zum Aufnahmegerät leiten. Es ist daher wichtig, die elementaren Zusammenhänge der elektromagnetischen Strahlung zu verstehen.

2.1 Physikalische Grundlagen

2.1.1 Die elektromagnetische Strahlung

Der Bereich des sichtbaren Lichts stellt nur einen winzigen Ausschnitt aus dem elektromagnetischen Spektrum dar, allerdings einen für unser Leben besonders wichtigen. Aber auch andere Wellenlängenbereiche können zur Fernerkundung herangezogen und durch bestimmte Methoden in Signale oder Werte umgewandelt werden.

Elektromagnetische Strahlung ist dadurch gekennzeichnet, daß sie sich auf geradlinigem Wege ausbreitet und hierbei eine konstante Geschwindigkeit, die Lichtgeschwindigkeit (300 000 000 m/sec), einhält. Die Intensität dieser Strahlung ändert sich sinusförmig und es besteht hierbei eine direkte Beziehung zwischen der Wellenlänge, also dem Abstand benachbarter Wellenkämme und der Frequenz, der Zahl der Schwingungen in einer gewissen Zeiteinheit. Diese Grundgleichung elektromagnetischer Strahlung heißt

$$\text{Wellenlänge}\,(\lambda) = \frac{\text{Lichtgeschwindigkeit}\,(c)}{\text{Frequenz}\,(f)}.$$

Bei hoher Frequenz sind demnach die Wellenlängen kurz, bei niedriger sind sie lang. Zur Kennzeichnung der Strahlung wird im Bereich der relativ kurzwelligen Strahlung die Wellenlänge herangezogen, die meist in Mikrometern (1 μ = 10^{-6} m), mitunter auch in Nanometern (1 nm = 10^{-9} m) gemessen wird, während langwellige Strahlen, wie Radiowellen, durch die Frequenz charakterisiert werden, die in Hertz (1 Schwingung/sec), Kilohertz (10^3 Schwingungen/sec) oder Megahertz (10^6 Schwingungen/sec) gemessen wird.

Die wichtigste Quelle elektromagnetischer Strahlung stellt die Sonne dar. Sie sendet praktisch Wellen aller Frequenzen aus, wenn auch nicht mit gleicher Intensität. Außerdem wird durch die Absorption durch die Atmosphäre ein großer Teil der Sonnenstrahlung blockiert oder abgeschwächt, so daß nur ein kleiner Teil der ausgestrahlten Energie die Erdoberfläche erreicht. Dies ist hauptsächlich der Bereich des sichtbaren Lichts und des reflektierten (auch nahen oder solaren) Infrarots. In diesem

2.1 Physikalische Grundlagen

Bereich hat die Sonne, die eine absolute Temperatur von 6000 K aufweist, auch gleichzeitig ihre maximale Strahlungsenergie (Abb. 2.1).

Aber nicht nur die Sonne ist eine Quelle elektromagnetischer Strahlung; jeder Körper, der Temperaturen über dem absoluten Nullpunkt (0 K = −273° C) aufweist, strahlt elektromagnetische Energie aus, wenn auch ganz anderer Größenordnung und Zusammensetzung als die Sonnenstrahlung. Die Strahlungsenergie eines Körpers hängt hauptsächlich von seiner Temperatur ab; sie steigt sehr schnell (und zwar proportional zur vierten Potenz) mit der Temperatur an.

Jeder Körper besitzt je nach Temperatur eine bestimmte Strahlungsenergie und eine charakteristische dominante Wellenlänge. Eine Kurve, die die Beziehung zwischen Strahlungsenergie und Wellenlänge angibt, zeigt immer eine etwas zum kürzeren Wellenlängenbereich verschobene Spitze maximaler Energie, wie am Beispiel der Sonnenstrahlung und Wärmeemission zu erkennen ist (Abb. 2.1).

Für die Erde, die sehr viel kälter und schwächer strahlend ist als die Sonne (Durchschnittstemperatur 290 K = 17°C), liegt der Bereich maximaler Strahlungsenergie bei 9,7 μm.

Jeder Wellenlängenbereich hat gewisse Eigenschaften, und es ist üblich, derartige Wellenlängenbereiche mit Namen zu belegen, wie Röntgenstrahlen, ultraviolette Strahlen und sichtbares Licht, Infrarot (IR) oder Radarwellen. Man muß sich aber bewußt sein, daß das Spektrum ein Kontinuum darstellt und es keine scharfen Grenzen und Sprünge zwischen den einzelnen Wellenlängenbereichen gibt (Abb. 2.1). Daher sind auch die in verschiedenen Publikationen angegebenen Einteilungen und Grenzwerte nicht einheitlich.

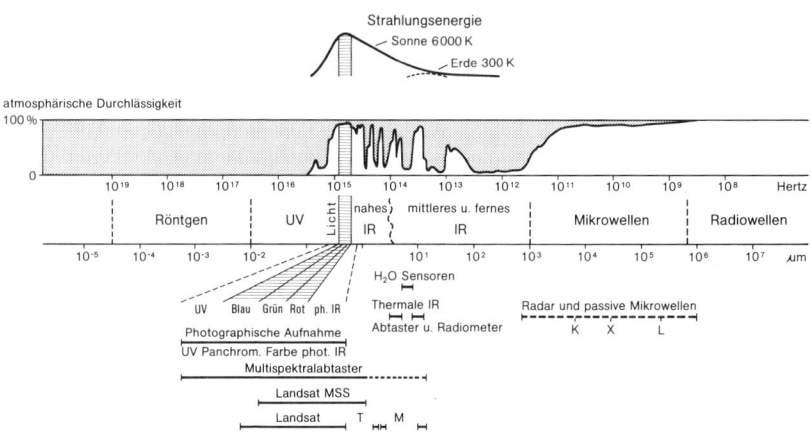

Abb. 2.1 Das elektromagnetische Spektrum mit der atmosphärischen Durchlässigkeit und den Einsatzmöglichkeiten von Fernerkundungssystemen in den verschiedenen Wellenlängenbereichen.

Innerhalb des elektromagnetischen Spektrums stellt das sichtbare Licht einen winzigen Teilbereich dar, der zwischen 0,4 und 0,7 μm liegt. Selbst dieser sichtbare Bereich ist genau genommen nicht für alle Menschen gleich; die Sehfähigkeit des einen reicht weiter in den UV- oder IR-Bereich als die des anderen.

Der als Infrarot bezeichnete Wellenlängenbereich zwischen 0,7 und 1000 μm besteht aus zwei grundsätzlich verschiedenen Strahlungen, und es ist wichtig, sich darüber von vornherein im klaren zu sein. Das relativ kurzwellige Infrarot zwischen 0,7 und etwa 3 μm, das unmittelbar an das sichtbare Licht anschließt, wird als reflektiertes (auch nahes oder solares) Infrarot bezeichnet, da es von der Sonnenstrahlung herrührt. Es verhält sich ähnlich wie das Licht. Das ferne Infrarot dagegen stellt die von der Erde ausgestrahlte Wärmestrahlung (Wärmeemission) dar. Es wird daher auch als das thermale Infrarot bezeichnet; es ist nicht mit dem sichtbaren Licht oder reflektierten Infrarot vergleichbar (siehe 2.1.5).

2.1.2 Atmosphärische Beeinflussung der Strahlung

Die Anwendbarkeit eines bestimmten Wellenlängenbereiches als Informationsträger für die Fernerkundung hängt von einer Reihe von Faktoren ab: der wichtigste unter ihnen ist der Grad der Transmission, mit dem diese Wellen die Atmosphäre zu durchdringen vermögen. Die Atmosphäre ist für bestimmte Strahlen fast völlig undurchlässig, für andere dagegen nahezu völlig durchlässig (Abb. 2.1).

Bereiche, für die die Atmosphäre durchlässig ist, werden als atmosphärische Fenster bezeichnet; diese sind für die Fernerkundung von besonderer Wichtigkeit. Das wichtigste Fenster ist der Bereich des sichtbaren Lichts, zwischen 0,4 und 0,7 Mikrometer (μm), in dem auch die stärkste Ausstrahlung der Sonne liegt. Strahlen mit kürzeren Wellenlängen, wie das Ultraviolett und der Bereich der sehr kurzwelligen Röntgenstrahlen, werden von der Atmosphäre absorbiert und sind daher für die Fernerkundung weitgehend ungeeignet. Der infrarote Bereich (0,7 μm – 1 mm) verhält sich beim Durchdringen der Atmosphäre unterschiedlich. Manche Abschnitte werden atmosphärisch stark gestört, andere nicht (Abb. 2.1). Strahlen von 2,5 – 3,5 μm und 5,0 – 7,5 μm werden absorbiert, Strahlen zwischen 0,7 und 2,5 μm im Bereich des reflektierten Infrarot, zwischen 3,5 und 4,0 μm und zwischen 8 und 12 μm im Bereich des thermalen Infrarot dagegen nicht. Längere Wellenlängen im Mikrowellenbereich werden atmosphärisch kaum gestört.

Der Bereich der Mikrowellen wird in der Fernerkundung von der Radarerkundung und passiven Mikrowellenerkundung ausgenutzt. Die Mikrowellen besitzen nicht nur einen hohen Transmissionsgrad in Bezug auf die Atmosphäre, sondern können auch aufgrund ihrer großen Wellenlängen Wolken und Schnee durchdringen; lediglich starke Regenschauer verursachen bei kürzeren Wellenlängen deutliche Störungen. Allerdings ist die Sonnenstrahlung im Mikrowellenbereich sehr gering, so daß es nur eine geringe passive Reflexion gibt, die allerdings durchaus meßbar ist und in der passiven Mikrowellenerkundung auch eingesetzt wird. In der Radarerkundung jedoch wird die Strahlung an Bord des Flugzeuges oder Satelliten erzeugt;

2.1 Physikalische Grundlagen 29

das Radarsystem liefert sozusagen seine eigene „Beleuchtung". Diese Strahlung wird zur Erde gestrahlt, die Reflexion (Radarecho) aufgefangen und in ein Bild umgesetzt. Die Radarerkundung wird daher auch als ein aktives Fernerkundungssystem bezeichnet, im Gegensatz zu anderen, auf der Sonnenstrahlung oder Wärmestrahlung basierenden Systemen, die als passive Fernerkundungssysteme bezeichnet werden (siehe 2.3.10, 2.3.12).

2.1.3 Reflexion und Streuung

Neben der Absorption durch die Atmosphäre ist die Reflexion der Strahlen zu beachten. Die Reflexion von Strahlung hängt vor allem ab von der Oberflächenbeschaffenheit des Objekts, von der Lage in Bezug auf die einfallende Strahlung und von den spektralen Merkmalen (Farbe im sichtbaren Bereich) des Körpers, der bestrahlt wird. Generell gilt, daß die reflektierte Strahlung gleich der einfallenden Strahlungsenergie minus der absorbierten und weitergeleiteten Energie ist. Die Rückstrahlfähigkeit im sichtbaren Bereich wird als Albedo bezeichnet, wobei die Albedo das Verhältnis der reflektierten zur absorbierten Strahlung angibt. Körper, die alle sichtbare Strahlung reflektieren, erscheinen weiß, haben also eine hohe Albedo, während schwarz erscheinende Körper Strahlung stark absorbieren, also eine niedrige Albedo aufweisen. In der Natur liegen die Albedowerte zwischen diesen Extremen.

Ein weiterer wichtiger Vorgang, der die Strahlung beeinflußt, ist die Streuung, die durch das Vorhandensein von kleinen festen oder gasförmigen Partikeln in der Atmosphäre hervorgerufen wird. Man unterscheidet je nach Größe der Partikel zwischen selektiver und nicht-selektiver Streuung. Die selektive Streuung wird durch Teilchen wie Gasmoleküle, Rauch und Dunstpartikel hervorgerufen, deren Durchmesser kleiner oder gleich der Wellenlänge der Strahlen ist, während die nichtselektive Streuung durch Staub, Nebel und Wolken verursacht wird. Bei Nebel und Wolken ist die Streuung aufgrund der Tatsache, daß die Partikel bis zu 10 mal größer sind als die Wellenlänge, so stark, daß die gesamte Strahlung gestreut wird. Daher erscheinen auch Wolken und Nebel als weiß, obwohl die einzelnen Wasserteilchen farblos sind.

Für die Fernerkundung ist der Vorgang der Streuung deshalb von großer Wichtigkeit, weil er den Kontrast eines Luftbilds oder einer Abbildung verringert. Die Folgen der Streuung können mit Hilfe von Filtern oder Datenmanipulationen reduziert werden.

2.1.4 Spektraleigenschaften des Lichts

Nun noch zur Frage, warum wir Gegenstände in Farben sehen, obwohl die Gesamtheit des Lichts farblos (weiß) erscheint. Das liegt daran, daß das Licht beim Auftreffen auf ein Objekt nicht wieder insgesamt reflektiert wird, sondern daß je nach den spektralen Merkmalen (Farbe) und der Beschaffenheit des Objekts ein Teil des Lichts absorbiert, ein Teil reflektiert wird. Hierbei sind die reflektierten und absorbierten

Wellenlängen bzw. Farben jeweils komplementär. Das bedeutet, daß ein Blatt deshalb grün erscheint, weil das Rot (z.T. auch das Blau) absorbiert wird, das Grün aber reflektiert wird. Ähnlich verhält es sich mit einem gelben Gegenstand, hier wird das Blau absorbiert und das Gelb reflektiert. Komplementäre Farben sind z.b. Grün und Magentarot (Purpur), Blau und Gelb, sowie Rot und Blaugrün (Cyan).

Es werden jedoch nicht nur sichtbare Strahlen passiv reflektiert, sondern auch infrarote Strahlen, wobei das reflektierte Infrarot sich ähnlich wie das Licht verhält und von unterschiedlichen Objekten verschieden stark reflektiert wird. Allerdings sagt unser Farb- und Helligkeitsempfinden nichts über den Grad der Reflexion im Infrarotbereich aus. Gesunde grüne Pflanzen reflektieren z.b. das Infrarot stark, was vor allem auf der starken Reflexion durch das Schwammparenchym beruht. Ein infrarotempfindlicher Schwarzweißfilm wird daher grüne Blätter als hell zeigen; ein totes Blatt dagegen, das noch immer grün im sichtbaren Bereich erscheint, wird das Infrarot absorbieren und daher dunkel erscheinen.

Die Intensität der Reflexion in den einzelnen Wellenlängen kann mit Hilfe eines Spektralphotometers gemessen werden. Es besteht, ähnlich wie ein Belichtungsmesser, aus Prisma und Photozellen, mißt jedoch nicht die Gesamtheit des einfallenden Lichts, sondern die Intensität einzelner, eng begrenzter Spektralbereiche. Diese bezeichnet man als Spektralsignatur eines Gegenstandes. Derartige Spektralsignaturen sind in der modernen Fernerkundung von besonderer Bedeutung, da sie die Identifizierung gewisser Erscheinungen erleichtern.

2.1.5 Infrarotstrahlung

Nur ein Teil der Infrarotstrahlung stammt vom reflektierten Sonnenlicht; es ist der als reflektiertes Infrarot bezeichnete Teil des elektromagnetischen Spektrums zwischen 0,7 und etwa 3 μm. Das thermale (mittlere und ferne) Infrarot, das zwischen 3 und 1000 μm liegt, wird als Wärmestrahlung von der Erdoberfläche ausgestrahlt (Wärmeemission) und stellt die in Wärmestrahlung umgesetzte absorbierte Sonnenstrahlung dar. Die Wellenlänge dieser Strahlung hängt hauptsächlich von der Temperatur dieses Körpers ab, wobei warme Gegenstände kurzwelligere Strahlung aussenden als kalte. Die durchschnittliche Strahlung der Erde liegt bei etwa 10 μm (Abb. 2.1). Zwar können wir Wärmestrahlen nicht sehen, aber mit Hilfe von Detektoren kann die Strahlungsintensität gemessen und in Grau- oder Farbtöne umgesetzt werden. Da die Wärmeemission unabhängig vom Tageslicht ist, kann sie auch nachts gemessen werden. Deshalb wird die thermale Infraroterkundung auch schon seit längerem in der militärischen Aufklärung eingesetzt.

2.1.6 Mikrowellen

Der Mikrowellenbereich liegt zwischen rund 1 mm und 1 m Wellenlänge, d.h. die kürzesten Mikrowellen sind rund 2000 mal, die längsten rund 2 Millionen mal länger als Lichtwellen. Damit unterscheiden sie sich in ihrem Verhalten auch sehr deutlich von diesen. Die wichtigste Eigenschaft der Mikrowellen ist ihre Wetterunabhängigkeit. Sie durchdringen die Atmosphäre ohne nennenswerte Störung und erlauben daher eine Fernerkundung durch Dunst, Rauch, leichte Regenschauer, Schnee und ermöglichen unter bestimmten Umständen auch Beobachtungen von Erscheinungen, die unter Wald oder einer dünnen Bodenschicht verborgen sind. Allerdings bedingt die große Wellenlänge ein grobes Auflösungsvermögen. Auch ist die Emission im Mikrowellenbereich sehr gering, so daß es zu Überlagerungen mit anderen Strahlungsquellen kommt. Der Haupteinsatz der Mikrowellen liegt in der Radarerkundung.

2.2 Fernerkundungsplattformen

Unter Fernerkundungsplattformen versteht man alle Objekte, von denen aus Fernerkundungssysteme eingesetzt werden können. Im einfachsten Fall sind dies kleine, auf Fahrzeuge montierte Beobachtungsplattformen; aber in der überwiegenden Mehrzahl der Fälle wird es sich um fliegende Plattformen handeln, angefangen von Ballons über Flugzeuge, Hubschrauber bis hin zu Raumschiffen und Satelliten. Jede Plattform hat ihren Anwendungsbereich und Vor- und Nachteile. Bei den erdgebundenen Plattformen handelt es sich um Einrichtungen, die auf kleinem Raum die Messung von Strahlung und den Einsatz von Multispektralabtastern erlauben und damit die Verbindung zu Daten aus Flugzeug und Satellit ermöglichen. Es sind hauptsächlich hydraulisch operierende, auf einen Lastwagen montierte Plattformen, ähnlich wie die zur Reparatur von Strom- und Telephonleitungen eingesetzten Plattformen.

2.2.1 Flugzeuge

Obwohl das Flugzeug die wichtigste und gebräuchlichste Form der Fernerkundungsplattform darstellt, gibt es keine speziell für die Luftbildphotographie entworfenen Flugzeuge, sieht man einmal ab von militärischen Aufklärungsflugzeugen und den daraus hervorgegangenen Flugzeugen für die Hochbeflegungsphotographie (HAP = High Altitude Photography) (GIERLOFF-EMDEN und DIETZ 1983).

Um ein Flugzeug für die Luftbildphotographie einzusetzen, müssen verschließbare Bodenöffnungen eingebaut werden, in die die verschiedenen Kameratypen und neuerdings auch die verschiedenen Sensoren, wie Multispektralkameras oder -abtaster, Infrarotabtaster sowie möglicherweise Radar- und Lasersysteme eingebaut werden können. Entscheidend für die Auswahl des Flugzeugtyps sollten außer der Möglichkeit des Einbaus folgende Kriterien (SCHNEIDER 1974) sein: stabile Fluglage, gute Steigleistung, gute Sichtmöglichkeit nach unten und zur Seite und keine Beeinträchtigung des Blickwinkels. Auch Hubschrauber werden mitunter als Plattform eingesetzt, vor allem bei Aufnahmen aus geringer Höhe und bei Messungen besonderer Strahlung, wie z.B. der γ-Strahlung bei der Uranexploration. Die Flughöhen variieren je nach gewünschtem Maßstab und Auflösungsvermögen und verwendeten Aufnahmegeräten zwischen knapp 1000 m und 10000 m. Lediglich in der Hochbefliegungsphotographie werden Flughöhen um 25000 m erreicht.

2.2.2 Satelliten und Raumschiffe

Die Entwicklung der modernen Fernerkundung ist untrennbar mit der Satellitentechnologie verbunden, wenn auch der Einsatz von modernen Sensoren nicht unbedingt an Satelliten gebunden ist. Auf den frühen Gemini-Raumflügen wurden zunächst konventionelle Photographien mit in der Hand gehaltenen Kameras aufgenommen. Zwar lieferten diese Flüge eine Reihe faszinierender Aufnahmen, aber der wissenschaftliche Aussagewert war begrenzt; es waren vor allem Schrägaufnahmen, die zwar große Ausschnitte von der Erde erstmals im Bild zeigten, die aber eine Verzerrung aufwiesen und daher für eine systematische Kartierung und genauere Darstellung wenig geeignet waren, auch wenn einige gute Einzeluntersuchungen vorliegen (z.B. GIERLOFF-EMDEN und RUST 1971). Auch fehlte die systematische flächendeckende Überfliegung, und aufgrund des schrägen Umlaufs wurden Gebiete nördlich von 35 °N und südlich von 35 °S überhaupt nicht erfaßt.

Auch die Apollo-Flüge lieferten zahlreiche Aufnahmen, teils aus automatischen Kameras, teils aus von Hand bedienten Kameras. Im Apollo 9 Flug wurde erstmals eine Multispektralkamera eingesetzt, die Infrarot-Farbbilder sowie Schwarzweißbilder aus dem grünen, roten und infraroten Bereich aufnahm. Damit konnte die unterschiedliche Eignung und Aussagekraft der einzelnen Wellenlängenbereiche getestet werden.

Die Experimente wurden im Skylabprogramm fortgesetzt. Waren bisher alle bei den Raumflügen eingesetzten Fernerkundungssysteme noch auf der Verwendung von Filmen aufgebaut, so wurde hier erstmals ein multispektrales Abtastsystem eingesetzt, welches 13 verschiedene Wellenlängenbereiche aufnahm, vom sichtbaren Blau bis zum solaren und thermalen Infrarot. Die Daten wurden auf Magnetband gespeichert und wie alle anderen bislang ermittelten Fernerkundungsdaten von den Astronauten zur Erde zurückgebracht.

Die Raumflüge zeigten eindeutig, daß die Fernerkundung vom Satelliten bisher unausgeschöpfte Möglichkeiten der Erderkundung eröffnete, und es war daher ein logischer Schritt, speziell ausgerüstete Satelliten zur Fernerkundung einzusetzen. Hierbei war es unumgänglich, Systeme zu verwenden, die unabhängig von der Gegenwart eines Menschen auf dem Raumschiff waren, d.h. die Datenaufnahme und -übermittlung mußten auf elektronischem Wege vonstatten gehen. Die Systeme, die sich anboten, waren RBV-Kameras, MSS-Systeme, thermale Infrarot-Radiometer und Radar-Systeme (siehe 2.3).

2.2.2.1 Umlaufbahnen. Satelliten verhalten sich in ihrer Bewegung wie natürliche Himmelskörper, d.h. sie sind wie diese den Kräften der Gravitation ausgesetzt und umkreisen die Erde in bestimmten Umlaufbahnen. Der Radius der Umlaufbahn steht

2.2 Fernerkundungsplattformen

dabei in genauem Bezug zur Geschwindigkeit des Satelliten und seiner Entfernung zur Erde. Diese von I. NEWTON erkannte Gesetzmäßigkeit besagt, daß die Geschwindigkeit eines Himmelskörpers umgekehrt proportional zur Quadratwurzel seiner Entfernung vom Gravitationszentrum steht. Die Geschwindigkeit unserer Satelliten nimmt daher mit zunehmender Entfernung von der Erde ab. Die künstlichen Satelliten umkreisen die Erde in Entfernungen zwischen 500 und 37000 km, wobei die weiter entfernten hauptsächlich, wenn auch nicht ausschließlich, der Wetterbeobachtung und der Telekommunikation dienen, während die in größerer Erdnähe kreisenden vor allem der Erderkundung dienen. Je kürzer die Entfernung zur Erde, desto kürzer der Zeitraum, in dem die Umlaufbahn beibehalten werden kann, da bei größerer Erdnähe die Bremswirkung der Atmosphäre zum Tragen kommt und die Geschwindigkeit des Satelliten herabsetzt.

Je nach Art des Umlaufs in Bezug auf die Erdachse unterscheidet man (1) geosynchronen Umlauf, (2) geneigten oder schrägen Umlauf und (3) polaren und fast polaren Umlauf (Abb. 2.2).

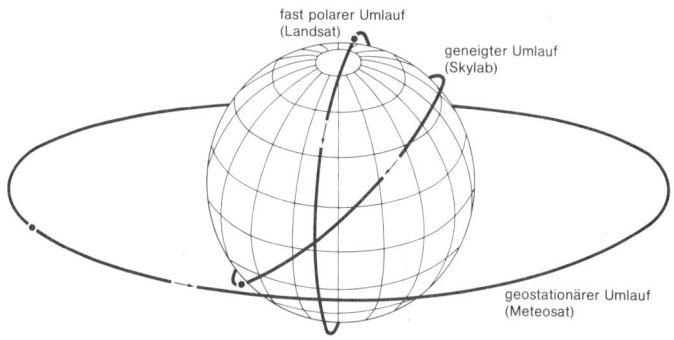

Abb. 2.2   Arten des Umlaufs

Im **geosynchronen Umlauf** bewegt sich der Satellit in östlicher Richtung und hält mit der Erdumdrehung Schritt. Zwar gibt es theoretisch verschiedene Möglichkeiten des geosynchronen Umlaufs; bisher wurde aber nur der als **geostationär** bezeichnete Sonderfall eingesetzt, bei dem der Satellit in Höhen von 35000 – 37000 km quasi stationär über dem Äquator „schwebt" und mit der Erde eine volle Erdumkreisung in 24 Stunden vollzieht. Die Wettersatelliten GOES (Geostationary Operational Environmental Satellite), GMS (Geostationary Meteorological Satellite) und Meteosat, die eine weltweite Wetterbeobachtung ermöglichen, befinden sich auf einer derartigen Umlaufbahn.

Beim **geneigten Umlauf** steht die Umlaufbahn in einem deutlichen Winkel zur Polarebene. Derartige Umläufe werden vor allem bei größerer Erdnähe eingesetzt und wurden von den Gemini-, Apollo- und Skylab-Flügen benutzt; sie sind aber für die systematische Beobachtung über lange Zeiträume nicht geeignet, da sie keine vollständige Überdeckung der Erde zulassen.

Der für die Erderkundung wichtigste Umlauf ist der **polare** bzw. **fast-polare Umlauf**, bei dem der Satellit einen Umlauf von Pol zu Pol beschreibt. Bei polarem Umlauf würde sich der Satellit genau in Süd- oder Nordrichtung bewegen und so wegen der Erdrotation ständig in andere Zeitzonen und damit in andere Beleuchtungsverhältnisse gelangen. Die überwiegende Mehrzahl der Satelliten und alle bisher installierten Landsat-Satelliten werden auf eine Umlaufbahn gesetzt, die man als fastpolaren Umlauf (near polar orbit) bezeichnet (Tab. 1). Auf diesem Umlauf wird die Bahn am Nordpol leicht nach Osten (99,2° Landsat 1,2,3; 98,2° Landsat 4,5), am Südpol leicht nach Westen versetzt, die Umlaufbahn stellt also streng genommen eine Form des geneigten Umlaufs dar.

Diese leichte Versetzung des Umlaufs führt dazu, daß der Satellit **sonnensynchron** fliegt, d.h. jedes Gebiet der Erde wird etwa zur gleichen Sonnenzeit (nicht unbedingt Uhrzeit) überflogen. Der Äquator wird je nach Landsattyp zwischen 8^{50} und 9^{45} überquert; für andere Gebiete ergeben sich je nach Breitenlage und Jahreszeiten leichte Verschiebungen, die sich jedoch innerhalb einer Zeitspanne von 9^{15} bis 10^{30} Uhr abspielen (Abb. 2.3). Mitteleuropa wird etwa um 10^{15} überflogen. Der Satellit überquert daher alle Gebiete unter etwa gleichen Beleuchtungsverhältnissen. Deutliche Schatten und geringere Wolken- und Dunstbildung am Vormittag (vor allem in tropischen Gebieten) sind ein weiterer Vorteil dieser Überfliegungszeit.

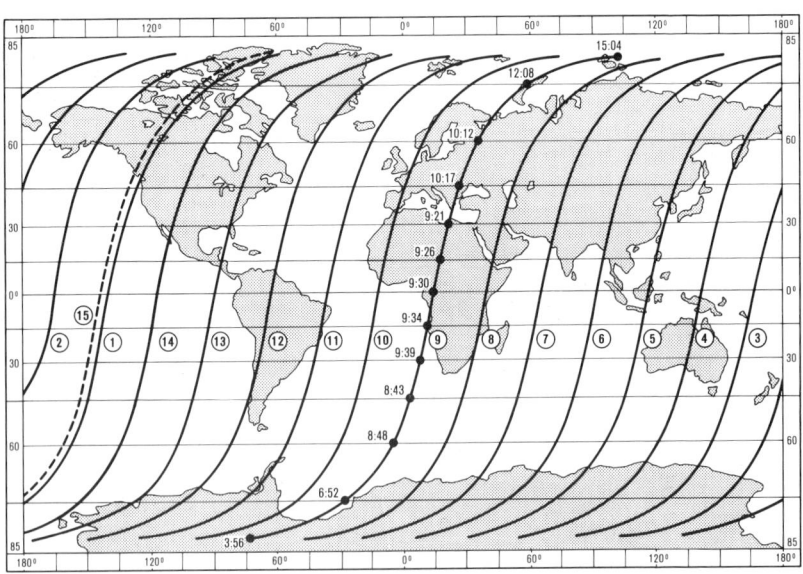

Abb. 2.3   Tägliche Umlaufbahnen von Landsat 1 – 3

Tab. 1 Technische Daten der wichtigsten Erderkundungssatelliten

Satellitentyp	Umlaufart	Bahnhöhe	Repetition	räumliche Auflösung im Nadir	Streifenbreite senkrecht zur Flugbahn	Aufnahme-system	Anzahl der Kanäle und Spektrale Kennzeichen
Landsat 1–3	fast polar	930 km	18 Tage	79 x 79 m	185 km	MSS, RBV	4 MSS[1], 3 RBV[1]
Landsat 4/5	fast polar	705 km	16 Tage	30 x 30 m 120 x 120 m TIR	185 km	MSS, TM	4 MSS[1], 7 TM[1]
Seasat	fast polar	800 km	14 Tage	25 x 25 m	4000 km	SAR, VIRR	25 cm (L-Band) $0{,}49 - 0{,}94\ \mu m$ $10{,}5 - 12{,}5\ \mu m$
HCMM	fast polar	620 km	16 Tage	500 x 500 m 600 x 600 m	716 km	HCMR	$0{,}55 - 1{,}1\ \mu m$ $10{,}5 - 12{,}5\ \mu m$
SPOT	fast polar	830 km	26 Tage	20 x 20 m 10 x 10 m	60 km (117 km)	HRV	$0{,}50 - 0{,}50\ \mu m$ $0{,}61 - 0{,}68\ \mu m$ $0{,}79 - 0{,}89\ \mu m$ $0{,}51 - 0{,}73\ \mu m$
Space Shuttle (MOMS)	geneigt	230–330 km	—	20 x 20 m	140 km	MOMS	$0{,}575 - 0{,}625\ \mu m$ $0{,}825 - 0{,}975\ \mu m$
Spacelab (Metric Camera)	geneigt	250 km	—	20 x 20 m	189 km	Metric Camera	Schwarzweißfilm u. Farbinfrarotfilm

[1]

RBV	MSS Landsat 1–3	MSS Landsat 4/5	TM
Band 1 $0{,}475 - 0{,}575\ \mu m$			$0{,}45 - 0{,}52\ \mu m$
Band 2 $0{,}580 - 0{,}680\ \mu m$			$0{,}52 - 0{,}60\ \mu m$
Band 3 $0{,}690 - 0{,}830\ \mu m$			$0{,}63 - 0{,}69\ \mu m$
Band 4	$0{,}5 - 0{,}6\ \mu m$	$0{,}5 - 0{,}6\ \mu m$	$0{,}76 - 0{,}90\ \mu m$
Band 5	$0{,}6 - 0{,}7\ \mu m$	$0{,}6 - 0{,}7\ \mu m$	$1{,}55 - 1{,}75\ \mu m$
Band 6	$0{,}7 - 0{,}8\ \mu m$	$0{,}7 - 0{,}8\ \mu m$	$10{,}5 - 12{,}5\ \mu m$
Band 7	$0{,}8 - 1{,}1\ \mu m$	$0{,}8 - 1{,}1\ \mu m$	$2{,}08 - 2{,}35\ \mu m$
Band 8	$10{,}4 - 12{,}6\ \mu m$*		
Breitband $0{,}51 - 0{,}75\ \mu m$*			

* nur Landsat 3

Landsat-Satelliten 1 – 3 wurden in rund 900 km Höhe in Umlauf gesetzt, Landsat 4 und 5 dagegen in 705 km. Entsprechend der geringeren Höhe ist die Umlaufgeschwindigkeit von Landsat 4/5 größer als die von Landsat 1 – 3. Für eine Erdumkreisung benötigen Landsat 1 – 3 etwas über 103 Minuten, Landsat 4/5 99 Minuten. Da dies auch den nächtlichen „Rückflug" mit einschließt, bedeutet das, daß der Satellit in rund 50 Minuten von Pol zu Pol fliegt. Der einem Umlauf folgende Umlauf schließt nicht an den vorangegangenen an, sondern ist aufgrund der inzwischen erfolgten Erdumdrehung und der leicht geneigten Umlaufbahn bei Landsat 1 – 3 um 2870 km, bei Landsat 4/5 um 2752 km nach Westen versetzt, so daß an einem Tag 14 oder 15 (bedingt durch die 14,5 Umläufe sind es bei Landsat 4/5 abwechselnd 14 oder 15) isolierte Streifen von 185 km Breite aufgenommen werden (Abb. 2.3).

Die lückenlose Überdeckung der Erdoberfläche wird bei Landsat 1 – 3 dadurch erreicht, daß nach den 14 Erdumkreisungen pro Tag der Satellit nicht zur ersten Umlaufbahn zurückkehrt, sondern zu einer Bahn, die genau westlich an die am vorangegangenen Tag überflogene Bahn anschließt (Abb. 2.4). Am Äquator sind das etwa 160 km, in unseren Breiten rund 120 km. Da der abgetastete Bereich 185 km breit ist, wird so eine Überlappung von mindestens 10 % erreicht, wobei diese Überlappung vom Äquator zum Pol zunimmt.

Die leichte „Versetzung" des Satelliten bzw. seiner Umlaufbahn wird bei Landsat 1 –3 dadurch erreicht, daß die 14 Umdrehungen nicht genau 24 Stunden dauern, sondern einige Minuten länger, so daß sich die Erde um zusätzlich 160 km gedreht hat, die für den Umlauf auf der unmittelbar benachbarten Bahn notwendig sind. In 18 Tagen hat der Satellit mit 251 Umdrehungen die Erde vollständig überdeckt und kehrt bei der 252. Umdrehung wieder zur ersten Umlaufbahn zurück (Abb. 2.4).

Bei Landsat 4/5 finden 14,5 Umläufe pro Tag statt und die Umlaufperiode für die vollständige Erdüberdeckung beträgt 16 Tage bei insgesamt 233 Umdrehungen. Die geringere Flughöhe und höhere Umlaufgeschwindigkeit von Landsat 4/5 erforderten eine grundsätzlich andere und etwas kompliziertere Abfolge der Streifen (swathing pattern). Die einer Umlaufbahn unmittelbar westlich benachbarte Bahn kann nicht wie bei Landsat 1 – 3 am darauffolgenden Tag überflogen werden (bedingt durch die 14,5 Umdrehungen pro Tag liegt die nächstliegende Umlaufbahn des folgenden Tages 1200 km weiter westlich), sondern erst 7 Tage später. Entsprechend wurde der östlich benachbarte Streifen eine Woche zuvor überflogen und wird dann wieder 9 Tage später (da der gesamte Zyklus 16 Tage dauert) überflogen (U.S. Geological Survey 1984). Die Umlaufbahnen und Abfolge der Aufnahmestreifen sind auf Abb. 2.5 dargestellt.

Der 1978 in Umlauf gebrachte und 2 Jahre funktionierende **H**eat **C**apacity **M**apping **M**ission (HCMM) Satellit umkreiste die Erde in 620 km Höhe mit einer Neigung von 97,6° gegen die Äquatorebene. Ähnlich wie Landsat führte er 15 Umläufe pro Tag

Abb. 2.4   Folge der Umläufe (swathing pattern) von Landsat 1 – 3   s. S. 37 oben

Abb. 2.5   Folge der Umläufe (swathing pattern) von Landsat 4/5   s. S. 37 unten

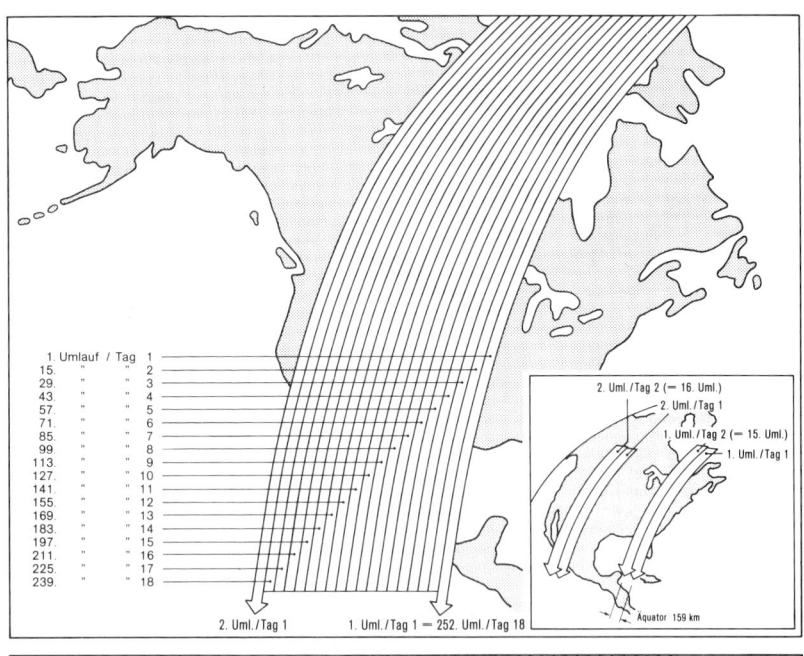

2.2 Fernerkundungsplattformen   37

1. Umlauf / Tag	1
15. " "	2
29. " "	3
43. " "	4
57. " "	5
71. " "	6
85. " "	7
99. " "	8
113. " "	9
127. " "	10
141. " "	11
155. " "	12
169. " "	13
183. " "	14
197. " "	15
211. " "	16
225. " "	17
239. " "	18

2. Uml./Tag 1   1. Uml./Tag 1 = 252. Uml./Tag 18

2. Uml./Tag 2 (= 16. Uml.)
2. Uml./Tag 1
1. Uml./Tag 2 (= 15. Uml.)
1. Uml./Tag 1
Äquator 159 km

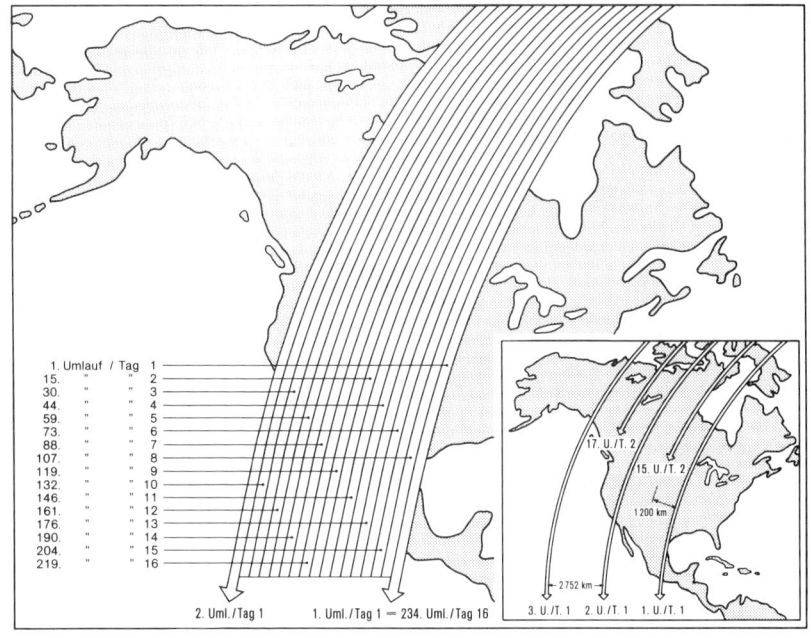

1. Umlauf / Tag	1
15. " "	2
30. " "	3
44. " "	4
59. " "	5
73. " "	6
88. " "	7
107. " "	8
119. " "	9
132. " "	10
146. " "	11
161. " "	12
176. " "	13
190. " "	14
204. " "	15
219. " "	16

2. Uml./Tag 1   1. Uml./Tag 1 = 234. Uml./Tag 16

17. U./T. 2
15. U./T. 2
1 200 km
2 752 km
3. U./T. 1   2. U./T. 1   1. U./T. 1

durch und kehrte nach 16 Tagen wieder zur ersten Umlaufbahn zurück. Die Abtaststreifen waren mit 716 km nahezu 4 mal so breit wie bei Landsat, was zur Folge hatte, daß dasselbe Gebiet an mehreren Tagen hintereinander aufgenommen werden konnte. Im Gegensatz zu den Landsatflügen bewegte sich der HCMM-Satellit auf dem Nachtflug von NO nach SW und passierte den Äquator um 2^{00} Uhr nachts, auf dem Tagflug von SO nach NW und überquerte den Äquator um 14^{00} Uhr. Mitteleuropa wurde dementsprechend etwa 2 1/2 Stunden nach Mitternacht und 1 1/2 Stunden nach Mittag überquert (U.S. Geological Survey 1979, GOSSMANN 1984 a), damit fanden die Aufnahmen zu Zeiten minimaler und maximaler Emissionsverhältnisse statt.

Der am 28. Juni 1978 gestartete, aber leider nur 108 Tage funktionierende Seasat befand sich ebenfalls auf einer fast polaren Umlaufbahn in etwa 800 km Höhe. Er umkreiste die Erde 14 mal pro Tag wie Landsat 1 – 3, nahm dabei allerdings alle 36 Stunden die Erdoberfläche fast vollständig (95 %) auf. Dies wurde durch das eingesetzte SAR-System (siehe 2.3.10.2) ermöglicht; die Aufnahmestreifen, die seitlich und zwar rechts vom Satelliten erfaßt wurden, sind bis zu 4000 km lang und 100 km breit.

Auch der für Herbst 1985 geplante französische SPOT (siehe 2.3.7) wird auf einen fast polaren, sonnensynchronen Umlauf in durchschnittlich 830 km Höhe gebracht werden. Er wird den Äquator auf dem Südflug um 10^{30} vormittags überqueren und in 26 Tagen eine vollständige Erdüberdeckung durchführen. Durch die Besonderheiten des Aufnahmesystems können allerdings bestimmte Gebiete wesentlich öfter aufgenommen werden als es dieser Repetitionsrate entspricht (siehe 2.3.7).

Der Einfachheit halber wurde hier von unterschiedlichen Umläufen der Satelliten gesprochen, als ob die Erde fixiert wäre und die Bahn des Satelliten sich verschieben würde; in Wirklichkeit ist es umgekehrt; die Erde dreht sich unter der Umlaufbahn des Satelliten. Diese Drehung erklärt auch die Parallelogrammform der Landsatbilder. Die Erde hat sich in der Zeitspanne zwischen Abtastung der ersten und der letzten Zeilen (25 sec) etwas weiter nach Osten gedreht, so daß der Beginn der ersten Zeilen weiter östlich liegt als der der letzten.

2.2.2.2 Aufbau und Ausstattung der Landsat-Satelliten. Die Landsat-Satelliten 1 – 3 sind in ihrem äußeren Erscheinungsbild hinreichend bekannt (Abb. 2.6). Der Satellit wiegt rund 953 kg, ist 3 m hoch und etwa 1,5 m im Durchmesser. Besonders auffallend sind die beiden flügelähnlichen Solarzellen zu beiden Seiten des Flugkörpers, die den Satelliten mit Energie versorgen. Als Fernerkundungssysteme tragen Landsat 1 und 2 jeweils 3 RBV-Kameras und ein MSS-System (siehe 2.3.2 und 2.3.3) sowie dazugehörige Magnetbandgeräte (Landsat 3 war mit 2 RBV-Kameras mit längeren Brennweiten ausgerüstet, die eine höhere räumliche Auflösung (40 m) ermöglichten). Wichtig ist vor allem auch das Sendegerät, über das die Information zur Erde gesandt wird. Dies kann sowohl direkt in E c h t z e i t („real time") während der Aufnahme geschehen, oder aber zu einem späteren Zeitpunkt; dann wird die Information zunächst auf den Magnetbändern gespeichert (siehe 2.3.8.2).

2.2 Fernerkundungsplattformen 39

Landsat 4 und sein seit März 1984 in Umlauf gebrachter identischer Nachfolger Landsat 5 sind völlig neu konzipierte Erderkundungssatelliten (Abb. 2.7). Der Satellit besteht aus einem auch für andere Missionen einsetzbaren Modell (**M**ultimission **M**odular **S**pacecraft; MMS), welches zusätzlich mit einem für Landsat speziell aus-

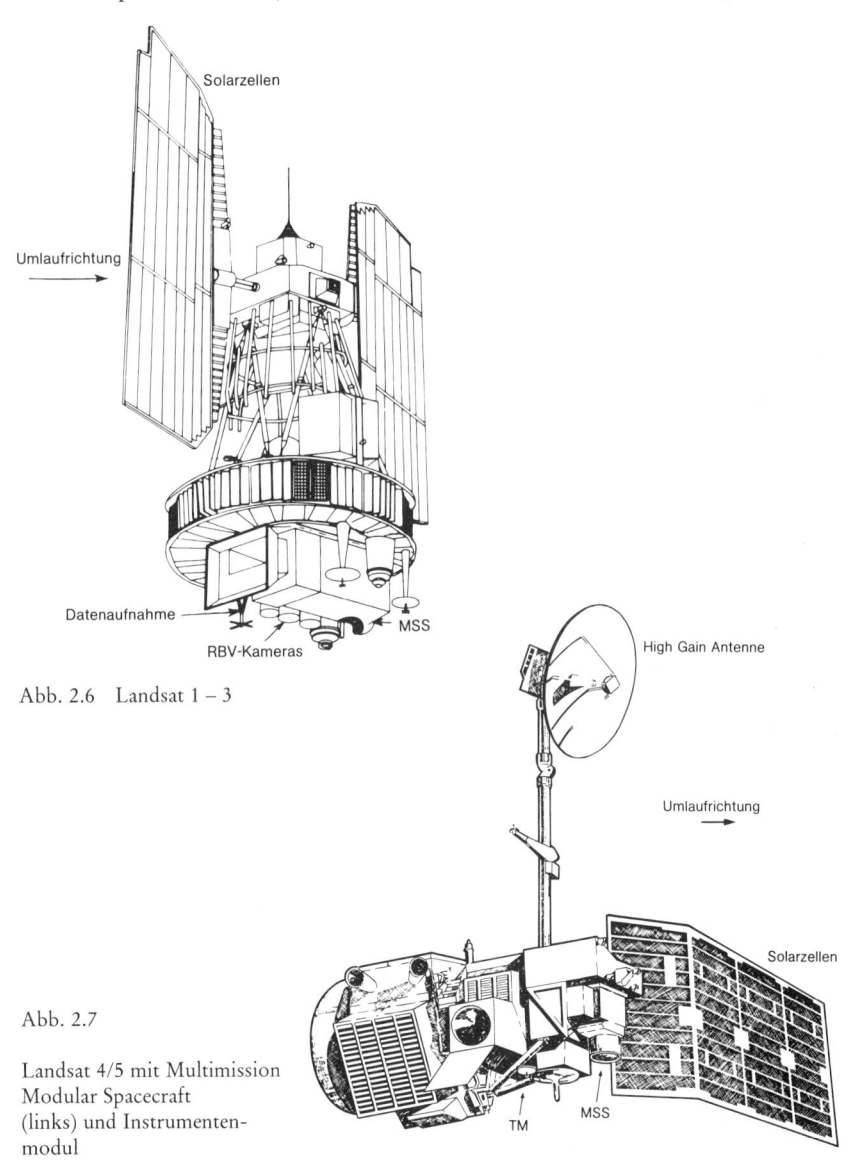

Abb. 2.6   Landsat 1 – 3

Abb. 2.7

Landsat 4/5 mit Multimission Modular Spacecraft (links) und Instrumentenmodul

gerichteten Instrumentenmodul ausgestattet ist. Dieses Instrumentenmodul schließt einen „herkömmlichen" Multispektralabtaster, den neuen Thematic Mapper, Antennen und Solarzellen mit ein. Der neue Satellit ist mit 2000 kg mehr als doppelt so schwer wie Landsat 1 – 3; entsprechend größer sind auch seine äußeren Maße mit 4 m Länge und 2 m Breite.

Auffallendstes Merkmal ist eine in fast 4 m Höhe über dem Satelliten angebrachte schüsselförmige Antenne (High Gain Antenna) mit 1,8 m Durchmesser. Diese Antenne dient der Datenübermittlung vom Landsat zu einem Paar geostationär über dem Äquator installierter Daten-Relaissatelliten (Tracking and Data Relay Satellite; TDRS). Von diesen Relaissatelliten, die jeweils fast die Hälfte der Erdkugel erfassen können, werden die Daten zur Bodenempfangsstation in White Sands, Neu Mexiko, und von dort über einen weiteren Satelliten (Domestic Satellite; DOMSAT) ins Goddard Space Flight Center übermittelt. Durch die Einschaltung der beiden TDRS-Satelliten kann praktisch die gesamte Erde bis auf einen schmalen Streifen, der sich vom Indischen Ozean über Indien nach China erstreckt, von den USA aus erfaßt werden; die NASA wird damit praktisch unabhängig von ausländischen Bodenstationen.

2.2.2.3 Das Worldwide Reference System (WRS).

Das Worldwide Reference System ist ein in Kanada entwickeltes einfaches System der Identifizierung und Katalogisierung einzelner Landsat-Bilder (Szenen), das sich als wesentlich praktischer erwiesen hat als die umständlichen Angaben von Längen- und Breitengraden. Es wird daher heute generell für die Kennzeichnung und Bestellung von Landsatprodukten verwendet. Jede Szene wird durch zwei Zahlenangaben in ihrer Lage charakterisiert, eine Flugbahn- oder Umlaufnummer (pathnumber) und eine Reihennummer (rownumber) (Abb. 2.8 a, b). Die Flugbahnnummern beginnen mit Umlauf 1 für die erste Bahn, die den nordamerikanischen Kontinent im Osten berührt und werden dann kontinuierlich in westlicher Richtung durchnumeriert bis Umlaufbahn Nr. 251 für Landsat 1 – 3 bzw. Bahn Nr. 233 für Landsat 4 und 5 erreicht sind und Bahn 1 unmittelbar westlich anschließt.

Die Umlaufbahnnummern der beiden Landsattypen sind aufgrund der unterschiedlichen Umlaufparameter also nicht gleich und die Numerierung ist nicht mit der zeitlichen Abfolge der einzelnen Umläufe zu verwechseln (vgl. Abb. 2.4 und Abb. 2.5).

Die Reihennummern beziehen sich auf die Abfolge der einzelnen Szenen während eines Umlaufs. Die Bilder werden zwar kontinuierlich aufgezeichnet, aber um ein handliches Bildformat zu erhalten, werden die Bilddaten in Einheiten (= Szenen) aufgeteilt, die 25 Sekunden Abtastzeit bzw. 185 km Geländestrecke entsprechen. Bei einem vollen Umlauf sind theoretisch 248 derartige Einheiten möglich, praktisch jedoch etwas weniger, da der Umlauf nicht genau polar verläuft.

Die Einheiten werden durchlaufend von 1 – 248 numeriert und zwar so, daß der Äquator mit Reihe 60 zusammenfällt. Die Süd-Nord-Flüge (Nachtflüge) werden bei dieser Numerierung zwar auch berücksichtigt, spielen aber nur für Aufnahmen im thermalen Infrarotbereich eine Rolle. Aufnahmen aus dem reflektierten Licht sind daher nur für Reihe 1 – 119 (Landsat 1 – 3) und 1 – 122 (Landsat 4/5) möglich. Der Mittelpunkt einer Szene ist zwar nicht bei jedem Überflug genau gleich, denn aufgrund geringer Kursschwankungen unterliegt er kleineren Veränderungen. Für die Bildkatalogisierung spielt dies jedoch keine Rolle. Deutschland wird von Bahnen 207 – 217 (Landsat 1 – 3) bzw. 192 – 197 (Landsat 4/5) überquert; die Reihennummern liegen zwischen 22 für den äußersten Norden und 27 für den Süden (Abb. 2.8 a, b).

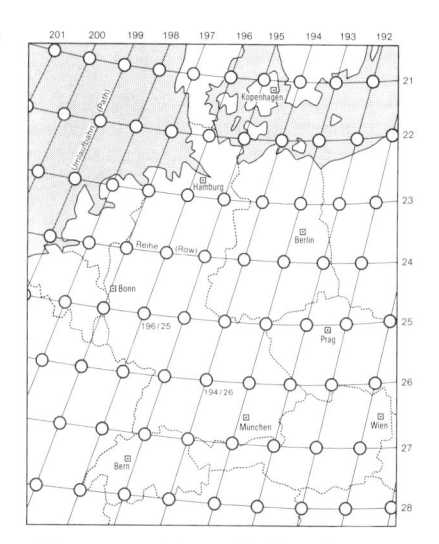

Abb. 2.8 a WRS (Worldwide Reference System) für Deutschland; Landsat 1 – 3

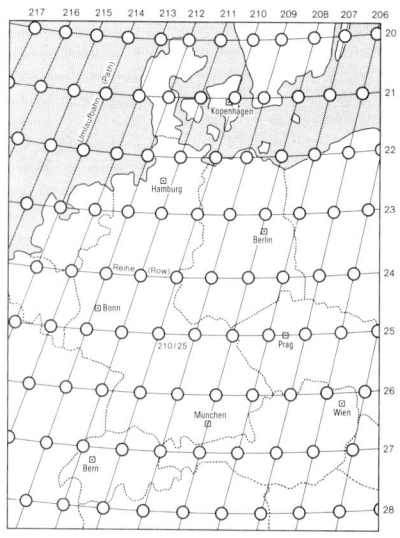

Abb. 2.8 b WRS für Deutschland; Landsat 4/5

2.3 Fernerkundungssysteme

2.3.1 Photokameras und Filme

Das wichtigste Aufnahmesystem der Fernerkundung ist nach wie vor die Kamera (man spricht auch von Kammer) – nicht nur, weil das herkömmliche panchromatische Schwarzweißluftbild weiterhin eine zentrale Stellung in der Fernerkundung einnimmt, sondern weil man mit Filmen und Filtern eine Vielzahl von Bildern erzeugen kann, die zu einer deutlichen Erweiterung der Interpretationsmöglichkeiten beigetragen haben. Zu nennen sind hier der Farbfilm sowie photographische UV-, Infrarot- und Multispektralaufnahmen.

2.3.1.1 Kameras. In der Fernerkundung wird eine Vielzahl von Kameramodellen eingesetzt, die sich in 4 Hauptgruppen gliedern. 1. die Einzelobjektivkamera, 2. die mehrlinsige Kamera, 3. die Streifenkamera und 4. die Panoramakamera. Für die konventionelle Luftbildphotographie wird fast ausschließlich eine Einzelobjektivkamera, die Reihenbildkamera (= Reihenmeßkammer), eingesetzt, die automatische Auslösevorrichtungen und Filmtransport besitzt, so daß Aufnahmen in der von Flughöhe, Objektivbrennweite und Fluggeschwindigkeit abhängigen Zeitfolge aufgenommen werden können. Das Filmformat ist meist 23 x 23 cm, und am häufigsten wird ein Objektiv mit einer Brennweite von 152 mm verwendet. Brennweiten von 88 mm und 210 mm werden ebenfalls eingesetzt, andere Brennweiten dagegen selten. In der Hochbefliegungsphotographie werden auch wesentlich längere Brennweiten verwendet.

Die mehrlinsige Kamera oder Multispektralkamera besteht aus vier oder mehr einzelnen Kammern, deren Auslösevorrichtungen genau miteinander gekoppelt sind. Die Verwendung dieser Kameras erlaubt gleichzeitige Aufnahmen von deckungsgleichen Gebieten mit verschiedenen Filmen und Filtervorsätzen. Dabei kann bei entsprechender Filterwahl das sichtbare und z.T. auch das nichtsichtbare Spektrum unterteilt werden, um Luftbilder in verschiedenen Wellenlängenbereichen aufzunehmen. Anstatt eines einzigen Farb- oder Falschfarbenfilms erhält man auf diese Weise Schwarzweißfilme, die sich in Grauton und Dichte je nach der Intensität der Reflexion innerhalb der einzelnen Spektralbereiche unterscheiden, was dem Interpreten oftmals wichtige Informationen vermitteln kann. Soll ein Farbbild erstellt werden, so kann dies durch Überlagerung der einzelnen Aufnahmen in transparenter Filmpositivform und der Zuordnung von Farben erzielt werden (siehe 2.3.1.4).

Die beiden anderen Kameratypen, die Streifenkamera und die Panoramakammer, werden selten verwendet; sie sind daher für die geographische Anwendung weniger interessant. Die Streifenkammer zeichnet sich dadurch aus, daß der Verschluß offen bleibt und der Film mit großer Geschwindigkeit bewegt wird. Der Anwendungsbereich liegt vor allem in der militärischen Aufklärung.

Bei der Panoramakamera ist das Objektiv beweglich oder einem starren Objektiv ein bewegliches Prisma vorgeschaltet, so daß das Gelände streifenförmig senkrecht zur Flugrichtung abgetastet werden kann. Hierdurch erhält man streifenförmige Bilder, die zwar ausgedehnte Geländeabschnitte überdecken, deren starke perspektivische Verzerrung jedoch eine Messung sehr erschweren.

2.3.1.2 Metric Camera.
Mit dem auf der erfolgreichen Spacelab-Mission im November/Dezember 1983 durchgeführten Metric Camera-Experiment wurde der

Abb. 2.9 Metric Camera-Bild über dem südlichen Iran. Die Satellitenphotographien mit der Metric Camera sind die bisher best auflösenden Satellitenbilder. Neben der ungewöhnlichen Schärfe ist auch die echte Stereoskopie der Bilder von entscheidendem Vorteil. Das Bild zeigt die eindrucksvollen Faltenstrukturen im Zagros Gebirge im südlichen Iran. Besonders auffallend sind die aus tertiären Kalk- und Sandsteinen aufgefalteten mächtigen Antiklinalen, die zum großen Teil durch die Erosion bereits aufgeschlitzt sind. Im Süden durch rundliche Form und dunkle Grautöne erkennbare Salzdome. (ung. Maßst. 1:800000)
Vergleiche Landsat MSS Aufnahme (Plate 3) in SABINS 1978. Das Bild wurde freundlicherweise von der DFVLR zur Verfügung gestellt.

2.3 Fernerkundungssysteme 43

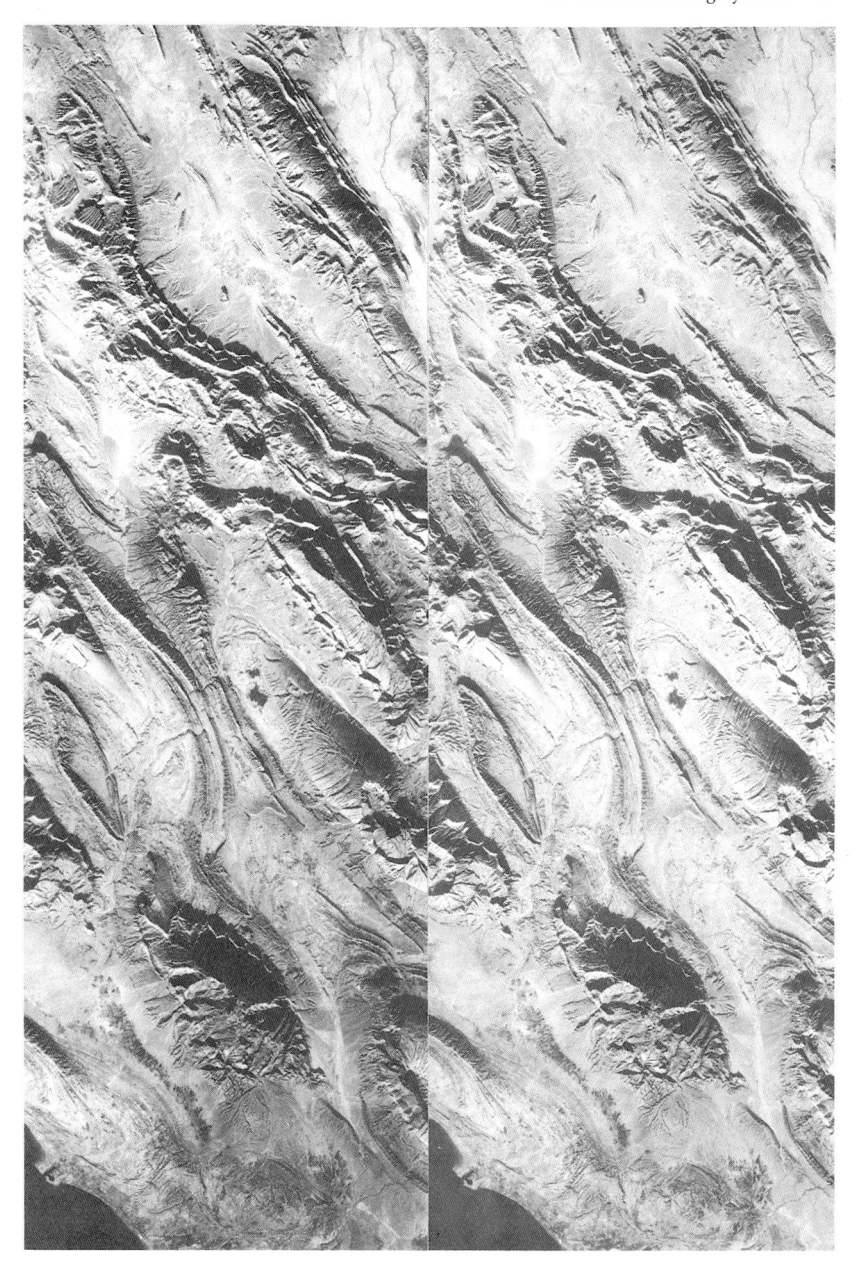

konventionellen Photographie wieder eine ihr gebührende Stelle in der Raumerkundung eingeräumt. Die von der Deutschen Forschungs- und Versuchsanstalt für Luft- und Raumfahrt (DFVLR) in Zusammenarbeit mit der deutschen Industrie entwickelte Präzisionskamera (modifizierte Zeiss Reihenmeßkammer RMK A 30/23 mit einem 305 mm Objektiv) lieferte in der 10 Tage dauernden Mission Schwarzweiß- und Farbbilder, deren Qualität „das Herz jedes Geowissenschaftlers höher schlagen lassen" (Lichtenegger 1984) (Abb. 2.9).

Die von einer durchschnittlichen Flughöhe von 250 km aufgenommenen Bilder besitzen eine Auflösung, die von keinem elektronischen Abtastsystem, selbst den modernsten Solid Line Scanners, erreicht wird. Da es sich um Momentaufnahmen mit sehr kurzen Belichtungszeiten (1/250 bis 1/1000 sec) handelt, entstehen kaum Verzerrungen in der Abbildungsgeometrie, vor allem nicht solche, die sich durch den Zeitunterschied im Abtastverfahren einzelner Zeilen und durch mögliche leichte Schwankungen in der Position der Plattform während des Abtastens oder in geringfügigen Schwankungen im Aufnahmesystem ergeben könnten.

Der Einsatz von Reihenmeßkammern wird allerdings auf absehbare Zeit auf bemannte Weltraummissionen beschränkt bleiben, denn das einwandfreie Funktionieren dieser Geräte erfordert die Gegenwart von Astronauten auf dem Raumschiff, und die belichteten Filmrollen müssen zur Erde zurückgebracht werden.

2.3.1.3 Schwarzweißfilme. Auf die chemisch-physikalischen Prozesse, die sich bei der photographischen Abbildung abspielen, soll hier nicht weiter eingegangen werden; sie sind letztlich auch für die Interpretation nicht entscheidend. Es genügt in diesem Zusammenhang festzustellen, daß die herkömmlichen Schwarzweißphotographien dadurch entstehen, daß ein mit einer Silberemulsion beschichteter Film belichtet wird, und daß das zunächst entstandene latente Bild durch die Entwicklung als Negativ fixiert und schließlich durch erneute Belichtung eines photosensitiven Papiers in ein Schwarzweißpositivbild übergeht. Der normalerweise verwendete panchromatische Film ist für das sichtbare und UV-Licht empfindlich; die stark dunstempfindliche UV- und Blaustrahlung kann durch Vorsatz eines Filters ausgeschaltet werden.

Infrarotfilme sind Filme, deren Empfindlichkeit weiter in den Infrarotbereich reicht als die der panchromatischen. Allerdings sind Infrarotfilme auch für UV- und Blaustrahlung sowie für das gesamte sichtbare Licht empfindlich. Der kurzwellige Bereich der Strahlung wird daher durch Filter ausgeschaltet, so daß das erhaltene Schwarzweißluftbild eine Grauabstufung vom sichtbaren Grün bis zum nahen Infrarot zeigt. Die Grenze der Anwendbarkeit von Filmen im Infrarotbereich liegt bei 0,9 μm.

Auch der UV-Bereich wird für gewisse Erscheinungen zur Fernerkundung herangezogen; allerdings kann dies wegen der starken Streuung nur aus geringer Flughöhe unter klaren Wetterbedingungen geschehen. Ein Anwendungsbereich der UV-Photographie liegt z.B. in der Feststellung von Ölflecken auf Wasser.

2.3.1.4 Farbfilme. Der Farbfilm wird leider immer noch als „Luxus" in der Luftbildphotographie angesehen, obwohl mit den heutigen technischen Mitteln die Kosten von Farbaufnahmen die von Schwarzweißaufnahmen nicht mehr wesentlich übersteigen – insbesondere wenn man berücksichtigt, daß die Hauptkosten auf die Befliegung entfallen und nicht auf die Herstellung der Abzüge. Da die Luftbildüberdeckung der meisten Länder bereits in Schwarzweiß vorliegt und an eine erneute systematische Überfliegung nicht zu denken ist, wird das Schwarzweißbild wahrscheinlich noch für lange Zeit das Standardprodukt der Fernerkundung bleiben. Die Vorteile des Farbluftbildes liegen auf der Hand: das Auge sieht in Farbe und kann wesentlich mehr Farbtöne als Grautöne unterscheiden. Die etwas größere Dunstempfindlichkeit des Farbfilms kann heute durch Filter und Objektive weitgehend reduziert werden.

In der modernen Fernerkundung, insbesondere der Satellitenerkundung, wird das Farbbild jedoch sehr viel stärker eingesetzt, auch wenn es sich in der Regel um keine echten Farbbilder, sondern um Falschfarbenbilder handelt. Daher ist es notwendig, etwas näher auf die Farbdarstellung einzugehen.

Das dem Farbfilm, aber auch dem Auge, dem Farbfernsehen und eigentlich jeder Farbdarstellung zugrunde liegende Prinzip beruht auf der Farbmischung durch primäre oder komplementäre Farben. In der photographischen Farbdarstellung sind die primären Farben Blau, Grün und Rot; die dazu gehörigen komplementären Farben sind Gelb, Magentarot (Purpur) und Blaugrün (Cyan). Die Mischung von zwei primären Farben ergibt jeweils die komplementäre Farbe der dritten, nicht verwendeten Farbe; d.h. Mischung von Rot und Grün ergibt Gelb, von Blau und Rot ergibt Magentarot und von Blau und Grün ergibt Blaugrün (Abb. 2.10). Die Farbdarstellung beruht entweder auf additivem Mischen der Primärfarben, wie beim Fernsehen oder auf subtraktivem Mischen der Komplementärfarben, wie dies beim Farbfilm geschieht. Der Ausdruck subtraktive Farbmischung beruht darauf, daß jede Komplementärfarbe die ihr zugehörige Primärfarbe aus dem sichtbaren Spektrum herausfiltert, sozusagen subtrahiert. Ein Gelbfilter z.B. filtert blaues Licht aus dem Spektrum heraus, ist also für blaues Licht undurchlässig und nur für

Additive Farbmischung   Subtraktive Farbmischung

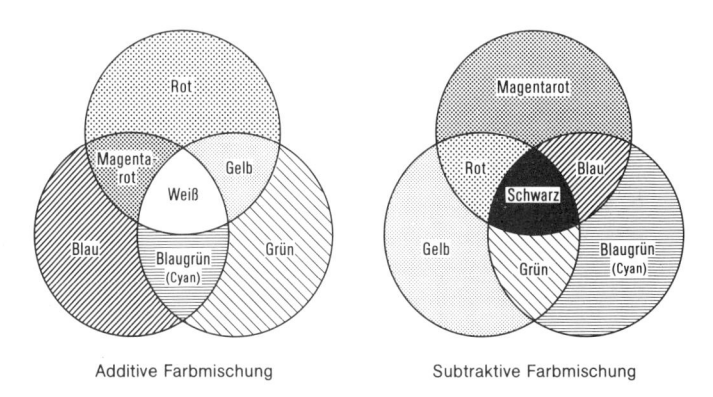

Abb. 2.10 Additive und subtraktive Farbmischung

grünes und rotes Licht durchlässig. Entsprechend filtert ein Magentafilter das grüne Licht und ein Cyanfilter das rote Licht heraus. Überlagert man daher zwei Komplementärfarben (z.b. Gelb und Magenta), so werden die zwei zugehörigen Primärfarben herausgefiltert (also Blau und Grün) und die der dritten Komplementärfarbe zugehörige Primärfarbe (also Rot) durchgelassen.

Der konventionelle Farbfilm besteht aus drei photosensitiven Schichten, wobei jede Schicht für einen bestimmten Spektral- bzw. Farbbereich empfindlich ist (Abb. 2.11). Die oberste Schicht besitzt eine blauempfindliche (0,4 – 0,5 μm), die mittlere eine grünempfindliche (0,5 – 0,6 μm) und die unterste eine rotempfindliche (0,6 – 0,7 μm) Emulsion. Da die grün- und rotempfindliche Emulsion auch für Blaulicht empfindlich ist, muß ein blauabsorbierender Gelbfilter zwischen die erste und zweite Schicht eingeschaltet werden, der später bei der Entwicklung herausgelöst wird.

Nach der Entwicklung entstehen hieraus nicht etwa die Farben Blau, Grün und Rot, sondern deren Komplementärfarben Gelb, Magentarot und Blaugrün; wie beim Schwarzweißnegativ ist die Dichte der einzelnen Negativschichten umgekehrt zur Lichtintensität. Das Farbpositiv entsteht erst durch erneute Belichtung mit „weißem" Licht und Farbmischung, wobei die Überlagerung von Magentarot und Blaugrün nur Blau durchläßt, die Überlagerung von Magentarot und Gelb nur Rot und die Überlagerung von Gelb und Blaugrün nur Grün durchläßt (Abb. 2.11). Andere Farben entstehen entsprechend ihrer Zusammensetzung aus den Anteilen der Primärfarben.

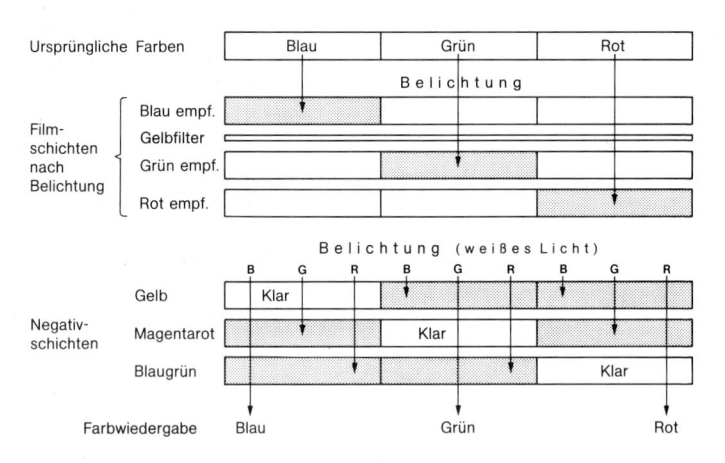

Abb. 2.11 Aufbau und Farbwiedergabe eines Farbfilms

2.3.1.5 Infrarotfarbfilme.
Der Infrarotfarbfilm besteht wie der konventionelle Farbfilm aus drei farbempfindlichen Schichten, jedoch mit dem Unterschied, daß die blauempfindliche durch eine infrarotempfindliche Schicht ersetzt wird (Abb. 2.12).

2.3 Fernerkundungssysteme 47

Die Schichten sind also für das sichtbare Grün und Rot und das nicht-sichtbare Infrarot empfindlich. Mit welcher sichtbaren Farbe soll nun aber das nicht-sichtbare Infrarot dargestellt werden? Während beim infrarotempfindlichen Schwarzweißfilm die Darstellung noch relativ einfach mit Hilfe von Grauwerten gelöst werden kann, ist dies beim Farbfilm nicht mehr möglich. Da das sichtbare Blau fehlt und durch das nicht-sichtbare Infrarot ersetzt wurde, aber nur die drei Primärfarben Blau, Grün und Rot zur Farbdarstellung zur Verfügung stehen, muß die normale Farbdarstellung bei Infrarotfarbfilmen ganz aufgegeben werden.

Die Zuordnung der Farben im Farbfilm ist ein rein technischer und im Grunde willkürlicher Vorgang; sie kann daher ohne Schwierigkeiten geändert werden. So könnte z.B. Blaugrün statt Gelb für die blauempfindliche Schicht und entsprechend Gelb für die rotempfindliche Schicht verwendet werden. Dann würden im Positiv alle in der Natur blau erscheinenden Objekte als rot erscheinen. Da Infrarot nicht sichtbar ist, es aber durch eine Farbe sichtbar gemacht werden muß, ordnet man willkürlich dem Infrarot eine bestimmte Farbe zu. In der Regel wird hierzu das Rot herangezogen. Damit fällt aber das Rot für die Darstellung des roten Wellenlängenbereichs aus; es muß durch eine der beiden anderen Primärfarben dargestellt werden – meist wird das Grün verwendet. Der grüne Bereich wird durch das Blau dargestellt, welches nicht aufgenommen wurde und daher sozusagen frei verwendbar ist. Selbstverständlich kann man jede andere Zuordnung wählen, aber keine entspricht der tatsächlichen Wahrnehmung. Man spricht daher von F a l s c h f a r b e n b i l d e r n. Im Farbnegativ werden grüne Objekte zu Gelb (Komplementärfarbe von Blau), rote zu Magentarot und solche mit starker Infrarotstrahlung zu Blaugrün. Im Farbdruck erscheinen dann grüne Gegenstände (starke Grünreflexion) als blau, rote (starke Rotreflexion) als grün und „infrarote" (starke Infrarotreflexion) als rot (Abb. 2.12).

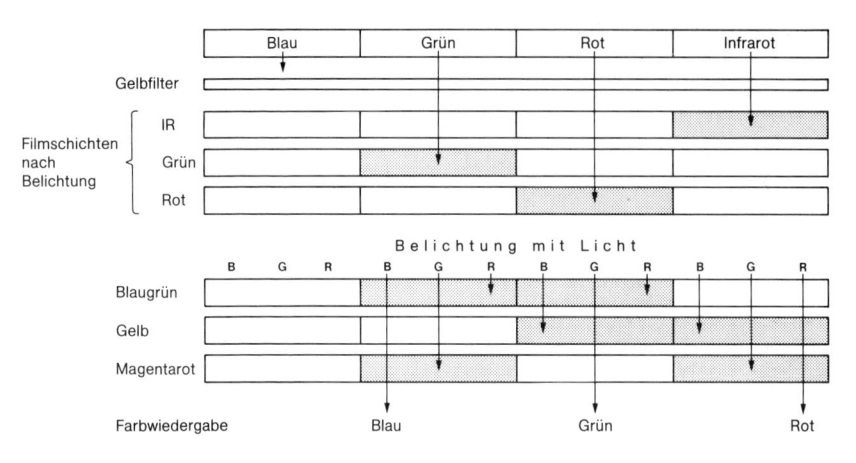

Abb. 2.12 Aufbau und Farbwiedergabe eines Infrarotfilms

Die bisher dargestellte Methode der Farbdarstellung beruhte auf der subtraktiven Farbmischung durch Überlagerung von Komplementärfarben und entsprechende Herausfilterung der Primärfarben. Eine im Prinzip einfachere Methode besteht in der direkten Überlagerung der Primärfarben Blau, Grün und Rot, wie dies auch beim Fernsehen geschieht. In der modernen Fernerkundung spielt diese Methode der ad ditiven Farbmischung eine wichtige Rolle. Die Voraussetzung für die Verwendung von additiven Primärfarben ist die Verwendung von Aufnahmegeräten, die das Licht in seine verschiedenen Spektralbereiche zerlegen, so daß die einzelnen Spektralbereiche getrennt aufgenommen werden können. Ein solches Gerät stellt die bereits erwähnte Multilinsenkammer dar. Anstatt eines dreischichtigen Farbfilms und einer Kammer mit einem Objektiv, durch welches das gesamte Licht einfällt, verwendet man mehrere Kammern, die jeweils einen bestimmten Bereich des Spektrums aufnehmen. Anstelle eines Farbnegativs erhält man Schwarzweißnegative und Positive, die sich in ihrer Grauabstufung und Dichte je nach Strahlungsintensität in dem bestimmten Spektralbereich unterscheiden. Mit Hilfe von transparenten Filmpositiven kann durch Überlagerung und Zuordnung von Primärfarben ein Farbbild erstellt werden. Hierzu ist allerdings entweder ein Farbmischprojektor notwendig oder die Schwarzweißfilme müssen in monochromatische Farbpositive umgewandelt werden, wie dies z.B. durch den Diazo-Prozeß (siehe unten) erreicht werden kann.

Farbmischprojektoren (colour additive viewer) bestehen aus 4 Projektoren, über die schwarzweiße Filmpositive unterschiedlicher Wellenlänge auf einen Bildschirm projiziert werden (Abb. 2.13). Jedem Projektor können Farbfilter der primären Farben Blau, Grün und Rot zugeordnet werden, und durch entsprechende Filterwahl entstehen verschiedene additive Farbkombinationen (KROESCH 1974). Sind Filmpositive der blauen, grünen und roten Wellenlängen vorhanden, so können sowohl echte Farbbilder (jedem Filmpositiv wird die ihm entsprechende Farbe zuge-

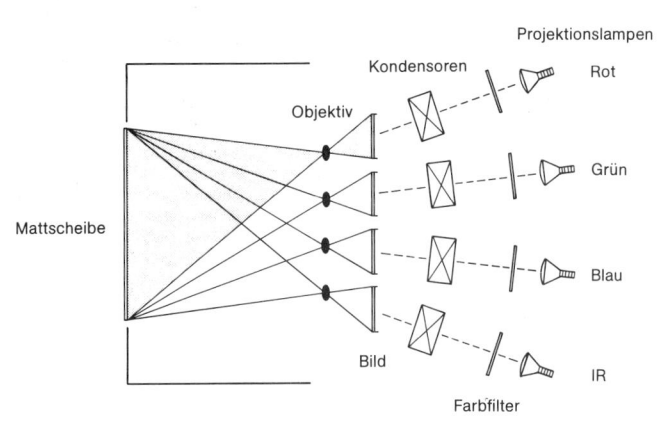

Abb. 2.13 Farbmischprojektor; additive Farbmischung durch Überlagerung der primären Farben Blau, Grün und Rot

ordnet), als auch Falschfarbenbilder beliebiger Farbkombination hergestellt werden. Bei Landsat-MSS-Aufnahmen (siehe 2.3.3) und anderen Multispektralaufnahmen, bei denen ein infrarotes Band verwendet wird, ist die am häufigsten gebrauchte Farbkombination: blauer Filter für Band 4 (sichtbares Grün), grüner Filter für Band 5 (sichtbares Rot) und ein roter Filter für eines der beiden Infrarotbänder Band 6 oder 7. Da nur 3 Farben zur Farbmischung notwendig sind, ist es sinnvoll, immer nur 3 Bänder mit unterschiedlichen Farbfiltern übereinander zu projizieren. Die Bänder 6 und 7 der Landsataufnahmen liefern praktisch identische Daten, ein Übereinanderprojizieren dieser beiden Bänder bringt daher keinen Informationsgewinn.

Viele der uns bekannten Landsatfalschfarbenbilder entstanden durch die oben angeführte Farbkombination Blau, Grün und Rot für die Bänder 4, 5 und 6 oder 7. Diese Kombination wird auch als Rotversion bezeichnet; eine etwas naturähnlichere Grünversion erhält man, wenn dem infraroten Band 6 oder 7 ein Grünfilter, dem Band 5 ein Blaufilter und dem Band 4 ein Rotfilter zugeordnet wird. Aber auch diese Farbkombination ist eine Falschfarbendarstellung.

Beim Diazo-Prozeß werden die Schwarzweißfilmpositive in monochromatische Farbpositive umgewandelt; die Schwärzung (Dichte) des Filmpositivs wird also , nicht in Graustufungen sondern in Dichteabstufungen e i n e r Farbe wiedergege-

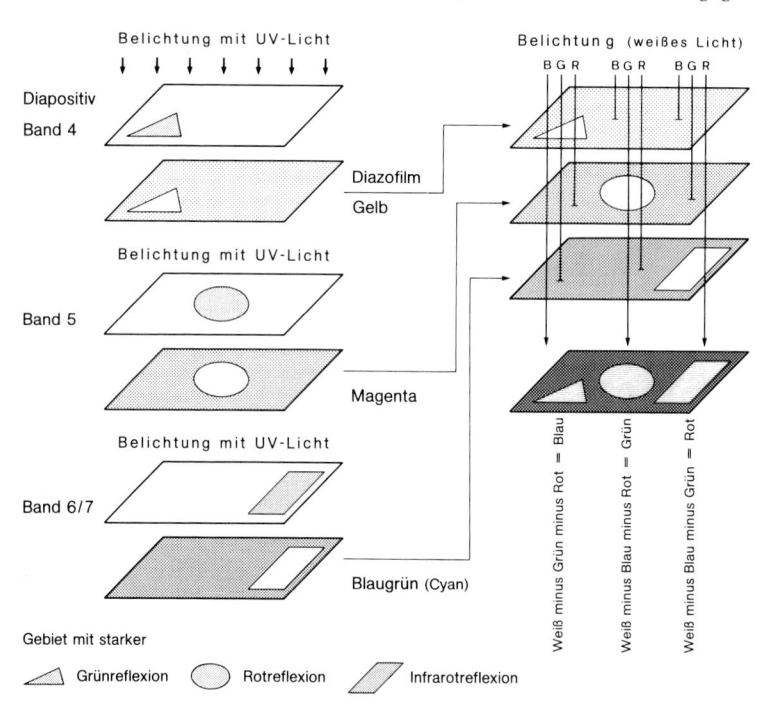

Abb. 2.14 Prinzip des Diazo-Prozesses

ben. Durch Überlagerung von Filmpositiven unterschiedlicher Farbe entsteht wieder ein Farbkomposit. Für die Rotversion der Landsatbilder ist eine Kombination von gelbem Diazofilm für Band 4, Magentarot für Band 5 und Blaugrün (Cyan) für Band 6 oder 7 üblich (Abb. 2.14), für die Grünversion in entsprechender Reihenfolge Blaugrün, Gelb und Magenta. Da es sich bei diesem Verfahren um ein subtraktives Farbmischen handelt, entspricht diese Kombination der additiven Mischung von Blau, Grün und Rot bzw. Rot, Blau und Grün im Farbmischprojektor.

Die additive Farbmischung erscheint auf den ersten Blick umständlich. Der große Vorteil dieser Methode ist jedoch, daß man sowohl Bilder der einzelnen Wellenlängen getrennt betrachten und untersuchen, als auch die Farbzusammenstellung beliebig variieren kann, um damit gewisse Aspekte einer Landschaft hervorzuheben oder auch zu unterdrücken. Da alle Spektralbereiche vom Blau bis ins Infrarot aufgenommen werden können, ist es möglich, sowohl echte Farbbilder als auch Falschfarbenbilder herzustellen. Die Methode erlaubt also eine flexible Handhabung der Farbmischung.

2.3.2 Fernsehkameras (Return Beam Vidicon, RBV)

Statt konventioneller Kameras mit Filmen verwenden die modernen Fernerkundungssysteme elektronische Aufnahmegeräte, die keinen Film benötigen und die Information in elektronischer Form übermitteln. Die zwei gebräuchlichsten Instrumente sind Fernsehkameras und **Multi Spectral Scanner (MSS)** oder Multispektralabtaster. Erst diese Systeme lassen eine Übermittlung von Daten aus dem unbemannten Raumschiff und Satelliten zu. Um ihre Arbeitsweise zu verstehen, müssen wir uns auch hier wieder etwas mit der Technik befassen.

Die am häufigsten verwendete Fernsehkamera ist eine **Return Beam Vidicon (RBV)** Kamera. Der wichtigste Bestandteil dieser Kamera ist ein Vidicon, ein photosensitiver Schirm, ähnlich wie ein Fernsehbildschirm, dessen elektrische Leitfähigkeit je nach Lichtintensität variiert. Ein Gegenstand oder eine Landschaft, die aufgenommen werden soll, wird mit Hilfe eines Objektivs auf einen solchen Bildschirm projiziert; dieser Schirm hält das Bild etwa 1/10 sec fest; während dieser Zeit wird der Schirm elektronisch abgetastet, das so erhaltene Signal wird dann gespeichert oder weitergeleitet und schließlich wieder auf dem Bildschirm dargestellt. Der normale TV-Bildschirm weist je nach System 525 oder 625 derartiger Rasterlinien auf. Die Abtastung läuft jedoch so schnell ab, daß das Auge dies nicht feststellen kann und so das gesamte Bild auf einmal sieht. Es ist wichtig festzuhalten, daß die Fernsehkamera das G e s a m t b i l d eines Gegenstandes aufnimmt, den Gegenstand blitzschnell abtastet und diese Information dann auf einem Bildschirm wiedergibt.

Da es in der Fernerkundung notwendig ist, ein wesentlich besseres Auflösungsvermögen zu erzielen als 525 oder 625 Rasterlinien, werden Vidicons verwendet, die rund 4500 Rasterlinien aufnehmen. Die in Landsat 1 und 2 installierten RBV-Systeme bestehen aus 3 Kameras, die alle 25 Sekunden gleichzeitig einen Geländeausschnitt von 185 x 185 km (Abb. 2.15 a) in 3 verschiedenen Wellenlängenbereichen

2.3 Fernerkundungssysteme 51

(0,475 – 5,75 μm Blaugrün, 0,580 – 0,680 μm Gelbrot und 6,80 – 7,30 μm Rot und Infrarot) aufnehmen. Die gelieferten Bilder sind Schwarzweißbilder der einzelnen Wellenlängen und ähneln daher Luftbildern, allerdings natürlich in wesentlich kleinerem Maßstab (1:1 Mill.). Aus den drei Schwarzweißbildern wird durch Überlagerung wieder ein Farbbild hergestellt in genau der gleichen Weise wie dies beim Multispektralbild der Fall ist. Das RBV-System auf den Landsat 1/2-Flügen fiel leider in allen Fällen kurz nach dem Start aus; wir besitzen daher nur wenige Produkte dieser Aufnahmetechnik.

Das RBV-System auf Landsat 3 unterscheidet sich von dem auf Landsat 1/2 in mehreren Punkten. Es besteht aus 2 nebeneinander geschalteten Kameras, die die doppelte Brennweite der Landsat 1/2-RBV-Kameras aufweisen und entsprechend kleinere Geländeabschnitte (99 x 99 km pro Kamera) mit zweifach verbessertem räumlichen Auflösungsvermögen (40 m) aufnehmen. Deshalb ist die Aufnahmefolge mit einer Doppelaufnahme pro 12,5 Sekunden doppelt so schnell, damit die flächengleiche Deckung mit den MSS-Bildern gewährleistet ist (Abb. 2.15 b), denn die Abtastzeit einer MSS-Szene liegt bei 25 Sekunden. Das Landsat 3 RBV-System weist nur einen Breitband-Kanal auf, der sich vom sichtbaren Gelb bis zu nahem Infrarot erstreckt (0,51 – 0,75 μm), denn das entscheidende Kriterium für die Ausstattung des Systems war die räumliche Auflösung, nicht die spektrale. Dementsprechend wurden die Landsat 3 RBV-Aufnahmen auch hauptsächlich dafür verwendet, die räumliche Auflösung der gleichzeitig aufgenommenen MSS-Bilder durch Überlagerung zu verbessern.

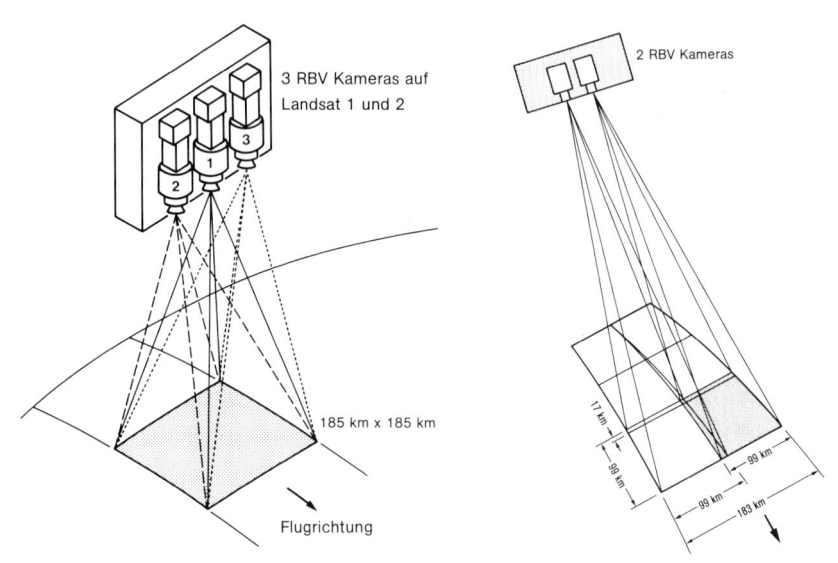

Abb. 2.15 a, b Prinzip der Return Beam Vidicon (RBV). Aufnahmen auf Landsat 1/2 (a) und Landsat 3 (b)

52   2 Technische Grundlagen der Fernerkundung

2.3.3 Der Multispektralabtaster (MSS)

Zur Überraschung der Fachleute funktionierte auf den Landsatflügen der Multispektralabtaster (MSS) am besten und lieferte die qualitativ besten Aufnahmen. Im Gegensatz zu den bisher besprochenen Systemen besitzt der MSS keine Kamera und auch kein Linsenobjektiv. Die Strahlung wird mit Hilfe eines oszillierenden Spiegels über Hohlspiegel auf eine Prismenoptik geworfen, dort in einzelne Wellenlängen zerlegt und auf Detektoren weitergeleitet, die die Intensität dieser Strahlung registrieren (Abb. 2.16a). Die aufgenommenen Wellenlängen sind 0,5 – 0,6 μm, 0,6 – 0,7 μm, 0,7 – 0,8 μm und 0,8 – 1,1 μm, also Grün, Rot und zwei nahe Infrarotbereiche. Die Bänder werden auch als Bänder 4, 5, 6, 7 bezeichnet, um sie von den Bändern 1, 2, 3 des RBV zu unterscheiden (Tab. 1).

Das MSS-System tastet einen schmalen Streifen auf der Erdoberfläche ab, wobei der Streifen, der bei einer Spiegeldrehung abgetastet wird, 476 m breit und 185,2 km lang ist. Der Satellit bewegt sich während des Tagflugs in südlicher Richtung und nimmt daher kontinuierlich Streifen dieser Breite auf. Um ein besseres Auflösungsvermögen zu erzielen, wird die auf den Spiegel fallende Strahlung nicht nur in die verschiedenen Wellenlängen aufgeteilt, sondern noch in 6 Teile gespalten, was eine 6-fache Verfeinerung des Auflösungsvermögens zur Folge hat, d.h. die abgetasteten Streifen sind nicht 476 m, sondern nur 79 m breit (Abb. 2.16 b).

Die auf den 24 Detektoren (6 x 4 Wellenlängen) aufgezeichneten Signale stellen nichts anderes als Strahlungswerte dar, wobei 128 Werte vom dunkelsten bis zum hellsten (für Kanal 7: 64) registriert werden.

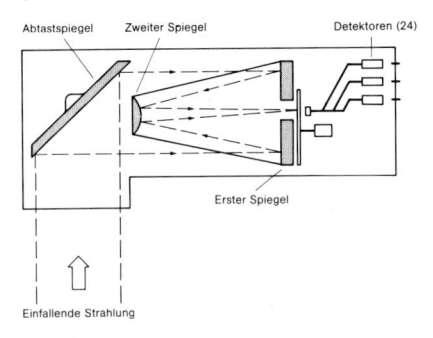

Abb. 2.16 a, b Prinzip eines Multispektralabtasters (MSS) (a) und Abtastvorgang beim Landsat MSS (b)

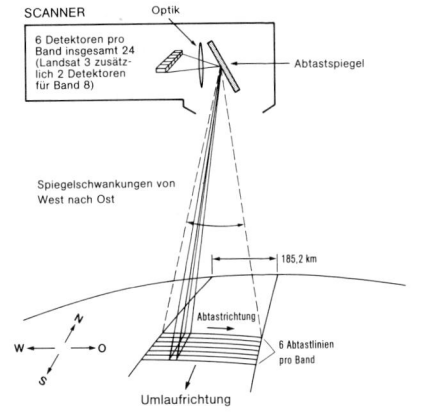

Die fortlaufende Abtastung der Erdoberfläche durch den MSS liefert einen langen Streifen, der sich theoretisch von Pol zu Pol erstrecken könnte. Ein derartiges Bildformat ist natürlich nicht handlich und die Bilder werden daher nach jeweils 185 km (bzw. alle 25 Sekunden) unterbrochen, so daß eine flächengleiche Deckung mit den vom RBV aufgenommenen Gebieten erzielt wird.

Wieso gleich zwei Systeme auf einem Satelliten? Dies liegt im experimentellen Charakter von Landsat und damit dem Versuch, zunächst einmal die zwei Systeme zu erproben, um mit Hilfe der Ergebnisse zukünftige Satelliten zu planen. Beide Systeme waren zwar auch auf anderen Satelliten, vor allem Wettersatelliten, seit einiger Zeit in Betrieb; aber ihr Auflösungsvermögen war wesentlich geringer als bei Landsat. Der Vorteil des RBV-Systems liegt in den Momentaufnahmen und im besseren Auflösungsvermögen (40 m). In der Praxis hat sich aber das MSS-System als unempfindlicher und daher nützlicher erwiesen.

2.3.4 Der Thematic Mapper (TM)

Der in der neuen Landsatgeneration Landsat 4 und 5[1] zusätzlich zum bewährten MSS installierte Thematic Mapper stellt ebenfalls ein mechanisches Multispektralabtastsystem dar, das jedoch im Vergleich zum MSS ein wesentlich verbessertes räumliches und radiometrisches Auflösungsvermögen aufweist. Der Thematic Mapper besitzt 7 Kanäle, die Wellenlängenabschnitte von Blaugrün bis zum thermalen Infrarot aufnehmen (Tab. 1) und sein räumliches Auflösungsvermögen liegt bei 30 x 30 m (120 x 120 m für das thermale Infrarot), was selbstverständlich eine wesentliche Verbesserung darstellt (Abb. 2.17).

Der TM tastet bei einer Spiegeldrehung wie der MSS einen 480 m breiten und 185 km langen Streifen der Erdoberfläche ab. Die Strahlung wird über einen oszillierenden Spiegel und ein Teleskop auf Detektoren, die das Licht in die einzelnen Wellenlängen brechen, geleitet. Ihnen sind Filter vorgeschaltet, die die Strahlung in elektrische Impulse umsetzen. Im Unterschied zum MSS findet die Datenaufnahme sowohl bei der Vorwärts (West-Ost)- als auch bei der Rückwärtsdrehung (Ost-West) des Spiegels statt.

Bänder 1 – 5 und 7 werden über je 16 Detektoren aufgezeichnet, der thermale Infrarotkanal (6) über nur 4, daher auch das geringere räumliche Auflösungsvermögen. Bei jeder Spiegeldrehung werden daher 16 (bzw. 4 für Band 6) Zeilen gleichzeitig aufgenommen, und da der bei einer Umdrehung abgetastete Bereich 480 m breit ist, bedeutet dies eine Zeilenbreite von 30 m (bzw. 120 m für Band 6).

---

[1] Landsat 4 wurde am 16. Juli 1982 in Umlauf gebracht; der TM fiel jedoch im Februar 1983 aus. Der identische Nachfolgesatellit Landsat 5 wurde am 1. März 1984 gestartet und sendet seither sowohl TM- als auch MSS-Daten.

Abb. 2.17 Thematic Mapper (TM)-Bildausschnitt von der deutschen Mittelgebirgsschwelle. Mit einer räumlichen Auflösung von 30 m erweisen sich die TM Aufnahmen als wesentlich informativer als die MSS Bilder, was selbst auf dieser kleinmaßstäblichen Aufnahme zum Ausdruck kommt. Beachte vor allem die klar hervortretenden Strukturen von Ith und Hils und der nördlich benachbarten Bergzüge. Auch der Sollinggraben (unten links) ist deutlich zu erkennen. Aufnahme aus dem Infrarot Kanal 5 (1,55 – 1,75 μm), (Maßst. 1 : 640 000). Die Aufnahme wurde freundlicherweise von der DFVLR zur Verfügung gestellt.

2.3.5 Opto-elektronische Aufnahmesysteme

Die bisher besprochenen digitalen Aufnahmeverfahren sind opto-mechanische Verfahren. Sie beruhen auf der Verwendung von schnell beweglichen Drehspiegeln, die quer zur Flugrichtung einzelne Zeilen oder auch Zeilenreihen (z. B. 6 bei Landsat 1 – 3) abtasten und die Strahlung über ein optisches System auf Detektoren leiten. Die radiometrische Information wird hierbei für jede Bildzeile von e i n e m Sensor pro Spektralbereich erfaßt. Die Verwendung mehrerer Sensoren bewirkt lediglich die Verbesserung der Auflösung in Flugrichtung.

Opto-elektronische Aufnahmesysteme oder Solid Line Scanners, die in jüngster Zeit stärker Verwendung finden, tasten dagegen Geländestreifen mit einer quer zur Flugrichtung angeordneten Sensorenzeile (linear array of detectors) ab. Eine Sensorenzeile besteht aus einer großen Zahl (bis zu knapp 2000) von Einzeldetektoren, die als **C**harge **C**oupled **D**evices (CCD) bezeichnet werden. Der entscheidende Vorteil dieser Aufnahmetechnik ist, daß eine gesamte Bildzeile gleichzeitig erfaßt wird. Durch die Vorwärtsbewegung der Plattform wird Zeile um Zeile lückenlos und überdeckungsfrei genau senkrecht zur Flugrichtung abgetastet (Abb. 2.18). Da die Sensorenzeile sozusagen in der Art eines Kehrbesens über das Gelände „geschoben" wird, spricht man von „push broom scanning" (Kehrbesenabtasten).

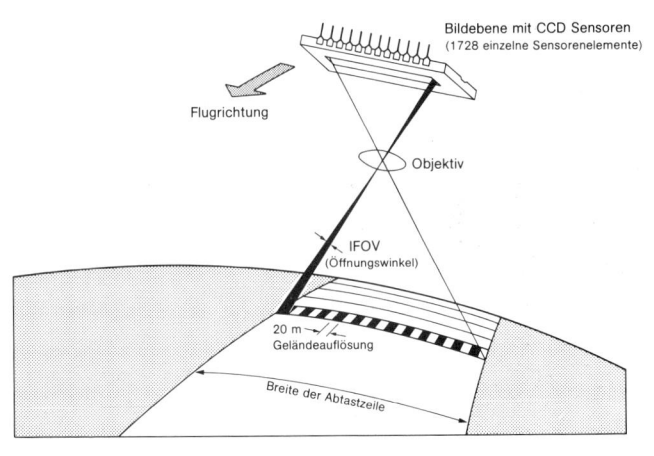

Abb. 2.18   Optoelektronischer Abtaster (nach Winkenbach und Meissner 1984)

Der große Vorteil dieses Verfahrens liegt in der Einfachheit des Arbeitsprinzips; die Kamera besteht im wesentlichen nur aus dem Objektiv und der in der Bildebene liegenden Sensorenzeile, ein Objektivverschluß oder andere bewegliche Teile sind nicht vorhanden, so daß ein hoher Grad der Zuverlässigkeit gewährleistet ist (Hofmann 1982). Außerdem sind die Instrumente leichter und energiesparender.

2 Technische Grundlagen der Fernerkundung

Es ist auch klar, daß dieses Verfahren zu einer einfacheren und besseren Abbildungsgeometrie führt, denn es gibt keinerlei Zeitverschiebungen im Abtasten einer Zeile und die einzelnen Zeilen werden lückenlos und überlappungsfrei aneinandergereiht. Die Abbildung quer zur Flugrichtung ist im Gegensatz zum MSS weder panoramisch noch zeitabhängig, sondern zentralperspektivisch.

2.3.6 MOMS (Modular Optoelectronic Multispectral Scanner)

Der in den Space Shuttle-Flügen STS-7 und STS-11 im Juni 1983 und Februar 1984 eingesetzte Modulare Optoelektronische Multispektral Scanner ist das erste optoelektronische Abtastsystem und gleichzeitig das erste deutsche Fernerkundungssystem, das auf einem Weltraumflug Verwendung fand. Der MOMS wurde im Auftrag des Bundesministeriums für Forschung und Technologie von der Firma Messerschmitt-Bölkow-Blohm unter Vertrag mit der DFVLR entwickelt. Die wissenschaftliche Betreuung und Koordination des Experiments wird durch den Principal Investigator J. BODECHTEL (Institut für Allgemeine und Angewandte Geologie der Universität München) durchgeführt.

Das MOMS-System ist durch die Verwendung einer Doppeloptik gekennzeichnet, die es erlaubt, die bislang auf 1728 begrenzte Zahl der Einzeldetektoren pro CCD auf das vierfache zu vergrößern. Damit wird auch die Abtastzeile um das vierfache verlängert (Abb. 2.19). Allerdings erfordert dies eine präzise Anordnung der Doppeloptik, um Lücken und Überlappung innerhalb einer Abtastzeile zu vermeiden (WINKENBACH und MEISSNER 1984).

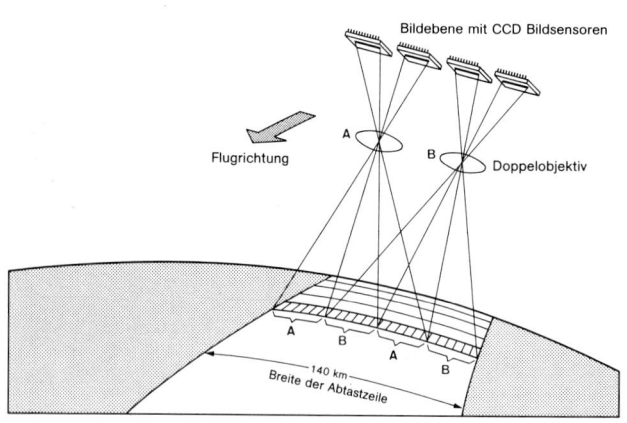

Abb. 2.19 Prinzip der MOMS-Doppeloptik (nach WINKENBACH und MEISSNER 1984)

Die Doppeloptik ist in zwei Module (Bausteine) eingebaut, die jeweils einem Spektralbereich im sichtbaren und infraroten Bereich zugeordnet sind. Die beiden Module sind auf einem gemeinsamen Rahmen montiert und so ausgerichtet, daß sie jeweils genau das gleiche Bildelement pro Kanal abtasten. Sowohl die Abtastzeilenverlängerung mit Hilfe der Doppeloptik, als auch die genaue Kanal-zu Kanal-Pixel-Zuordnung hat sich auf den Weltraumflügen bewährt.

Erste Auswertungen der MOMS-Bilder durch BODECHTEL und seine Mitarbeiter (BODECHTEL 1984) zeigten, daß die wichtigsten technischen und wissenschaftlichen Zielsetzungen erfüllt wurden. Die wissenschaftliche Auswertung bewies den hohen Informationsgehalt der Bilder. Die räumliche Auflösung von 20 x 20 m ist die bisher beste Auflösung satellitengebundener Abtastsysteme und ist nur vergleichbar mit der Auflösung durch die Metric Camera (Abb. 2.20). Derartige Bilder erlauben daher das Kartieren und Interpretieren in Maßstäben 1 : 50000 und stellen damit einen ganz entscheidenden Fortschritt in der Satellitenerkundung dar, denn erstmals sind hiermit Möglichkeiten gegeben, tatsächlich auch in planungsrelevanten Maßstäben zu arbeiten. Selbstverständlich ist die geologische, geomorphologische und vegetationskundliche Interpretation damit ebenfalls wesentlich verbessert. Für 1987/88 ist der Einsatz eines Stereosystems geplant, welches im panchromatischen Kanal eine Bodenauflösung von 10 m und eine Höhengenauigkeit von 15 m erreichen soll (BODECHTEL 1984).

2.3.7 SPOT HRV

Der französische Satellit SPOT (**S**ystème **P**robatoire d'**O**bservation de la **T**erre), der im Herbst 1985 gestartet werden soll, ist mit einer neuen, wahrscheinlich richtungsweisenden Aufnahmetechnik ausgerüstet, die sich in einigen Merkmalen wesentlich von den bisher verwendeten Aufnahmesystemen unterscheidet (Centre National d'Etudes Spatiales 1984). SPOT wird mit zwei identischen bilderzeugenden Systemen, den HRV (**H**igh **R**esolution **V**isible) Instrumenten ausgerüstet sein, die jeweils in zwei alternativen Modi aufzeichnen können: entweder einem panchromatischen Breitbandmodus, für einen Wellenlängenbereich zwischen 0,51 – 0,73 μm oder einem multispektralen Modus für 3 enge Spektralbereiche (0,50 – 0,59 μm, 0,61 – 0,68 μm, 0,79 – 0,89 μm), die etwa den MSS-Bändern 4, 5, 7 entsprechen. Das HRV ist ein opto-elektronisches Abtastgerät wie das MOMS. Die Strahlung wird über einen w ä h r e n d d e r A u f n a h m e feststehenden Sichtspiegel und eine Optik auf eine lineare Anordnung (Linear Array) von zahlreichen Detektoren (Abb. 2.21a) fokussiert. Jeder einzelne Detektor mißt die Strahlungsintensität eines Bildelements (in 256 Grauwerten), so daß entsprechend des Öffnungswinkels (4, 13°) und der Anzahl der Detektoren (6000) eine Zeile von einer Breite von 60 km senkrecht zur Flugrichtung aufgezeichnet wird. Durch die Vorwärtsbewegung des Satelliten wird nacheinander Zeile um Zeile aufgenommen und zu einem Bild zusammengesetzt.

Eine weitere Neuigkeit stellt die Fähigkeit des Systems dar, über ferngesteuertes Verstellen des Sichtspiegels den Sichtwinkel bis zu 27° (in 45 Stufen zu je 0,6°) von der Lotrechten zu verstellen (Abb. 2.21 a). Bei lotrechtem Sichtwinkel (Nadir-Sicht) zeichnen die beiden parallel geschalteten HRV-Instrumente zwei nebeneinander liegende, sich um 3 km überlappende Streifen von je 60 km Breite auf.

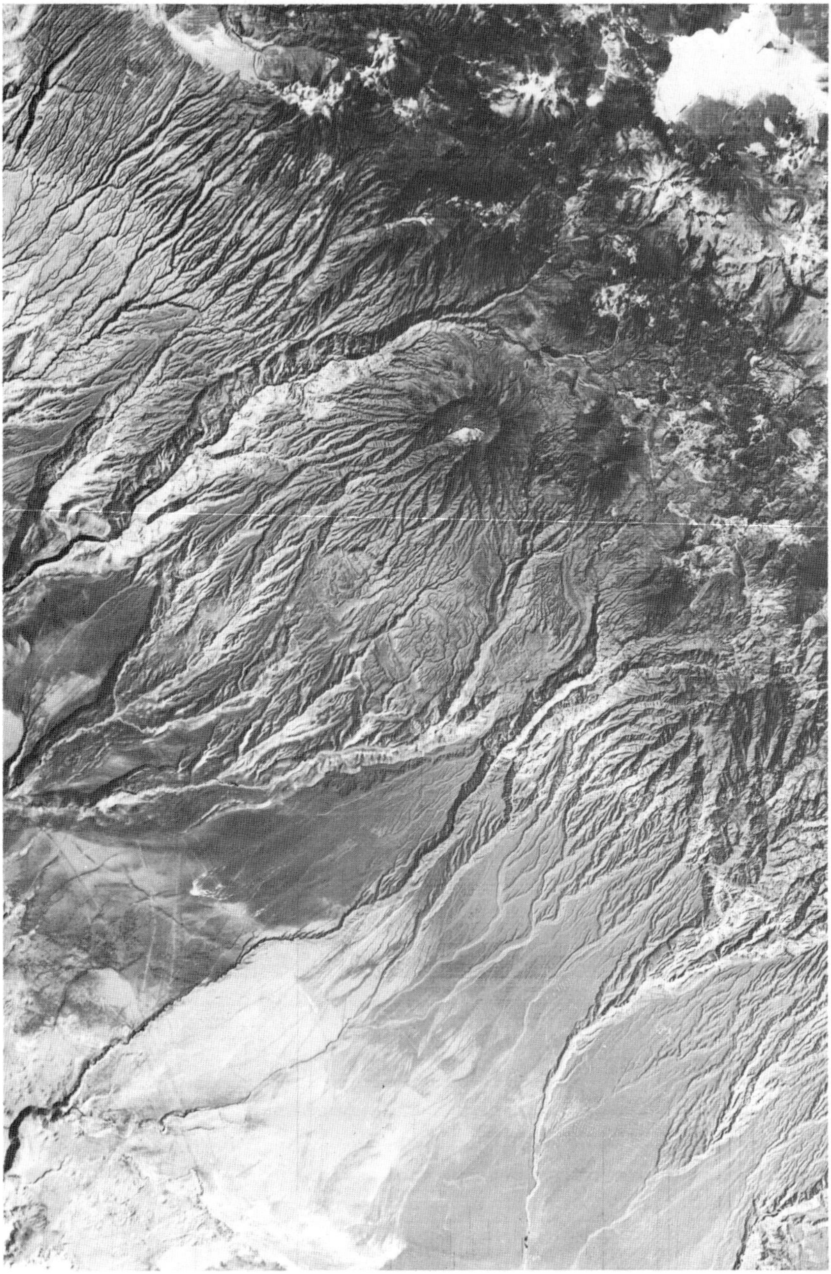

2.3 Fernerkundungssysteme

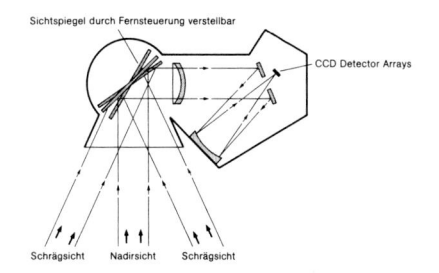

Abb. 2.21 a Prinzip des SPOT HRV (High Resolution Visible) Aufnahmesystems (nach Centre National d'Etudes Spatiales 1984)

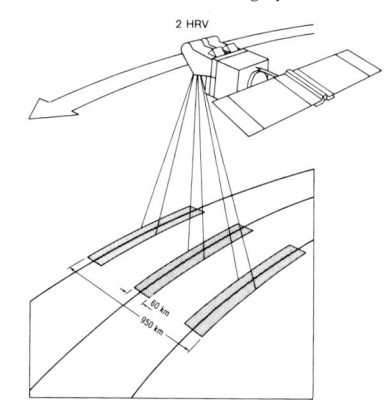

Abb. 2.21 b Unterschiedliche Aufnahmemöglichkeiten durch den SPOT durch Schrägstellung des Sichtspiegels. Dies erlaubt das Fokussieren auf ausgewählte Bereiche innerhalb eines 950 km breiten Streifens (Quelle wie 2.21 a)

Durch entsprechende Verstellung des Spiegels kann jedoch praktisch jeder Punkt innerhalb eines 475 km breiten Streifens zu beiden Seiten der Flugbahn aufgenommen werden (Abb. 2.21 b). Die Fähigkeit der Beobachtung und Überwachung kurzfristiger und dynamischer Phänomene wird dadurch wesentlich verbessert, und es ergibt sich die Möglichkeit, Gebiete, die bei einem Überflug wolkenbedeckt waren, wenige Tage später nochmals aufzunehmen. Die variable Spiegeleinstellung erlaubt sowohl das Fokussieren auf ein bestimmtes Gebiet innerhalb dieses breiten Streifens, als auch das wiederholte Aufzeichnen desselben Gebiets in wesentlich kürzeren Zeitabständen (und zwar 1 bis 5 Tage), als es der Repetitionsrate von 26 Tagen entspräche (Abb. 2.22). Gleichzeitig ergibt sich aus diesen Aufnahmen aus unterschiedlichem Sichtwinkel die Möglichkeit der echten stereoskopischen Betrachtung von Bildpaaren.

Ein weiterer wichtiger Aspekt des neuen Systems ist die erstaunlich hohe räumliche Auflösung, die bei Verwendung des multispektralen Modus 20 x 20 m, bei Verwendung des panchromatischen 10 x 10 m beträgt.

Abb. 2.20 MOMS-Bilder sind in Auflösungsvermögen und Abbildungsgeometrie den MSS und auch den TM Aufnahmen überlegen. Die hier gezeigte Aufnahme aus dem sichtbaren Bereich (0,6 μm) stellt einen Ausschnitt aus der nordchilenischen Küstenwüste, den daran anschließenden Vulkangebirgen und dem teilweise bereits in Bolivien gelegenen Altiplano dar. Die Aufnahme wurde freundlicherweise von Prof. BODECHTEL zur Verfügung gestellt.

60 2 Technische Grundlagen der Fernerkundung

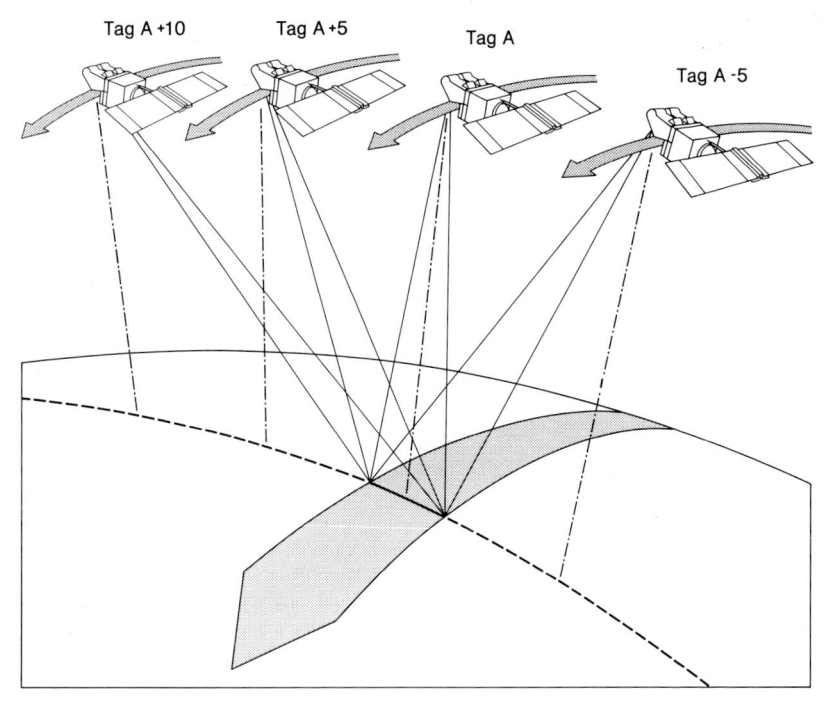

Abb. 2.22 Die Schrägstellung des Sichtspiegels im HRV erlaubt wiederholtes Aufzeichnen desselben Gebiets und ermöglicht echte Stereoskopie

Die hohe räumliche Auflösung sowie die Stereomöglichkeit eröffnen vielversprechende Perspektiven für die geographische Anwendung, insbesondere im mitteleuropäischen Raum, wo die geringe räumliche Auflösung der bisherigen Systeme einen echten operationellen Einsatz von Satellitenbildern verhinderte. Ob wir allerdings methodisch in der Lage sein werden, die Datenflut zu bewältigen und aufzuarbeiten, ist im Augenblick fraglich.

2.3.8 Datenverarbeitung

Die Datenaufnahme und -verarbeitung ist bei Systemen, die auf der Verwendung von Kameras und Filmen basieren, relativ einfach und direkt. Die Möglichkeiten einer Datenmanipulierung nach der jeweiligen Aufnahme sind begrenzt, sieht man von einer nachträglichen Digitalisierung und Herstellung von Farbäquidensiten[1] einmal ab

---

[1] Äquidensiten sind Stellen gleicher Dichte oder Schwärzung auf einer photographischen Aufnahme; sie können durch bestimmte Verfahren, z. B. mit Hilfe des Äquidensitenfilms Agfacontour, in Farben umgesetzt werden, so daß aus der Grautonabstufung eine Farbabstufung wird.

(WIECZOREK 1972). Ganz anders verhält es sich mit Aufnahmen elektronischer Systeme, wie Abtaster und Radar. Da Landsat-MSS-Daten die bekanntesten und zugänglichsten Daten darstellen, soll die Datenverarbeitung an ihrem Beispiel etwas genauer besprochen werden.

2.3.8.1 Datenaufnahme. Der Multispektralabtaster nimmt, wie bereits kurz dargestellt, 185,2 km lange Streifen von jeweils 476 m Breite fortlaufend auf. Der 476 m breite Streifen wird durch 6 Detektoren pro Kanal in 6 Streifen zerlegt, so daß bei jeder Spiegeldrehung, die $\frac{33}{100}$ Sekunden dauert, 6 Zeilen gleichzeitig abgetastet werden. Die abgetasteten Streifen sind also 79 m breit. Die durch die Detektoren aufgefangene Strahlung wird alle 9,95 Mikrosekunden registriert, so daß pro Detektor etwas unter 3300 Messungen pro Abtastzeile durchgeführt werden. Das momentane Gesichtsfeld (Instantaneous Field of View = IFOV) von 79 x 79 m wird daher nicht alle 79 m, sondern alle 56 m (185 km : 3300) gemessen, so daß es zu einer Überlappung der gemessenen IFOV's kommt. Dieser Überlappung wird dadurch Rechnung getragen, daß bei der Bildherstellung dem IFOV nur ein Ausmaß, welches einer Fläche von 56 x 79 m entspricht, zugemessen wird. Dies wird auch als B i l d e l e m e n t oder P i x e l (picture element) bezeichnet.

Es ist wichtig festzustellen, daß die Messung der Strahlung sich zwar auf ein Quadrat von 79 x 79 m bezieht, dieses Quadrat jedoch als Rechteck von 56 x 79 m abgebildet wird. Jedes Bildelement wird daher auch von der Strahlung des jeweiligen rechten und linken Nachbar beeinflußt (Abb. 2.23) (TARANIK 1978). Beim TM besteht dieses Problem nicht. Jede Spiegeldrehung dauert 60,743 Millisekunden (der gesamte Drehvorgang dauert wegen des Umsetzens von der Vor- auf die Rückbewegung etwas länger). Die Strahlung wird alle 9,611 Mikrosekunden gemessen, so daß rund 6320 Messungen pro Zeile vorliegen, was bei einer Zeilenlänge von 185 km einer Messung pro 30 m entspricht.

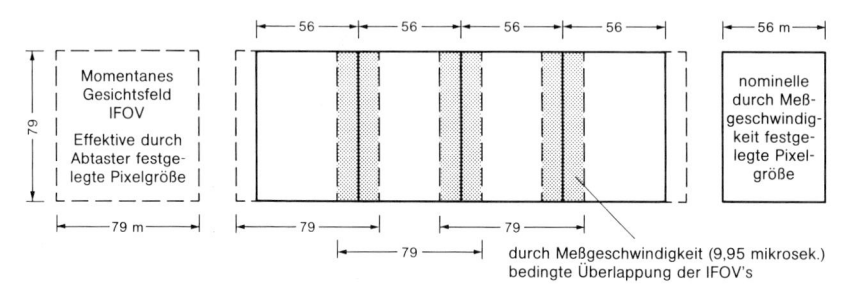

Abb. 2.23 Durch die Meßgeschwindigkeit bedingte Überlappung der Bildelemente bei Landsat 1 – 3 (nach TARANIK 1978)

Die Datenaufnahme und Datenwiedergabe werden auch durch die integrierte Natur der aufgefangenen Strahlung beeinflußt. Der von den Detektoren registrierte Strahlungswert stellt die Gesamtheit aller reflektierten Strahlung innerhalb des Bildelements dar; Einzelerscheinungen innerhalb des Bildelements können nicht aufgelöst werden (Abb. 2.24). Sie werden nur dann erkannt, wenn ihre Strahlung sich deutlich genug von der des allgemeinen Hintergrunds abhebt, um so den Strahlungswert des gesamten Bildelements zu beeinflussen. Dadurch wird jedoch diese Erscheinung in Vergrößerung dargestellt, denn sie nimmt das gesamte Bildelement ein.

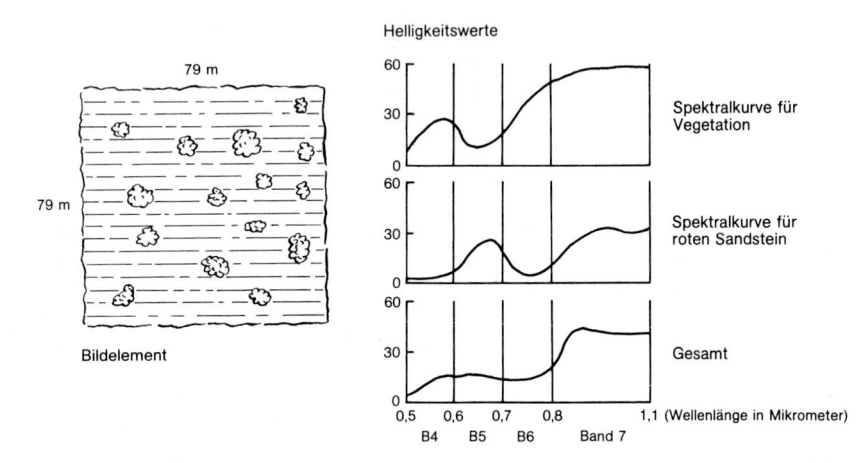

Abb. 2.24 Integrierte Natur der Reflexion innerhalb eines Bildelements (nach TARANIK 1978)

Abb. 2.25 Erscheinungen, die kleiner als ein Bildelement sind, werden sichtbar, wenn sie sich deutlich vom Hintergrund abheben, wie an diesem Beispiel zweier Wege gezeigt wird.

Ein oft zu beobachtendes Beispiel hierfür ist die Abbildung von Straßen und Wegen, die deutlich auf den Landsatbildern zu erkennen sind, obwohl sie vielleicht nur wenige Meter breit sind. Diese Situation ist auf Abb. 2.25 dargestellt. Ein heller Weg mit einem hohen Strahlungswert (80) quert eine Landschaft mit relativ geringem Helligkeitswert (etwa 20). Die Helligkeitswerte aller Bildelemente, die von der Straße beeinflußt werden, liegen deutlich über der des Hintergrunds; der Weg ist daher sichtbar, nimmt allerdings eine Breite von 1 – 2 Bildelementen ein, d.h. er erscheint als 79 x 158 m breiter Strich und ist daher stark überzeichnet. Diese Überzeichnung erschwert die genaue Lokalisierung von Geländepunkten.

2.3.8.2 Datenempfang. Befindet sich der Satellit in der direkten Sichtlinie einer Erdempfangsstation, so können die MSS-Daten (selbstverständlich auch die RBV- und TM-Daten) in Echtzeit gesendet und empfangen werden. Die MSS- und TM-Daten werden in digitaler, die RBV-Aufnahmen in analoger Form, entweder direkt oder über einen Relaissatelliten zur Erde gefunkt und dort mit Hilfe schüsselförmiger Radioantennen aufgenommen und an die eigentlichen Empfangsgeräte weitergeleitet. Hier werden die Daten entschlüsselt, auf einem Bildschirm dargestellt, in Bildformat umgesetzt und in der Regel gleichzeitig auf einem Magnetband gespeichert (siehe 2.3.8.4).

Falls der Satellit nicht im Empfangsbereich einer Bodenstation ist, können die Daten zunächst auf Magnetbändern an Bord des Satelliten gespeichert werden. Dies gilt allerdings nur für Landsat 1 – 3; auf Landsat 4/5 wurden keine Magnetbandgeräte installiert, da das Netz der Bodenstationen inzwischen stark erweitert worden war und außerdem die geplanten Relaissatelliten (TDRS) einen nahezu weltweiten Empfang in Echtzeit zulassen. Die Magnetbandgeräte besitzen eine Kapazität von etwa 30 Minuten und es kommt leicht zum Datenstau. Daher sind die Landsat-Satelliten auch nicht ständig eingeschaltet; sie werden außerhalb der USA nur auf besonderen Antrag für gezielte Teilbereiche eingesetzt.

Die Landsat-Satelliten werden allein vom NASA-Goddard Space Flight Center, Greenbelt, Maryland aus gesteuert; die Daten können jedoch auch von anderen Empfangsstationen aufgenommen werden. Das Netz dieser Empfangsstationen wurde in den vergangenen Jahren stark ausgebaut, so daß heute nur noch wenige Gebiete der Erde keinen direkten Sendekontakt mit den Landsat-Satelliten besitzen (Abb. 2.26). Folgende Länder besitzen Empfangsstationen: die USA drei, Brasilien, Argentinien, Schweden, Italien (für den Empfang in Mittel- und Südeuropa zuständig), Südafrika, Indien, Thailand, Indonesien, Australien, Japan und die Volksrepublik China.

Für die Bestellung von Landsat-Daten sind die jeweiligen Empfangsstationen zuständig bzw. deren Verteilerstellen. Im Falle von Deutschland ist dies die **Deutsche Forschungs- und Versuchsanstalt** für **Luft- und Raumfahrt** (**DFVLR**) in Oberpfaffenhofen bei München (ENGEL und WINTER 1981). Für Gebiete, die nicht im Sendebereich des Satelliten liegen bzw. früher nicht lagen, und für die gesamte USA fungiert als Verteilerstelle das Earth Resources Operation Systems (EROS) Data Center in Sioux Falls, South Dakota.

1 Greenbelt, MSS & TM
2 Goldstone, MSS
3 Prince Albert, MSS & TM
4 Cuiaba, MSS & TM
5 Mar Chiquita, MSS[1]
6 Fucino, MSS & TM
7 Kiruna, MSS & TM
8 Johannesburg, MSS[1]
9 Hyderabad, MSS & TM
10 Bangkok, MSS[1]
11 Hatoyama, MSS & TM
12 Alice Springs, MSS[1]
13 Djakarta, MSS[2]
14 Beijing, MSS & TM[2]

—— Landsat 1-3   ----- Landsat 4/5   ▫ Empfangsstation

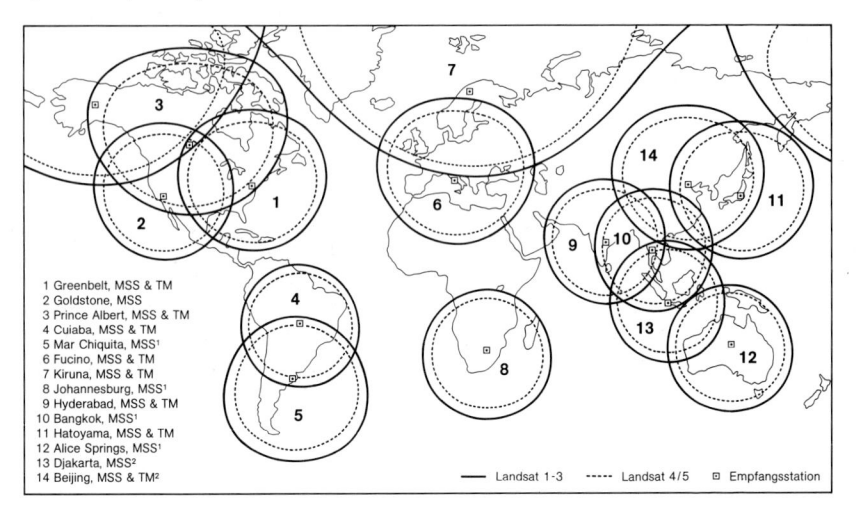

Abb. 2.26   Vorhandene Landsat-Stationen

2.3.8.3 Geometrische und radiometrische Fehler.
Bei der Überführung der Daten in analoge Bildformate treten einige Fehlerquellen und Verzerrungen auf, die teilweise im System selbst liegen, teilweise durch äußere Einflüsse hervorgerufen werden. Man unterscheidet geometrische Fehlerquellen, die die Abbildungsgeometrie beeinflussen, und radiometrische Fehlerquellen, die die Strahlungswerte verfälschen. Geometrische Fehler und Verzerrungen werden einmal verursacht durch das zeitabhängige Abtastverfahren und die damit verbundene streifenförmige Bildzusammensetzung (Zeitunterschied zwischen der Aufnahme von jeweils 6 Zeilen beträgt 6,4 Millisekunden und zwischen den ersten und letzten Zeilen einer Szene 25 Sekunden), zum anderen durch die Erdkrümmmung und die panoramische Abbildung quer zur Flugrichtung, was zusammen mit der Erdkrümmung zu einem von der Bildmitte zum rechten und linken Bildrand kontinuierlich abnehmenden Maßstab führt.

Diese Fehler sind, da sie systematisch auftreten, rechnerisch zu erfassen und werden durch Korrekturverfahren beseitigt. Etwas schwieriger ist die Bewältigung von nicht systematisch auftretenden geometrischen Fehlern, wie sie vor allem durch unvorhergesehene leichte Veränderungen in der Position des Satelliten auftreten können. Derartige Fehler sind nur bei Vorhandensein genauer Karten und Paßpunkte zu beseitigen.

Die radiometrischen Fehler werden durch Schwankungen im „output" der Detektoren, durch leichte Veränderungen der Filterdurchlässigkeit oder durch atmosphärische Beeinflussungen hervorgerufen. Die Detektoren werden daher während jeder Spiegeldrehung mit Hilfe eines elektrisch beleuchteten Graukeils geeicht. Außerdem wird einmal pro Umlauf die Sonne zur absoluten Eichung herangezogen.

2.3.8.4 Bildherstellung. Bisher wurden die verschiedenen Aspekte der Datenaufnahme und -übertragung und die dabei auftretenden systematischen oder auch nicht systematischen Fehler und Verzerrungen diskutiert. Wie entsteht aber ein derartiges Bild?

Die ankommenden Landsat-Daten wurden bis 1979 mit Hilfe eines „elektron beam image recorders" auf einen 70 mm Positivfilm übertragen, der die „Master Copy" darstellte. Dieser „elektron beam image recorder" arbeitet in ähnlicher Weise wie die Bildröhre des Fernsehers, das Bild wird jedoch nicht auf einen Bildschirm übertragen, sondern auf einen Film. Für jeden Kanal wird auf diese Weise ein Schwarzweißfilm hergestellt, von dem durch photographische Reproduktion, meist mit Vergrößerung, weitere Kopien hergestellt werden. Gleichzeitig mit der Herstellung der „Master Copy" konnten die Daten auf Magnetband aufgenommen und gespeichert werden, was allerdings nur auf Antrag durchgeführt wurde. Es gibt also nicht für jede im Bildformat vorhandene Szene auch ein Magnetband (CCT = Computer Compatible Tape).

Seit 1979 werden alle MSS-Daten (seit 1980 auch RBV) über die neue „Image Processing Facility" (IPF) in Goddard in digitaler Form verarbeitet und gespeichert. Magnetbänder sind seither das Standardprodukt und die „Master Copy" der Daten. Bilder werden im Format 240 x 240 mm im EROS Digital Image Processing System unter Verwendung eines Laserstrahl-Bildaufzeichners (Laser beam image recorder) hergestellt. Das größere Bildformat und der bessere Bildaufzeichner haben zu einer wesentlichen Verbesserung der Bildqualität geführt.

2.3.8.5 Bildverbesserung (Image Enhancement). Die Darstellung der Strahlungswerte in Grautönen und die hierbei notwendigen photographischen Reproduktionen führen unweigerlich zu Verlusten an Information. So können z. B. auf normalem Photopapier lediglich etwa 14 für das Auge deutlich unterscheidbare Grautöne dargestellt werden, während die MSS-Systeme 128 bzw. 64 (TM: 256) verschiedene Werte registrieren. Eine optimale Ausnutzung der radiometrischen Information ist daher in der Regel mit Hilfe von photographischen Produkten nicht möglich; der Einsatz von interaktiven Computersystemen ist unumgänglich. Mit Hilfe einiger Techniken kann jedoch auch die Aussagekraft von Bildprodukten erhöht werden. Derartige Verbesserungen der Bildqualität und der Bildkontraste bezeichnet man als digitale Bildverbesserung (digital image enhancement). Bildverbesserungsverfahren sind nicht nur auf Landsatdaten beschränkt, sondern können auf alle digitalen Bilder angewandt werden.

Im Prinzip besteht die digitale Bildverbesserung darin, die vorhandenen Strahlungswerte möglichst günstig optisch umzusetzen. Eine Szene weist nur selten die gesamte

66 2 Technische Grundlagen der Fernerkundung

Breite der möglichen Strahlungswerte auf, sondern es wird zu einer Häufung von Werten innerhalb eines gewissen Helligkeitsbereichs kommen. Verteilt man die Grauwerte über die gesamten theoretisch vorhandenen Helligkeitswerte, so stehen für die Bereiche der Häufung von Werten nur wenige Grauwerte zur Verfügung. Dies führt einerseits zu einem Verlust an radiometrischem Detail, andererseits wird ein Teil der Grauskala überhaupt nicht ausgenützt. Daher versucht man, die tatsächlich auftretenden Helligkeitswerte über die gesamte Grauskala zu verteilen, um somit den radiometrischen Kontrast des Bildprodukts zu erhöhen, in ähnlicher Weise, wie dies auch bei der photographischen Entwicklung durch Wahl verschiedener Härtegrade des Photopapiers geschieht (Abb. 2.27).

Abb. 2.27 Eine Landsat MSS-Szene aus Zentralaustralien, auf der der Unterschied zwischen einer durch Kontrastdehnung verbesserten (rechts) und nicht verbesserten Szene deutlich wird.

Dieses als K o n t r a s t d e h n e n (contrast stretching) bekannte Verfahren soll an einem Beispiel erläutert werden (Abb. 2.28). Die Helligkeitswerte einer Landsatszene liegen z. B. zwischen 30 und 90, wobei eine deutliche Häufung zwischen 54 und 76 zu verzeichnen ist. Da die Szene weder sehr dunkle (weniger als 30) noch sehr helle Bildelemente (höher als 90) enthält, können die Werte 30 – 90 auf die gesamte Grau-

skala verteilt werden. Geschieht diese Verteilung linear, spricht man von einer linearen Dehnung (linear stretch). Der Nachteil dieser linearen Dehnung besteht
darin, daß die Verteilung der Grauwerte ohne Rücksicht auf deren Häufigkeit geschieht. In unserem Beispiel heißt dies, den selten vorkommenden Werten zwischen
30 und 54 werden so viele Grauwerte zugeordnet wie dem Bereich zwischen 54 und
76, der fast die gesamte Szene ausmacht. Will man dies vermeiden, so führt man eine
Dehnung durch, bei der man die Grauwertverteilung an das Histogramm angleicht
(histogram – equalized stretch). Den Helligkeitswerten zwischen 54 und 76 werden
dadurch sehr viel mehr Grauwerte zugeordnet als den anderen Bereichen.

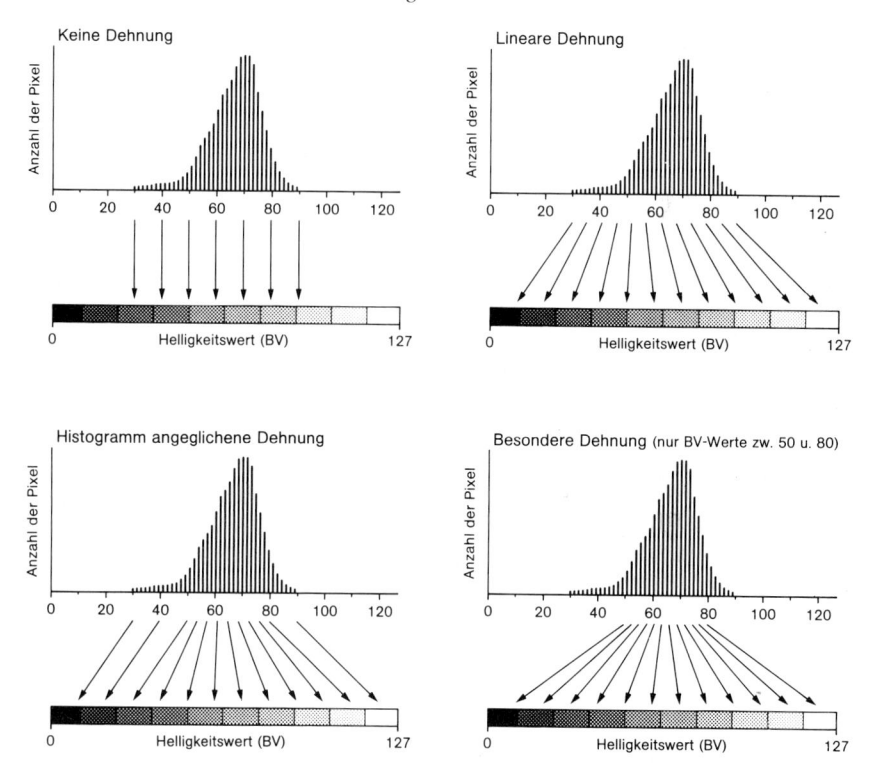

Abb. 2.28 Prinzip von Dehnungsverfahren (teilweise nach LILLESAND und KIEFER 1979)

Dieses Verfahren kann man noch weiter fortführen, indem man etwa die gesamte
Grauskala den Werten zwischen 54 und 76 zuordnet oder aber auch einen beliebigen
Ausschnitt aus dem Histogramm herausgreift und nur diesen in Grauwerten darstellt. Hierbei wird der Bereich außerhalb des ausgewählten entweder schwarz oder
weiß. Derartige Dehnungen können z. B. in Schnee- oder Gletscherlandschaften zu

einer erstaunlichen Auflösung des radiometrischen Details im Bereich der hohen Strahlungswerte führen. Ein eindrucksvolles Beispiel hierfür lieferten MÜNZEN und BODECHTEL (1980) für vergletscherte Gebiete Islands, wo geologische Strukturen sich durch eine mächtige Eisbedeckung durchpausen und durch Kontrastdehnen der hellen Strahlungswerte sichtbar gemacht werden können.

Es gibt selbstverständlich noch andere, weniger häufig angewandte Verfahren der digitalen Bildverbesserung, wie z. B. das „ratio"-Verfahren, bei dem der Verhältniswert der Pixel zweier Kanäle dargestellt wird oder die „principal component enhancements", bei der die Pixelwerte mit Hilfe rotierender Koordinatenachsen ausgedrückt werden.

Während die bisher besprochenen Bildverbesserungen immer an einzelnen Bildelementen durchgeführt wurden, ohne Berücksichtigung von Nachbarpixeln (point operations), gibt es eine Reihe von Bildverbesserungen, bei denen ein Bildelement in Bezug auf seine Nachbarelemente optisch hervorgehoben oder auch unterdrückt wird (local operations). Derartige Verfahren sind nützlich, wenn Abtastzeilen ausgefallen sind und man sie künstlich dadurch wiederherstellt, indem man die Zeile durch Werte auffüllt, die an die oberen und unteren Nachbarn angeglichen sind. In ähnlicher Weise kann ein Bild mit hohem Rauschpegel (unerwünschte Störsignale) verbessert werden, indem man jeden Pixelwert durch den durchschnittlichen Wert der umgebenden Pixel ersetzt. Derartige Verfahren, die auch als Glättung (smoothing) bezeichnet werden, sind keine echten Bildverbesserungen, denn sie führen zu einem gewissen Verlust an Daten bzw. zu einem künstlichen Auffüllen von Daten. Es sind daher kosmetische Verfahren, die zu einer optisch besseren Bildqualität führen, aber keinen zusätzlichen Informationsgewinn bringen.

Im Gegensatz zu Glättungsverfahren, die eine Reduktion des Strahlungskontrastes bezwecken, stehen Verfahren, die radiometrische Kontraste hervorheben bzw. künstlich vergrößern. Diese Verfahren werden als R a n d s c h ä r f e n v e r b e s s e r u n g (edge enhancement) bezeichnet und beruhen im Prinzip darauf, den Unterschied im Helligkeitswert eines Pixels von seinen Nachbarpixeln zu vergrößern (z. B. verdoppeln); relativ helle Pixel werden noch heller und dunkle werden dunkler.

Die meisten der besprochenen Methoden der Bildverbesserung, wie Kontrastdehnen, Streifenbeseitigung, Randschärfenverbesserung und geometrische Korrekturen, können auf Wunsch routinemäßig vom EROS Data Center und anderen Verteilerstellen durchgeführt werden. Es ist wichtig hierbei festzustellen, daß es sich bei all diesen Techniken nicht um Spielereien handelt, sondern darum, die vorhandene Datenmenge und damit die radiometrische Information möglichst günstig und interpretierbar im Bildformat darzustellen. Daß bei der Umsetzung einer Datenmenge von rund 7000000 Einheiten auf ein Schwarzweiß- oder Farbbild notwendigerweise Informationen verlorengehen, ist selbstverständlich. Will man diesen Verlust vermeiden und mit der gesamten zugänglichen Datenmenge arbeiten, so ist die direkte Verwendung eines Computersystems unumgänglich (siehe 5.3).

2.3.9 Thermale Infrarotabtaster und Radiometer

Die bisher besprochenen Systeme beruhen auf dem Messen von reflektierter Sonnenstrahlung, im sichtbaren oder nicht-sichtbaren Bereich. Thermale Infrarotabtaster und Radiometer (Strahlungsthermometer) messen dagegen das thermale Infrarot (TIR), den Bereich des langwelligen IR, zwischen etwa 3 μm und 15 μm, der von der Wärmemission der Erdoberfläche herrührt. Derartige Strahlen können allerdings nicht von einer Kamera aufgenommen werden, die ja selbst Wärme ausstrahlt. Auch gibt es keinen Film, auf dem man die Strahlen aufzeichnen könnte. Daher muß hier ein elektronisches System herangezogen werden; die beiden in der thermalen Infraroterkundung eingesetzten Systeme sind Radiometer und Abtaster. Radiometer stellen Geräte dar, die eine quantitative Messung der Strahlungswärme zulassen und werden meist dazu eingesetzt, Temperaturschwankungen entlang ausgewählter Strecken (Geländeprofile, Flußläufe) zu messen. Sie liefern Temperaturkurven, keine Bilder und werden daher auch als nicht-bilderzeugende Systeme (nonimaging systems) bezeichnet.

Zur Bildherstellung ist der Einsatz eines Abtastsystems erforderlich. TIR-Abtaster (TIR-Linescanner) wurden früher als Multispektralabtaster entwickelt, und es gibt eine ganze Reihe von operativen Systemen, die schon vor der Zeit der Satelliten in Betrieb waren. Das TIR-Abtastsystem arbeitet ähnlich wie das MSS-System (Abb. 2.29, 2.30).

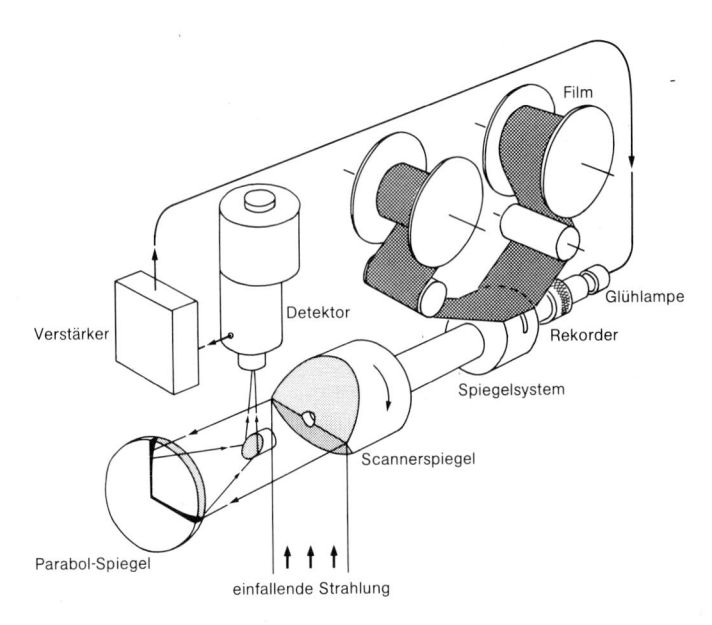

Abb. 2.29 Thermaler Infrarot-Abtaster

Über einen schnell rotierenden Spiegel wird die Strahlung auf einen gekrümmten Spiegel geworfen und von dort aus auf ein Prismensystem, das die gewünschten Wellenlängen aufspaltet. Die Strahlung wird auf einen Detektor geleitet und in elektrische Energie umgesetzt, die dann auf einem Magnetband gespeichert wird. Das einzige Gerät, das bei diesem Vorgang gekühlt werden muß, ist der Detektor selbst (vgl. SCHNEIDER et al. 1974). Der Abtastvorgang ist wie bei einem Multispektralabtaster (Abb. 2.30).

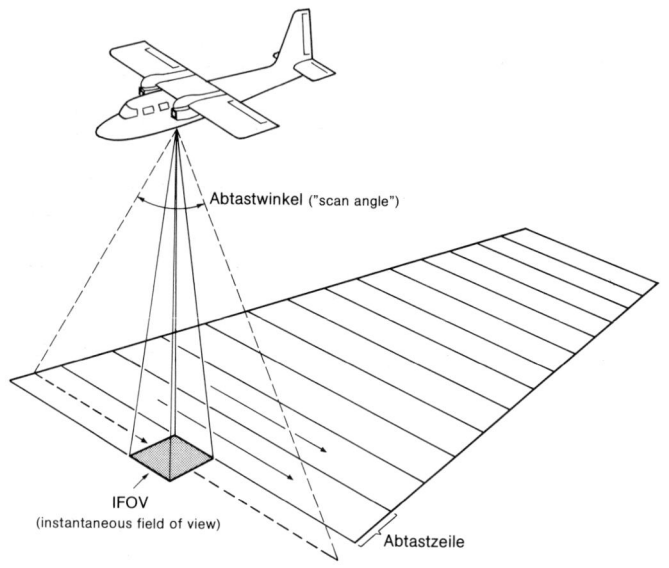

Abb. 2.30 Abtastvorgang während einer TIR-Befliegung

Die Auswertung von TIR-Aufnahmen ist schwieriger als die der kurzwelligen Infrarot- und Multispektralbilder; denn registriert werden nicht Licht (ob sichtbar oder unsichtbar), sondern Temperaturzustände. Das in der Regel in Grautöne umgesetzte Bild zeichnet also Temperaturverhältnisse auf, wobei Gebiete mit hoher Temperatur hell, Gebiete mit geringer Temperatur dunkel erscheinen. Um einen Fixpunkt zu erhalten, muß das System geeicht werden; denn offensichtlich sind die Temperaturen von Gebiet zu Gebiet und Jahreszeit zu Jahreszeit verschieden. Diese Kalibrierung wird im Abtaster selbst vorgenommen oder auch durch synchrone Geländemessungen. Der Spiegel ist so eingerichtet, daß er nicht die gesamte Zeit die Erdoberfläche abtastet, sondern nur für einen Bruchteil seiner Drehung. Während der übrigen Zeit nimmt er Strahlung von zwei Wärmequellen mit bekannter Ausstrahlung innerhalb des Abtastsystems auf.

Die TIR-Abtaster liefern also in Grautöne umgesetzte Temperaturen, wobei die Dichte und Intensität der Grautöne mit Hilfe der Eichung festgesetzt werden kann. Dennoch ist es meist schwierig, die einzelnen Grautöne zu unterscheiden, und daher wird oft eine Technik bei der Auswertung dieser Bilder angewendet, die man als Dichte-Trennung („density slicing") bezeichnet. Dies erfordert entweder den Einsatz eines Computers, der die Signale in Farbtöne umsetzt; oder es kann auf photographischem Wege über die Herstellung von Farbäquidensiten geschehen.

In der Geographie wurden TIR-Aufnahmen bisher relativ wenig benutzt, denn es handelt sich um teure Spezialaufnahmen, die nicht ohne weiteres allgemein zugänglich sind, und deren Auswertung Zugang zu digitalen Bildverarbeitungssystemen erfordert. Seit etwa Anfang der siebziger Jahre werden jedoch in einer Anzahl von Arbeiten thermale Infrarotbilder und -daten für geographische Fragestellungen, vor allem gelände- und stadtklimatischer sowie landschaftsökologischer Natur eingesetzt (ITTEN 1973, SCHNEIDER et al. 1974, 1977, WEISCHET 1984, ENDLICHER 1980, 1984). Sie sind insbesondere ein wichtiges Hilfsmittel in Untersuchungen über die Mischung von Gewässern unterschiedlicher Temperaturen und haben sich daher bei der Überwachung der thermalen Belastung und Verunreinigung von Flüssen bewährt, wie SCHNEIDER et al. (1974, 1977) am Beispiel der Saar und des Oberrheins zeigen konnten. Aber auch in der Überwachung von Bränden, in der Feststellung potentieller vulkanischer Aktivitäten oder unterirdischer Brände von Kohlelagern wurde die TIR-Erkundung erfolgreich eingesetzt. Einen neuen Impuls erhielt die TIR-Erkundung durch den Einsatz von Satelliten mit Infrarotabtastern, wie der HCMM (GOSSMANN 1984 b, c) (siehe 5.2).

2.3.10 Radar (SLAR und SAR)

Die bisher besprochenen Systeme beruhen auf Messung und Aufzeichnung von elektromagnetischer Strahlung, die von der Erdoberfläche reflektiert oder ausgestrahlt wird. In allen Fällen wurde eine vorhandene Strahlung ausgenützt. Ein System, welches nicht auf derartiger passiver Strahlung basiert, sondern aktiv elektromagnetische Strahlung erzeugt und deren Reflexion mißt, ist die Radarerkundung, auch unter dem Namen Seitensichtradar (SLAR = Side Looking Airborne Radar) bekannt. Dieses System „beleuchtet" praktisch das Betrachtungsobjekt selbst, ähnlich wie ein Blitzlicht bei der Photographie; nur handelt es sich nicht um Lichtwellen, sondern um unsichtbare eng gebündelte kohärente (phasengleiche) Mikrowellen.

Die Radarerkundung nützt Strahlen aus, die noch längere Wellenlängen aufweisen als das TIR. Es sind Strahlen aus dem Mikrowellenbereich, der zwischen 1 mm und 1 m Wellenlänge liegt (Abb.2.1). Der Nachteil des relativ geringen, meist zwischen 5 und 25 m gelegenen Auflösungsvermögens wird durch den großen Vorteil aufgewogen, daß derartige Strahlen, wie aus ihrem Anwendungsbereich in Schiffahrt und Luftverkehr bekannt ist, Dunst, Wolken und Schnee durchdringen und auch bei Nacht eingesetzt werden können. Das Seitensichtradarsystem benützt in der Regel Strahlen im Bereich zwischen 8,6 mm – 33 mm Wellenlänge, wobei die am häufigsten verwendeten Wellenlängen das K-Band mit 8,6 mm und das X-Band mit 30 mm Wellenlänge sind. Auf Satelliten werden wesentlich längere, als L-Bänder bezeichnete

Wellenlängen verwendet, die bei rund 240 mm liegen. Die Bezeichnungen K, X und L stammen aus der Zeit der militärischen Anwendung und wurden beibehalten.

2.3.10.1 Arbeitsweise des SLAR (Reale Apertur).

Wie funktioniert ein Radarsystem? Die Grundelemente eines solchen Systems sind eine lange, in Flugrichtung der Plattform orientierte Antenne, ein Sende- und Empfangsgerät, eine Kathodenstrahlröhre sowie ein Kamerasystem. Sende- und Empfangsgerät sind über einen Duplexer (elektronische Sende-Empfangsweiche, die beim Senden des kurzen, sehr starken Impulses den Empfänger, beim Empfang des relativ schwachen Radarechos den Sender ausschaltet) an die Antenne angeschlossen, über die **kohärente (phasengleiche) Mikrowellen** in schneller Impulsfolge ausgestrahlt werden. Die Impulslängen liegen in der Größenordnung von 0,1 Mikrosekunden. Die rückgestrahlten Echosignale werden in der Zeit zwischen den Sendeimpulsen empfangen, über das Empfangsgerät verstärkt und über eine Kathodenstrahlröhre in Lichtsignale umgesetzt (Abb. 2.31). Die Helligkeit des Lichtsignals gibt die Intensität des Radarechos an. Die Lichtsignale können über den Bildschirm direkt in ein Bild umgesetzt werden oder über eine Optik einen Film belichten, wobei die Filmrolle entsprechend der Fluggeschwindigkeit vorwärtsbewegt wird, so daß ein aus schmalen Streifen, der Breite des Radarstrahls entsprechendes, zusammengesetztes Bild entsteht. Das Radarbild stellt also eine Grautonwiedergabe der Stärke des Radarechos dar (Abb. 2.31).

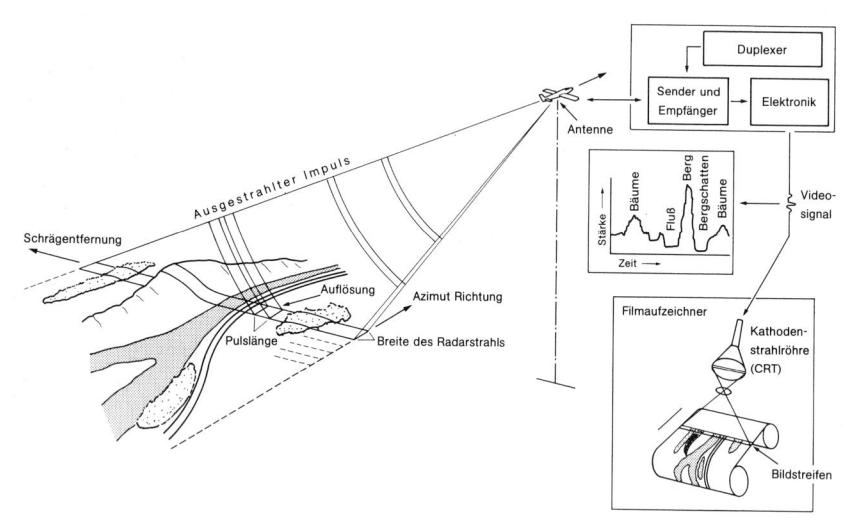

Abb. 2.31 Prinzip einer SLAR-Aufnahme (Side Looking Airborne Radar) (nach LILLESAND und KIEFER 1979)

Die genaueren technischen Details der Bildentstehung und Herstellung sollen hier nicht weiter erörtert werden; sie sind für die geographische Interpretation letztlich nicht entscheidend. Wichtig dagegen sind Auflösungsvermögen und Reflexionscharakteristika. Das Auflösungsvermögen wird hauptsächlich von zwei Faktoren des Radarsystems bestimmt: der Länge des Sendeimpulses und der Breite des Radarstrahls, der seinerseits von der Größe der Antenne abhängt.

Die durch die Impulslänge bestimmte Auflösung wird als „range resolution" (Auflösung in Schrägentfernungsreichweite) bezeichnet und bestimmt die Auflösung quer zur Flugrichtung, während die durch die Breite des Radarstrahls bestimmte Auflösung als „azimuth resolution" (Azimutauflösung) bezeichnet wird und die Auflösung in Flugrichtung (Azimut) bestimmt (Abb. 2.31).

Für die Auflösung in Entfernungsreichweite gilt, daß die Auflösung etwa die Hälfte der der Impulslänge entsprechenden Strecke (= Impulsdauer x Lichtgeschwindigkeit) beträgt (genau genommen gilt dies nur für die Schrägentfernungsauflösung, die tatsächliche Bodenauflösung oder Horizontalauflösung hängt vom Winkel einfallender Strahlung ab und ist bei Winkeln unter 60° etwas größer). Die die Azimutauflösung bestimmende Breite des Radarstrahls ist direkt proportional der Wellenlänge der Strahlen und umgekehrt proportional der Antennenlänge, d.h. je kürzer die Wellenlänge und je länger die Antenne, desto besser ist das Auflösungsvermögen. Um ein günstiges Auflösungsvermögen zu erreichen, müßte man daher möglichst kurze Wellenlängen und lange Antennen einsetzen. Kurze Wellenlängen durchdringen jedoch Wolken und Dunst wesentlich schlechter als längere; Wellenlängen kürzer als etwa 5 mm können daher nicht eingesetzt werden, denn sonst wäre der Vorteil der Radarerkundung aufgehoben. Einer Verlängerung der Antennenlänge stehen jedoch technische Probleme im Wege. Um z.B. bei einer Wellenlänge von 20 cm eine Bodenauflösung von 20 m zu erreichen, bräuchte man eine Antenne von 25 m Länge. An eine Verwendung der Radarerkundung von weit entfernten Satellitenplattformen wäre gleich gar nicht zu denken, da hier die Antennen kilometerlang sein müßten.

2.3.10.2 Synthetische Apertur-Systeme.

Eine Lösung dieser Schwierigkeiten wurde durch die künstliche Verlängerung der Radarantennen gefunden. Während bei den bisher besprochenen konventionellen Systemen lediglich die vorhandene Antennenlänge für Sendung und Empfang ausgenutzt wird (daher auch reale Apertur genannt), wird bei den neueren Systemen eine synthetische Apertur verwendet. Die relativ kurze Antenne wird durch Ausnutzung der Flugbewegung verlängert, so daß entlang einer Flugbahn nacheinander Signale gesendet und empfangen werden, als ob es sich um eine sehr langgestreckte Antenne handelte. Die maximale Länge der Antenne wird hierbei durch die Flugstrecke bestimmt, bei der ein Zielpunkt gerade noch im Radarstrahl bleibt.

Die Signalauswertung in diesem System ist wesentlich komplizierter als beim wirklichen Apertursystem; denn die durch die Dopplerverschiebung verursachte Frequenzänderung der reflektierten Signale muß gemessen werden. Das Prinzip der Dopplerverschiebung besagt, daß innerhalb des breiten Antennenstrahls die rückgestrahlten Wellen von Punkten vor dem Flugkörper höhere Frequenzen besitzen als solche hinter dem Flugkörper. Nur Punkte, die in einer Linie senkrecht zur Projektion der Flugrichtung und des Flugkörpers liegen, erfahren keine oder nur eine unwesentliche Dopplerverschiebung. Aus Dopplerverschiebung und Signallaufzeit des Echos wird schließlich die zurückgestrahlte Energie der Auflösungszelle bestimmt. Die Größe dieser Auflösungszelle in Azimutrichtung wird durch die Messungen der Dopplerverschiebung, in Schrägentfernungsreichweite durch Impulslänge bestimmt und ist damit hauptsächlich abhängig von der Meßgenauigkeit der Sensoren und fast völlig unabhängig von der Flughöhe. So erreichen z.b. die auf den Satelliten SIR-A und Seasat eingesetzten Systeme eine Auflösung von 25 m.

Die auf synthetischen Aperturen aufgebauten Systeme stellen aufgrund der umfangreichen Datenmenge die Datenverarbeitung vor große Probleme. Digitale Verfahren der Datenverarbeitung sind daher selten und nur dann möglich, wenn der Computer nicht mit dem Datenfluß der Sensoren Schritt halten muß. In der Regel werden die Echosignale optisch auf einem holographischen Film (Signalfilm) aufgezeichnet, der später im Labor in ein luftbildähnliches Schwarzweißbild umgewandelt wird.

Das Radarbild ist demnach ein aus einer ungeheuren Vielzahl von Datenstreifen zusammengesetztes Bild, wobei jeder Streifen Veränderungen des Radarechos in unterschiedlichen Grautönen wiedergibt. Die Stärke des Radarechos hängt vor allem ab von den durch das Radarsystem bestimmten Gegebenheiten, wie dem Winkel des Radarstrahls, der verwendeten Wellenlänge und den Oberflächeneigenschaften wie Relief, Oberflächenrauhigkeit, Bodenfeuchte und Dielektrizitätskonstante des die Oberfläche bildenden Materials (näheres siehe 5.4).

Während bis in die 60er Jahre Radarbilder hauptsächlich dem militärischen Bereich vorbehalten waren, sind sie inzwischen allgemein zugänglich und werden auch von verschiedenen Firmen hergestellt. Allerdings sind die Kosten der Befliegung sehr hoch, denn nach wie vor handelt es sich um eine hochspezialisierte Aufnahmetechnik. Vielversprechend sind satellitengebundene SAR-Systeme, wie sie auf dem leider nur kurzfristig funktionierenden Seasat und der Raumfähre Columbia eingesetzt worden waren (ENDLICHER und KESSLER 1981, ELACHI 1983).

2.3.11 Lidar (Laser Radar)

Lidar (**L**ight **D**etection **a**nd **R**anging) stellt wie Radar ein aktives Fernerkundungssystem dar, welches jedoch im kurzwelligen Bereich des UV-Lichts, des sichtbaren Spektrums und des reflektierten Infrarots eingesetzt wird. Die eng gebündelten, phasengleichen Laserstrahlen werden in Impulsen oder auch andauernd ausgestrahlt, die Reflexion mit Hilfe eines optischen Systems aufgefangen und auf einen Detektor fokussiert.

Lidar besitzt zwar ein wesentlich höheres Auflösungsvermögen als Radar, sein Einsatz ist jedoch wegen der stärkeren atmosphärischen Beeinträchtigung kurzwelliger Strahlen auf Schönwetterlagen begrenzt.

Haupteinsatz von Lidar in den Geowissenschaften sind Erstellung von Geländeprofilen und Unterwasserprofilen. Hierbei ist vor allem die Fähigkeit der Laserstrahlen, im sehr kurzwelligen Bereich (0,54 – 0,58 μm) Wasser bis in 25 – 30 m Tiefen zu durchdringen, von Bedeutung (COLLINS u. RUSSELL 1976). In der Geographie wird die Lidarerkundung bisher noch nicht nennenswert eingesetzt, denn es handelt sich um sehr spezielle und teure Aufnahmen; sie sind daher nicht allgemein zugänglich.

2.3.12 Passive Mikrowellensysteme

Passive Mikrowellensysteme sind für die geographische Fernerkundung wegen des groben Auflösungsvermögens weniger interessant. Hinzu kommt, daß derartige Systeme noch am Anfang ihrer Entwicklung stehen und Bildprodukte schwer erhältlich sind. Der Vollständigkeit halber soll jedoch kurz darauf eingegangen werden.

Passive Mikrowellensysteme ähneln den thermalen Infrarotsystemen, d.h. eine vorhandene Strahlung, die hier im kurzen Mikrowellenbereich liegt, wird mit Hilfe von Abtastern oder Radiometern registriert. Allerdings ist die vorhandene passive Strahlung im Mikrowellenbereich äußerst schwach und setzt sich aus einer Anzahl von Strahlungskomponenten unterschiedlichen Ursprungs zusammen, zu denen die von Temperatur und Materialbeschaffenheit abhängige Emission bzw. Emissionsgrad des Objekts oder Geländeabschnitts, Emission aus der Atmosphäre, Reflexion von Sonnenstrahlen sowie Transmission von tieferen Bodenhorizonten gehören. Die Stärke der Komponenten hängt wieder ab von den elektrischen, chemischen und texturellen Eigenschaften des Objekts, seiner Form und dem Gesichtswinkel, unter dem es aufgenommen wird (LILLESAND und KIEFER 1979). Es ist daher kein Wunder, daß die Auswertung dieser Signale sehr viel schwieriger ist als die anderer Systeme.

Anwendungsgebiete sind vor allem die Meteorologie (Messung von Temperaturprofilen in der Atmosphäre) und Ozeanographie (Überwachung von Eisbergen und Ölverschmutzungen). Im Bereich der Geowissenschaften ist das geringe räumliche Auflösungsvermögen des Systems ein Nachteil; es hat eine breitere Anwendung bisher verhindert. Da Mikrowellen auch Information über Gegebenheiten unter der unmittelbaren Bodenoberfläche geben können, stellt die passive Mikrowellenerkundung ein vielversprechendes Hilfsmittel dar, dessen Aussagemöglichkeiten erst wenig erschlossen sind.

2.3.13 Fernerkundungssysteme in der Meteorologie

Die bisherigen Ausführungen galten hauptsächlich Fernerkundungssystemen im Hinblick auf ihren Einsatz in der Erkundung von Erscheinungen auf der Erdoberfläche. Wenn auch meteorologische Fragen und Probleme nicht zum eigentlichen Thema dieses Buches gehören, soll doch kurz auf die wichtigsten Systeme eingegangen werden; denn sie sind nicht nur für den klimatologisch interessierten Geographen interessant, sondern auch für den Geographielehrer, für den Wettersatellitenbilder ein vorzügliches didaktisches Hilfsmittel darstellen, um Wetterverlauf und Klimazusammenhänge zu erläutern (LORENZ 1981). Außerdem sind die Anwendungsbereiche dieser Wettersatellitendaten durchaus nicht ausschließlich auf die Meteorologie beschränkt. Sie wurden z.B. in geomorphologischen Untersuchungen zur Kartierung von Gewässernetz und glazialen Oberflächenformen in Dakota (SCHNEIDER, S.R. et al. 1983) und in Untersuchungen zur Schätzung der Biomasse in der senegalesischen Sahelzone (TUCKER et al. 1983) eingesetzt. Dennoch, meteorologische Satelliten dienen primär der Beobachtung und Vorhersage des Wettergeschehens. Das entscheidende Kriterium für Aufbau, Ausrüstung und Umlaufbahn ist daher die Schnelligkeit und Häufigkeit der Datenübermittlung. Das zeitliche Auflösungsvermögen ist wichtiger als das räumliche. Meteorologische Satelliten befinden sich daher entweder auf wesentlich höheren Umlaufbahnen oder/und sie besitzen Aufnahmesysteme, die wesentlich breitere Streifen abtasten (einige 1 000 km im Vergleich zu 180 km bei Landsat). Die augenblicklich im Umlauf befindlichen Wettersatelliten sind in Höhen von 850 km (Tiros N), 1 450 km (NOAA) und 36 000 km (GOES, Meteosat, GMS) installiert.

Satelliten wie die TIROS-N-Serie (TIROS = Television and Infrared Observation Satellite), der National Oceanic and Atmospheric Administration (NOAA) und die GOES – (Geostationary Operational Environmental Satellite) und Meteosat-Serie werden als „operational satellites" (Arbeitssatelliten) bezeichnet, da sie routinemäßig Daten liefern, im Gegensatz zu den Forschungs- und Entwicklungssatelliten wie Nimbus oder ATS (Application Technology Satellite), die der Erprobung neuer Systeme dienen. Mehr als die Hälfte der inzwischen über 100 gestarteten Wettersatelliten gehören der letzten Gruppe an.

Die meisten Satelliten befinden sich wie Landsat auf fast polarem Umlauf, überdekken die Erde jedoch in wesentlich kürzeren Zeiträumen (TIROS-N zweimal pro Tag) und liefern daher täglich Daten, die von den nationalen Empfangsstationen zur Wettervorhersage ausgewertet werden. Die wichtigsten Aufnahmesysteme der neuesten Satelliten (TIROS-N) sind Hochauflösungsradiometer (VHRR und AVHRR = Very High bzw. Advanced Very High Resolution Radiometer), die ähnlich wie der MSS arbeiten und Wellenlängenbereiche vom sichtbaren Rot bis zum thermalen Infrarot aufzeichnen, sowie komplizierte Sensorensysteme, die Messungen über den vertikalen Aufbau der Atmosphäre zulassen (v.a. Temperaturen).

Die geostationären Wettersatelliten sind in 36 000 km Höhe über dem Äquator und in jeweils 70° Längenkreisabstand voneinander installiert. Sie werden bei voller Funktionsfähigkeit ein weltumspannendes Netz von Satelliten bilden, von denen aus eine kontinuierliche 24-stündige Wetterbeobachtung fast der gesamten Erde (bis etwa 50 – 55° nördlicher und südlicher Breite) möglich sein wird (Abb. 2.32). Dieses Satellitensystem ist ein Teil eines internationalen Wetterbeobachtungsprogramms, an dem die USA mit zwei Satelliten (GOES), Japan (GMS), die europäische Weltraumorganisation ESA (Meteosat) und die UDSSR (GOMS) mit jeweils einem Satelliten beteiligt sind. Leider ist das System noch nicht vollständig im Einsatz. Meteosat fiel im November 1979 nach zweijähriger Funktion aus, wurde inzwischen allerdings durch Meteosat II ersetzt, der für 1978 geplante Satellit GOMS wurde bisher noch nicht gestartet.

Trotz der unterschiedlichen Bezeichnungen sind diese geostationären Satelliten ähnlich im Aufbau; er soll im folgenden am Beispiel des Meteosat kurz erläutert werden (LENHART 1978, WEISCHET 1979). Im Gegensatz zu den bisher besprochenen Systemen, bei denen der Satellit seine Sichtrichtung zur Erde ständig beibehält und der Abtastspiegel oszilliert, dreht sich bei Meteosat und GOES der gesamte Satellit mit

2.3 Fernerkundungssysteme 77

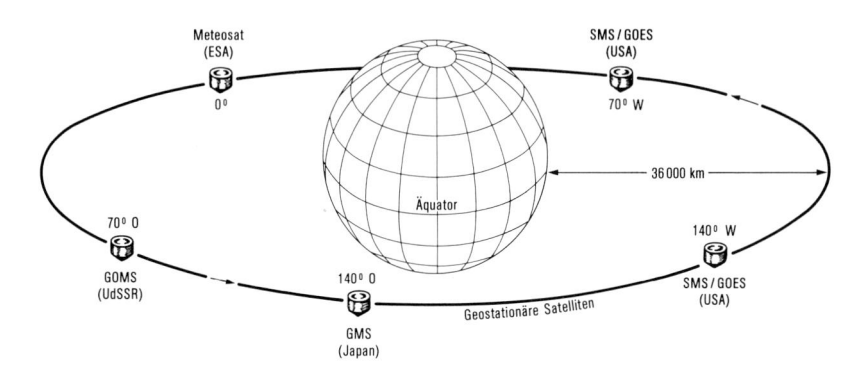

Abb. 2.32 Geostationäre Wettersatelliten

einer Geschwindigkeit von 100 Umdrehungen pro Minute um die eigene Achse senkrecht zur Umlaufebene und tastet hierbei bei jeder Umdrehung einen Streifen von 5 km Breite ab. Durch eine kleine Kippung des dem Radiometer vorgeschalteten Teleskops wird bei der darauffolgenden Drehung der nächste Streifen abgetastet und nach insgesamt 2500 Umdrehungen und entsprechenden Teleskopkippungen entsteht ein vollständiges Abbild der aus diesem Gesichtsfeld erfaßbaren Erdhalbkugel (man spricht von „full disc" = Erdscheibe). Der gesamte Abtastvorgang dauert 25 Minuten; 5 Minuten sind notwendig, um das Teleskop wieder in die Ausgangsposition zu bringen, so daß alle 30 Minuten ein vollständiges Bild der Erdscheibe erzeugt und zur Erde gefunkt werden kann.

Das Sensorensystem besteht aus zwei benachbarten Detektoren für den Bereich 0,4 – 1,1 μm sowie je einem Detektor im thermalen Infrarot (10,5 – 12,5 μm) und im infraroten Bereich der Wasserdampfabsorption (5,7 – 7,1 μm). Die Detektoren können jedoch nicht alle gleichzeitig, sondern immer nur drei eingeschalten werden. Bei Einschaltung der beiden benachbarten und parallel ausgerichteten Detektoren im sichtbaren/nahen Infrarotbereich verdoppelt sich die Anzahl der Zeilen, so daß eine Zeilenzahl von 5000 erzielt und das maximale Auflösungsvermögen von 5 km auf 2,5 km erhöht werden kann. Das Auflösungsvermögen gilt streng genommen nur für den S u b s a t e l l i t e n p u n k t oder Nadir (Punkt lotrecht unterhalb des Satelliten), es nimmt wegen der Schwenkung der Aufnahmesicht und Erdkrümmung sowohl in O – W als auch in N-S Richtung ab, mit dem bekannten Ergebnis, daß im Falle von Meteosat-Aufnahmen das tropische Afrika, im Falle von GOES-Aufnahmen das tropische Mittel- und Südamerika etwa flächentreu, die polwärts und randlich gelegenen Gebiete stark verzerrt und verkleinert erscheinen (Abb. 2.33). Das Bild kann bei der Bildverarbeitung zwar entzerrt werden, das gröbere Auflösungsvermögen läßt sich jedoch nicht verbessern.

Abb. 2.33   Meteosat-Aufnahme

2.3.14   Auflösungsvermögen von Fernerkundungssystemen

Unter Auflösung versteht man das kleinste Maß der Trennbarkeit einzelner Objekte und das Vermögen, Punkte, Meßwerte oder auch Wellenlängenbereiche zu trennen. In der konventionellen Luftbild-Photographie bezieht sich der Ausdruck ausschließlich auf die vor allem durch Filmmaterial, Kameraoptik, Flughöhe und atmosphärische Bedingungen bestimmte räumliche Auflösung (= kleinster Abstand zweier Punkte, die getrennt wahrgenommen bzw. wiedergegeben werden können). Das Auflösungsvermögen wird quantitativ in der Anzahl differenzierbarer Linien pro Millimeter angegeben.

In der modernen Fernerkundung spielt die räumliche Auflösung ebenfalls eine zentrale Rolle. Sie wird vor allem durch die Parameter der Aufnahmesysteme, die Wellenlängen der aufgefangenen Strahlung und die Flughöhe bestimmt (nur das

2.3 Fernerkundungssysteme 79

SAR-System ist nahezu unabhängig von der Flughöhe, siehe 2.3.10.2) und wird durch das momentane Gesichtsfeld (IFOV) bzw. den Öffnungswinkel, aus dem ein Sensor Strahlung empfängt, quantitativ festgelegt. Da es sich um eine ebene Winkelgröße handelt, ist nach ALBERTZ (1977) der Begriff momentanes Gesichtsfeld (Instantaneous field of view) nicht sinnvoll und soll durch Öffnungswinkel ersetzt werden. Der Ausdruck momentanes Gesichtsfeld ist jedoch inzwischen in der deutschsprachigen Literatur allgemein gebräuchlich und wird hier daher synonym mit Öffnungswinkel verwendet.

Das räumliche Auflösungsvermögen ist einer der wichtigsten Faktoren der Interpretation von Fernerkundungsdaten überhaupt und bestimmt, in welchem Grad des Details eine Bildinterpretation möglich ist. Das Auflösungsvermögen sollte immer der gestellten Aufgabe und Zielsetzung angepaßt sein. Detailuntersuchungen und -kartierungen erfordern hohe räumliche Auflösung und großen Bildmaßstab; aber dies geht auf Kosten der Übersichtlichkeit, denn nur ein begrenzter Geländeausschnitt kann im Bild dargestellt werden. Umgekehrt genügt bei Übersichtsuntersuchungen eine wesentlich geringere Auflösung. Photographische Bildprodukte besitzen immer ein wesentlich höheres räumliches Auflösungsvermögen als nicht-photographische Produkte und sind daher für Detailuntersuchungen unersetzlich.

Außer der räumlichen Auflösung spielt in der modernen Fernerkundung jedoch auch die durch die Aufnahmesysteme bestimmte spektrale, radiometrische, thermale und temporale (zeitliche) Auflösung eine wichtige Rolle. Unter spektraler Auflösung versteht man das Vermögen des Systems, einzelne Wellenlängenbereiche (Bänder oder Kanäle) zu trennen. Je enger dieser Wellenlängenbereich ist, desto feiner ist die spektrale Auflösung.

Die Radiometrische Auflösung wird durch die Kapazität der Detektoren eines Systems bestimmt, eine Anzahl von Meßwerten (Helligkeitswerte) zu unterscheiden. Sie wird in bits (Binärziffern) angegeben. Der Landsat MSS besitzt z.B. ein radiometrisches Auflösungsvermögen von 7 bits für Bänder 4, 5,6 bzw. 6 bits für Band 7, d.h. 128 (2^7) bzw. 64 (2^6) Helligkeitswerte können differenziert werden. Der neue TM dagegen kann 256 Meßwerte (8 bits) registrieren und weist damit ein wesentlich verbessertes radiometrisches Auflösungsvermögen auf. Allerdings nimmt die Fähigkeit, unterschiedliche Geländeobjekte zu erkennen, nicht direkt mit steigender Auflösung zu; nach den Ergebnissen von TUCKER (1978) ist der Gewinn an zusätzlicher Differenzierbarkeit beim Vergleich MSS (64 Meßwerte) zu TM (256 Meßwerte) marginal: er liegt bei nur 2 – 3 %. Der Vorteil des TM besteht daher auch weniger in der höheren radiometrischen Auflösung, sondern in der wesentlich verbesserten räumlichen Auflösung.

Thermale Auflösung gibt die Fähigkeit eines Systems an, Temperaturdifferenzen zu erfassen; sie bezeichnet die kleinste Temperaturdifferenz, die innerhalb eines Objekts mit gleichem Emissionsgrad (der Emissionsgrad oder Emissionsfaktor hängt vom Material und der Oberflächenbeschaffenheit des Körpers ab; er ist nur bei einheitlichem Material wie Wasserflächen, Gletscher und Schneeflächen gleich) durch die Detektoren gemessen werden kann. Eine thermale Auflösung von 1 °C bedeutet z.B., daß sich innerhalb einer Wasserfläche Temperaturdifferenzen von 1 °C erkennen lassen. Wesentlich schwieriger ist allerdings das Erfassen von Temperaturdifferenzen, wenn der Emissionsgrad nicht gleich ist.

Der Begriff z e i t l i c h e A u f l ö s u n g (temporal resolution) ist in der englischsprachigen Literatur gebräuchlich und umschreibt nichts anderes als die kürzeste Zeit der wiederholten Überfliegung bzw. Datenaufnahme eines Gebietes. Im Deutschen wird der Ausdruck Repetitionsrate vorgezogen; sie beträgt bei Landsat 1–3 18 Tage, bei Landsat 4/5 16 Tage, bei meteorologischen Satelliten vom Typ TIROS-N 12 Stunden und beläuft sich bei geostationären Satelliten vom Typ GOES/Meteosat auf 30 Minuten.

3 Das Luftbild: Geometrische Grundlagen und kartographische Anwendung

Auch wenn das konventionelle Luftbild in den vergangenen Jahren durch die modernen Fernerkundungsdaten, insbesondere Satellitenbilder, und die faszinierenden Techniken der Bilddatenverarbeitung etwas in den Hintergrund gedrängt wurde, so bedeutet das nicht, daß das Luftbild an Wert verloren hätte oder gar durch die neuen Bildprodukte ersetzbar wäre. L u f t b i l d e r u n d m o d e r n e F e r n e r k u n d u n g s d a t e n e r g ä n z e n s i c h, s i e s i n d i n d e n s e l t e n s t e n F ä l l e n a u s t a u s c h b a r. Insbesondere für die geographische Forschung stellt das konventionelle Luftbild nach wie vor ein unentbehrliches Hilfsmittel dar. Eine solide Kenntnis des Luftbildes und der herkömmlichen Luftbildinterpretation ist daher eine Voraussetzung für jeden, der sich mit der Fernerkundung befassen will.

Von den beiden Hauptarten des Luftbildes, dem Schrägluftbild und dem Senkrechtluftbild, soll uns im folgenden nur das letztere interessieren. Das Schrägluftbild liefert zwar oft ausgezeichnete Übersichtsaufnahmen, erlaubt das Überblicken ausgedehnter Gebiete und liefert auch ohne stereoskopische Betrachtung einen guten

Abb. 3.1 Schrägluftbilder liefern meist ausgezeichnete Überblicke und sind auch für den in der Luftbildinterpretation nicht geschulten Betrachter unmittelbar verständlich, wegen der starken Verzerrung sind sie jedoch für eine systematische Auswertung weniger geeignet. Das Bild zeigt einen Ausschnitt aus den nördlichen Flinders Ranges, Süd Australien, mit eindrucksvollen steilen Quarzit Schichtrippen und dazwischenliegenden sanfteren Hügellandschaften im Schieferton. Am Horizont die Salzseen Lake Eyre und Lake Callabonna.

räumlichen Eindruck und ist daher auch von dem in der Luftbildauswertung nicht geschulten Betrachter leicht zu verstehen (Abb. 3.1). Es eignet sich daher sehr gut als Illustrationsmaterial; auch kann bei gezieltem Einsatz das Senkrechtluftbild oft gut ergänzt werden, da die Schrägsicht mitunter gewisse Phänomene akzentuiert. Wegen der starken Verzerrung ist es jedoch für systematische wissenschaftliche, vor allem auch für photogrammetrische Arbeit wenig geeignet. Das gleiche gilt für photographische Schrägaufnahmen aus Satelliten.

Die am häufigsten verwendeten Aufnahmen, die Standardbilder der Luftbildinterpretation, sind Aufnahmen, die mit einer senkrecht zur mittleren Geländeebene der Erdoberfläche ausgerichteten Kamera durchgeführt worden sind. Jede Abweichung der Aufnahmeachse von der Lotrechten verursacht Verzerrungen; jedoch können Aufnahmen mit bis zu 3° Abweichung noch wie Senkrechtaufnahmen behandelt werden. Die Senkrechtaufnahmen werden in reihenförmigen Serien in Flugrichtung photographiert. Dabei muß darauf geachtet werden, daß in Flugrichtung immer eine Überlappung benachbarter Aufnahmen von mindestens 60 % vorhanden ist (Abb. 3.2), denn *diese Überlappung ist die Grundvoraussetzung für das stereoskopische Be-*

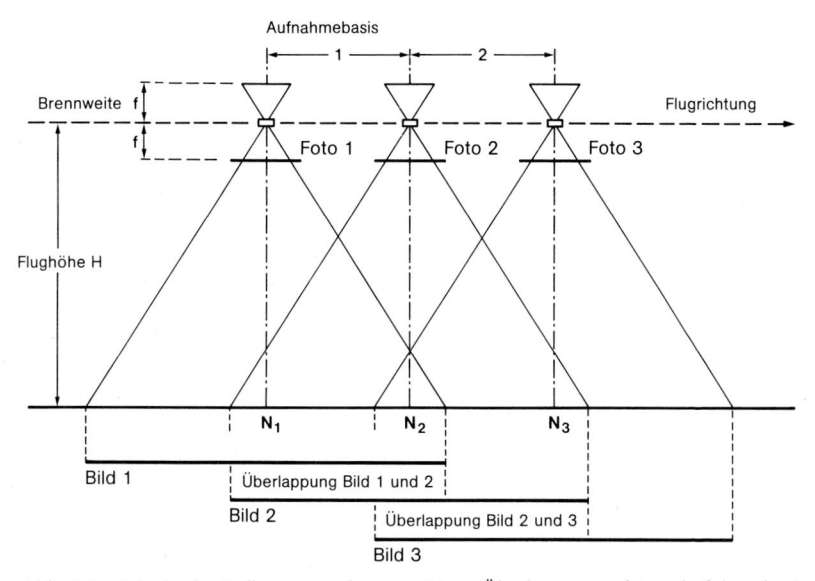

Abb. 3.2 Prinzip der Befliegung und gegenseitigen Überlappung aufeinanderfolgender Luftbilder über ebenem Gelände (nach KRONBERG 1967)

trachten der Luftbilder. Zwei Bilder, die sich zu 60 % überlappen, werden als Stereopaar oder Stereopartner bezeichnet. Bei systematischer Befliegung eines Gebiets ist eine seitliche Überlappung benachbarter Aufnahmen ebenfalls erforderlich. Diese kann sich jedoch in der Größenordnung von 10 – 25 % halten. Bei stark reliefiertem Gelände ist aufgrund des schnellen Wechsels im Maßstab (siehe unten)

3 Das Luftbild: Geometrische Grundlagen und kartographische Anwendung 83

eine stärkere seitliche Überlappung erforderlich als bei flachem Gelände. Das System der systematischen Befliegung und Überlappung in Flugrichtung (Stereoüberlappung) und seitwärts (Querüberlappung) ist in Abb. 3.3 dargestellt.

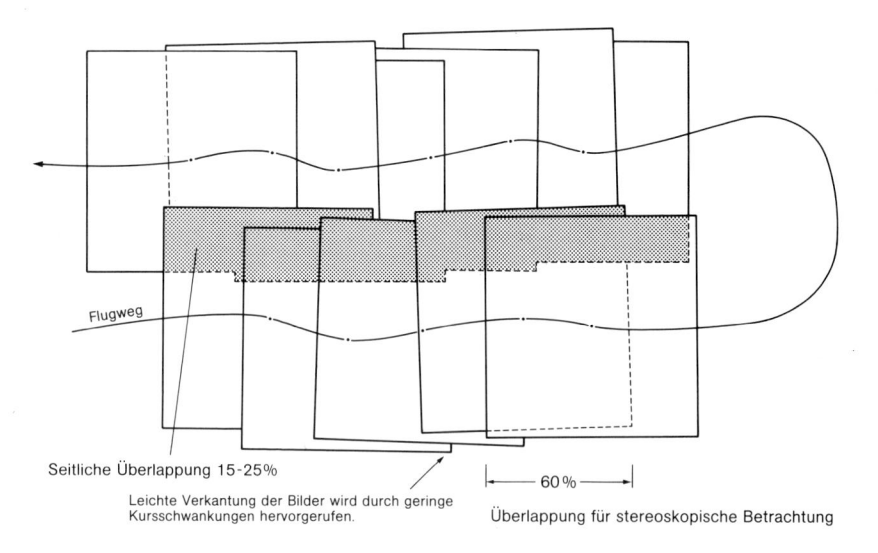

Seitliche Überlappung 15-25%
Leichte Verkantung der Bilder wird durch geringe Kursschwankungen hervorgerufen.

|⟵ 60% ⟶|
Überlappung für stereoskopische Betrachtung

Abb. 3.3   Systematische Befliegung und Überlappung in Flugrichtung und seitwärts.

Bei einer Befliegung wird nur unter sehr günstigen Bedingungen die Längsachse des Flugzeugs immer genau mit dem Flugkurs übereinstimmen. In der Regel wird der Pilot je nach Windrichtung und -stärke zu Kurskorrekturen gezwungen sein. Die Kursschwankungen spiegeln sich entweder in einem leichten Zick-Zack oder gar einem schrägen Verlauf der Verbindungslinie der Bildmittelpunkte wider. Sie sind auch dafür verantwortlich, daß bei genauem Aufeinanderlegen des Überlappungsbereichs benachbarter Bilder die Ränder der Bilder selten eine gerade Linie bilden sondern leicht gegeneinander versetzt oder verkantet sind (Abb. 3.3).

Die vorherrschende Richtung von Befliegungen ist O – W bzw. W – O. Dies hat den Vorteil, daß die Luftbilder unmittelbar nordorientiert und daher direkt mit Karten vergleichbar sind. Was die Ausleuchtung des Stereopaars allerdings betrifft, so sind N – S Flüge günstiger, denn hier liegt ein Objekt einmal im Mitlicht (nördlicher Bereich des Bildes) und einmal im Gegenlicht (südlicher Bereich des Bildes), so daß bei stereoskopischer Betrachtung eine ausgeglichene Helligkeit entsteht. Bei O – W Flügen dagegen liegen die Gebiete nördlich der Fluglinie immer im Mitlicht, südlich immer im Gegenlicht, was mitunter zu störenden Helligkeitsunterschieden führen kann (vgl. Huss et al. 1984).

84 3 Das Luftbild: Geometrische Grundlagen und kartographische Anwendung

3.1 Geometrie des Luftbildes

Das Senkrechtluftbild stellt eine zentralperspektivische Abbildung des Geländes dar, d.h. alle Geländepunkte sind ihren entsprechenden Bildpunkten durch gerade Strecken zugeordnet, die sich in einem Perspektivzentrum, das durch das Objektiv der Kamera gebildet wird, schneiden (Abb. 3.4). Im Gegensatz zur Parallelprojektion der Karte, bei der alle Punkte maßstabsgerecht parallel und in der Senkrechten auf die Kartenebene projiziert werden, entsteht bei der Zentralprojektion eine Abbildung, die geometrisch bedingte Reliefverzerrungen und damit Maßstabsunterschiede auf der Bildebene aufweist. Lediglich der genau senkrecht unter dem Projektionszentrum liegende Geländepunkt (Nadirpunkt N) wird unverzerrt als Bildmittelpunkt (M) abgebildet. Diesem Punkt kommt als Fixpunkt im Bild bei der Luftbildauswertung eine besondere Bedeutung zu.

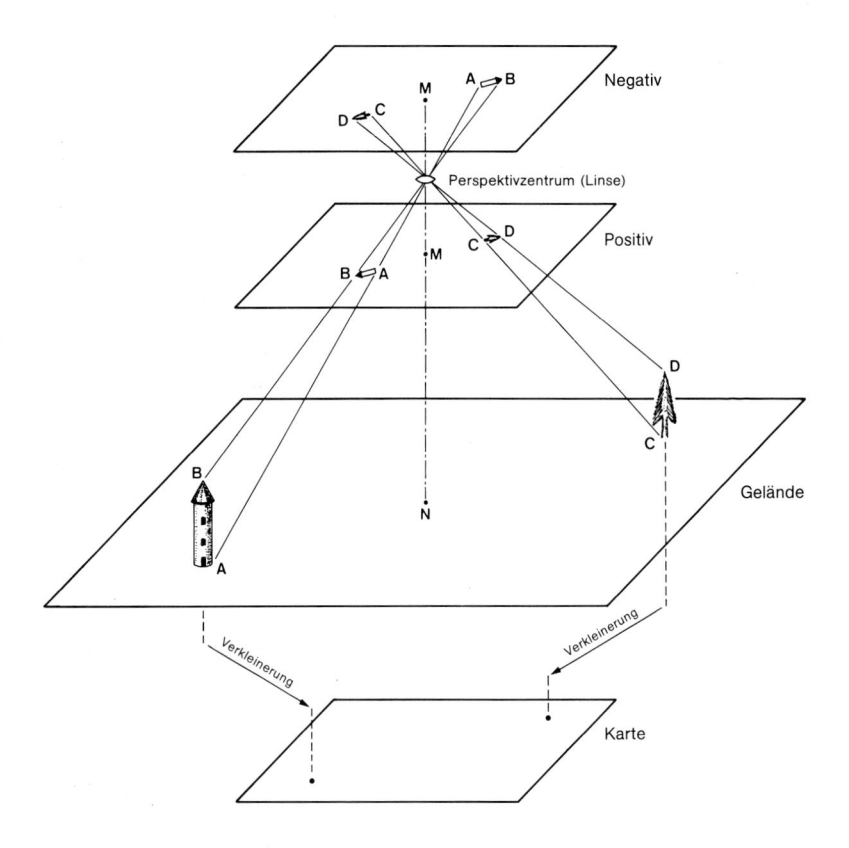

Abb. 3.4 Prinzip der zentralperspektivischen Abbildung beim Luftbild und Parallelprojektion der Karte.

Wie aus den geometrischen Beziehungen der Zentralprojektion zu ersehen ist, werden bei der Abbildung Punkte, die höher oder tiefer als der Nadirpunkt liegen, in Bezug auf den Bildmittelpunkt radial nach außen bzw. nach innen verschoben (Abb. 3.5). Nur völlig ebenes Gelände wird auf einem Luftbild verzerrungsfrei erscheinen. Dieser relief- und projektionsbedingte Versatz stellt zwar für die kartographische Verwendung des Luftbildes einen Nachteil dar, ist für die Luftbildauswertung jedoch von entscheidendem Vorteil: nur durch ihn ist es möglich, ein Luftbildpaar stereoskopisch zu betrachten und Höhenunterschiede zu messen.

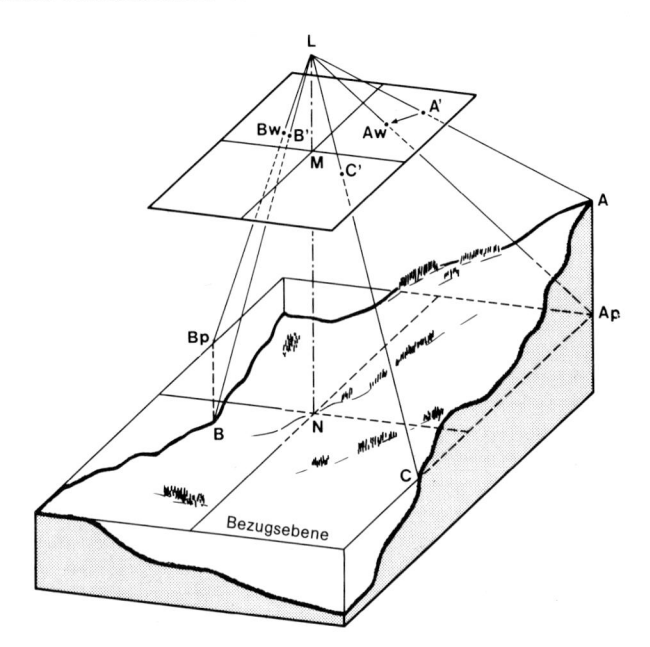

Abb. 3.5 Der durch die Zentralprojektion bedingte Versatz von Bildpunkten unterschiedlicher Höhenlage. Punkte, die höher liegen als die allgemeine Bildebene (A), werden zum Zentrum hin, Punkte, die tiefer liegen (B) vom Zentrum weg versetzt. Der Versatz findet immer in radialer Richtung statt (teilw. nach LILLESAND und KIEFER 1979).

86 3 Das Luftbild: Geometrische Grundlagen und kartographische Anwendung

3.1.1 Grundbegriffe

Für den Umgang mit Luftbildern ist es notwendig, sich eine Reihe von Grundbegriffen einzuprägen, die sich aus der Aufnahmetechnik und Geometrie der Abbildung ergeben. Es sind dies (nach MÜHLFELD 1964) (Abb. 3.6):

1. Nadirpunkt (N)

    Der zur Zeit der Aufnahme senkrecht unter dem Objektiv der Kamera gelegene Punkt des Geländes. Dieser Punkt wird bei Senkrechtaufnahmen abgebildet als

Abb. 3.6 Senkrechtluftbild mit Randmarken, Rahmenmarken, Bildbasis und den wichtigsten Bildpunkten. Das Luftbild zeigt einen Ausschnitt aus dem Obermaintal mit dem Itz-Baunach-Hügelland (links), der breiten, durch Baggerseen teilweise ausgeräumten Alluvialebene des Obermains und dem Anstieg zur Frankenalb. Kloster Banz ist links oben zu sehen, der Ort Staffelstein in der unteren Bildmitte. (Maßst. 1:46000)

2. **Bildmittelpunkt** (*M* oder *N'*)

   Der Bildmittelpunkt ist als Fixpunkt der wichtigste Punkt auf dem Luftbild und muß bei jeder Auswertung zuerst ermittelt werden. Das geschieht durch Verbindung der an den Rändern des Luftbildes eingezeichneten

3. **Rahmenmarken**

   Diese Rahmenmarken sind entweder an den Ecken oder in der Mitte der Seiten des Luftbildes zu finden. Der Schnittpunkt der Verbindungslinien gegenüberliegender Rahmenmarken ergibt den Bildmittelpunkt. Fehlen die Rahmenmarken, genügt es, ersatzweise die Ecken des Luftbildes als Rahmenmarken zu verwenden.

4. **Der übertragene Bildmittelpunkt** (*M'*)

   ist der von einem Luftbild auf den Stereopartner übertragene Bildmittelpunkt. Diese Übertragung sollte sehr genau mit Hilfe des Bildinhalts und eines Stereoskops geschehen; denn wie später ersichtlich sein wird, führen Fehler in der Übertragung der Bildmittelpunkte zu Meßfehlern.

5. **Brennweite** (f)

   ist der Abstand zwischen Brennebene (durch das Negativ gegebene Ebene) und Projektionszentrum des Objektivs.

6. **Flughöhe** (H)

   ist der Abstand zwischen Objektiv und Gelände; in der Praxis Flughöhe über Grund. In vielen Fällen wird auch die absolute Flughöhe über NN (Meeresniveau) angegeben. Dann ist es erforderlich, die Flughöhe über Grund anhand von Karten zu ermitteln. Hierbei genügen meistens ungefähre Angaben.

7. **Aufnahmebasis** (b)

   ist der Abstand zweier benachbarter Nadirpunkte, d.h. die zwischen zwei aufeinanderfolgenden Aufnahmen zurückgelegte Flugstrecke.

8. **Bild- oder Photobasis** (b')

   ist die der Aufnahmebasis entsprechende Abbildung auf dem Luftbild, also der Abstand von einem Bildmittelpunkt zu dem vom Stereopartner übertragenen Bildmittelpunkt.

In den folgenden Ausführungen und Skizzen werden Geländepunkte immer mit Großbuchstaben, Geländestrecken mit Kleinbuchstaben gekennzeichnet; die ihnen entsprechenden Abbildungen werden mit Strichen (*A'*, *b'*) versehen.

3.1.2 Maßstab

Der Maßstab eines Luftbildes, der das Verhältnis zwischen einer abgebildeten Strecke und der entsprechenden Strecke im Gelände darstellt, steht in einer einfachen Beziehung zur Brennweite des Objektivs und der Flughöhe über Grund. Nimmt man z. B. das Verhältnis von Bildbasis zur Aufnahmebasis als mittleren Maßstab, so gilt

$$\text{Maßstab} = \frac{\text{Bildbasis}\,(b')}{\text{Aufnahmebasis}\,(b)} = \frac{\text{Brennweite}\,(f)}{\text{Flughöhe}\,(H)}$$

Aus dieser Beziehung geht hervor, daß der Maßstab innerhalb eines Luftbildes nur dann konstant sein kann, wenn die Flughöhe über Grund gleich bleibt. Das trifft nur für flaches Geländes zu. Je reliefierter ein Gelände ist, desto stärker variiert der Maßstab. Der Maßstab höher gelegener Geländepunkte (und damit geringerer Höhe der Kamera über Grund) ist größer als der Maßstab tiefer gelegenen Geländes. Der ermittelte Maßstab stellt daher einen mittleren Bildmaßstab dar. Für die Berechnung des Maßstabs ist es in der Praxis einfacher, die Maßstabszahl direkt zu ermitteln, indem man den Kehrwert des Maßstabs, also $\frac{H}{f}$ verwendet. Ist die Flughöhe über Grund in Fuß angegeben, was für fast alle Luftbilder aus dem angelsächsischen Bereich gilt, und hat das Objektiv eine Standardbrennweite von 152 mm, so ist die Maßstabszahl das doppelte der Flughöhe, da die Brennweite fast genau 1/2 Fuß beträgt.

3.1.3 Der höhenbedingte Versatz von Bildpunkten

Aus der Geometrie der zentralperspektivischen Abbildung geht hervor, daß alle Punkte, die höher oder tiefer als der Bildmittelpunkt liegen, einen Versatz in radialer Richtung erfahren; sie werden entweder zum Zentrum hin oder vom Zentrum weg versetzt (Abb. 3.5).

Da der Versatz i m m e r in radialer Richtung vom Bildmittelpunkt aus erfolgt, sind alle Linien, die vom Zentrum ausgehen, richtungstreu, auch wenn die Lage von einzelnen Punkten entlang der Radien versetzt ist. Alle anderen Linien und Richtungen dagegen sind verzerrt, genauso wie die Winkelbeziehung zwischen verschiedenen Punkten. Aus dem Luftbild können daher weder Entfernungen zwischen verschiedenen Geländepunkten noch Winkelbeziehungen direkt abgelesen werden. Dies gilt für genaue Messungen und für stark reliefierte Gebiete. Bei gering reliefiertem Gelände und bei relativ kleinmaßstäblichen Bildern kann man jedoch das Luftbild durchaus zur Schätzung von Entfernungen heranziehen, da hier, wie unten gezeigt werden wird, der Versatz gering ist und vernachlässigt werden kann. Man sollte allerdings bei derartigen Messungen die randlichen Bereiche des Bildes nicht verwenden.

Während dieser Versatz auf einem Landschaftsbild zunächst nicht besonders auffällt, ist er sicher jedem bekannt, der einmal ein Luftbild einer Stadt mit hohen Gebäuden betrachtet hat. Die senkrechten Wände von Gebäuden sind hier stark verzerrt; sie scheinen zum Bildrand hin zu kippen. Dieser Versatz läßt sich am besten anhand der Abbildung eines Turmes illustrieren (Abb. 3.7). Würde man den Turm durch Parallelprojektion in einer Karte darstellen, erhielte man lediglich eine der Grundfläche entsprechende Abbildung. Im Luftbild jedoch wird der Turm radial verzerrt und die Basis liegt näher am Bildmittelpunkt als die Spitze. Der auf dem Luftbild gemessene Abstand zwischen Fußpunkt und Spitze des Turmes entspricht dem Versatz.

3.1 Geometrie des Luftbildes 89

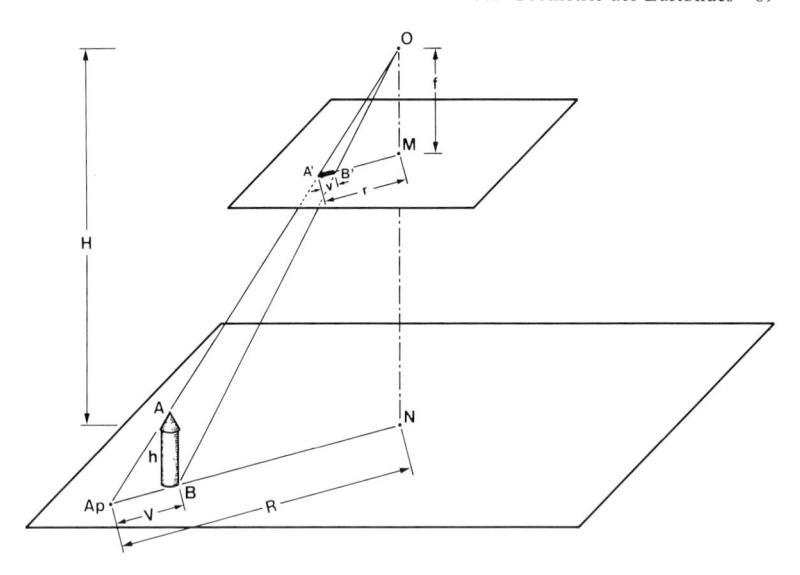

Abb. 3.7 Höhenbedingter Versatz von Bildpunkten

Legt man die Bezugsebene durch den Fußpunkt des Turms, so ergibt sich folgende mathematische Beziehung zwischen Versatz und Höhe über der Bezugsebene (Abb. 3.7) $\frac{V}{R} = \frac{h}{H}$, wobei R und V die Entfernung zwischen der auf die Bezugsebene projizierten Turmspitze und dem Bildmittelpunkt bzw. der Turmbasis darstellen. H ist die Flughöhe über der Bezugsebene und h die Höhe des Turms. Drückt man die beiden Geländestrecken V und R im Bildmaßstab aus (v' stellt den Versatz auf dem Bild dar, und r den Abstand der Turmspitze vom Bildmittelpunkt), so ergibt sich:

$$\frac{v'}{r} = \frac{h}{H} \quad oder \quad v' = \frac{r \cdot h}{H}$$

Aus dieser Beziehung ist leicht zu erkennen, daß der höhenabhängige Versatz von Bildpunkten mit der relativen Höhe des Objekts und der Entfernung vom Bildmittelpunkt zunimmt, mit steigender Flughöhe jedoch abnimmt. Gleichzeitig sieht man, daß kein Versatz stattfindet, wenn einer der beiden Faktoren r oder h gleich Null ist. Der Bildmittelpunkt ($r = 0$) und alle Punkte, die in der Bezugsebene liegen ($h = 0$), werden nicht verzerrt. Ein absolut flaches Gelände wird daher unverzerrt abgebildet; bei geringem Höhenunterschied kann in der Praxis der Versatz ebenfalls vernachlässigt werden, da er sich in diesen Fällen meist innerhalb der beim Messen auftretenden Ungenauigkeit bewegt.

Die in der Gleichung angegebene Beziehung erlaubt auch eine einfache Messung von Höhenunterschieden unter der Voraussetzung, daß Basis und Spitze des Objekts genau auszumachen sind, mehr oder weniger senkrecht zueinander liegen und die Flughöhe bekannt ist, denn es gilt:

$$h = \frac{v'}{r} \cdot H$$

Hierbei ist zu beachten, daß sich die Flughöhe auf die Höhe des Basispunkts bezieht.

Unter der Voraussetzung, daß die Höhen verschiedener Objekte bekannt sind, kann man deren wahre Position aus dem Luftbild ermitteln, indem man den Versatz mit Hilfe der Gleichung

$$v' = \frac{r \cdot h}{H}$$

errechnet und diesen Betrag in radialer Richtung abträgt, wobei die Punkte, die über der Bezugsebene liegen, zum Zentrum hin, Punkte, die tiefer liegen, dagegen nach außen verschoben werden. Diese Entzerrung ermöglicht das Bestimmen von mehreren Entfernungen und Winkeln in Bezug auf diese Punkte.

3.2 Stereoskopisches Betrachten

Die Möglichkeit zur stereoskopischen Betrachtung des Luftbildes beruht auf demselben Prinzip, das uns das räumliche Sehen unserer Umwelt erlaubt. Es ist die Fähigkeit, einen Gegenstand, der durch beide Augen unter verschiedenem Blickwinkel gesehen wird, im Gehirn zu einem räumlichen Bild zu verschmelzen. Diese Verschmelzung bezeichnet man als Fusion. Da die Fusion auf einer Schrägstellung der beiden Augenachsen beruht – die Sehstrahlen schneiden sich im betrachteten Objekt – ist unser räumliches Sehen nicht unbegrenzt, sondern besitzt einen Grenzwert, der bei etwa 500 m Entfernung liegt. Bei der Betrachtung von Gegenständen in größerer Entfernung sind die Augenachsen praktisch parallel, und es kommt daher nicht mehr zu einer Fusion der Bilder. Durch Erfahrung erleben wir dennoch eine gewisse Räumlichkeit des Geländes. Auch beim Fliegen in größeren Höhen fehlt uns das räumliche Sehen. Durch Schattenwirkungen wird jedoch häufig ein räumlicher Eindruck vermittelt, der aber nicht auf einer echten Fusion beruht.

In der Luftbildinterpretation und Photogrammetrie wird die Fähigkeit zum räumlichen Sehen ausgenutzt, indem man den Augen zwei aus unterschiedlichem Blickwinkel aufgenommene Abbildungen desselben Geländeabschnitts vorführt. Der unterschiedliche Blickwinkel ist durch die verschiedenen Aufnahmepositionen des Flugzeugs gegeben. Betrachtet man die beiden Luftbilder gleichzeitig, d.h. das linke Bild mit dem linken, das rechte Bild mit dem rechten Auge, so wird eine Fusion der Bilder stattfinden.

Eine anfänglich auftretende Schwierigkeit beim stereoskopischen Betrachten besteht darin, daß die Augen gewohnt sind, nahe Objekte, wie ein in 20 – 30 cm Abstand gehaltenes Luftbild, unter relativ starker Schrägstellung der Augenachsen zu betrachten. Die Augen des Anfängers werden sich daher zunächst auf eines der beiden Bilder

Bilder einstellen, zumal die Scharfeinstellung und Konvergenzeinstellung der Augen (Schrägstellung der Augenachsen) erfahrungsgemäß gekoppelt sind. Mit einiger Übung kann man lernen, die beiden Bilder „getrennt" zu betrachten und so den räumlichen Eindruck erhalten. Aber wesentlich einfacher, und dem Anfänger unbedingt zu empfehlen, ist die Verwendung eines Stereoskops.

3.2.1 Linsenstereoskope

Das einfachste Stereoskop ist ein Linsen- oder Taschenstereoskop, das aus zwei optischen Linsen besteht, die wie bei einer Brille in einem Rahmen sitzen und mit Hilfe von vier schmalen, zusammenklappbaren Ständern über das Luftbildpaar gestellt werden können. Da die Augen nun getrennt jeweils durch eine Linse schauen und eine Bildvergrößerung stattfindet, entfällt die gewohnte Schrägstellung der Augenachsen; ein müheloses Betrachten der beiden Bilder ist gewährleistet und führt in den meisten Fällen sehr schnell zur Fähigkeit stereoskopisch zu sehen.

Um ein Luftbildpaar stereoskopisch zu betrachten, ist eine sachgemäße Ausrichtung von Wichtigkeit. Der Anfänger soll zunächst einmal versuchen, mit Hilfe der in diesem Buch und in zahlreichen anderen Publikationen vorhandenen und bereits korrekt ausgerichteten Stereopaare sein stereoskopisches Sehvermögen zu üben (z. B. SCHNEIDER 1974, DIETZ 1981, RAY 1960 und KRONBERG 1967, 1984). Dabei wird auffallen, daß Stereopaare so ausgerichtet sind, daß entsprechende Bildpunkte (am leichtesten zu überprüfen an Flußläufen, markanten Geländepunkten, Straßen u. dgl.) etwa gleichen Abstand aufweisen und zwar ungefähr 6,0 cm oder etwas weniger. Dies ist der durchschnittliche Augenabstand und auch der Abstand der beiden Linsenzentren des Stereoskops. Bei einigen Typen des Linsenstereoskops kann dieser Abstand verändert und so individuell angepaßt werden. Gleichzeitig wird man feststellen, daß der stereoskopisch betrachtete Ausschnitt ebenfalls nur etwa 6,0 cm breit ist. Hier zeigt sich gleich ein Nachteil des kleinen Linsenstereoskops, nämlich die durch den Augenabstand (und damit Linsenabstand) vorgegebene Begrenzung der stereoskopischen Betrachtung.

Will man ein nicht bereits ausgerichtetes Luftbildpaar mit Hilfe des Linsenstereoskops betrachten, so müssen die beiden Bilder so übereinander gelegt werden, daß entsprechende Bildpunkte etwa 6,0 cm voneinander entfernt sind (Abb. 3.8). Am einfachsten erreicht man dies, indem man

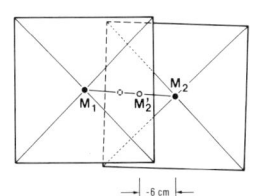

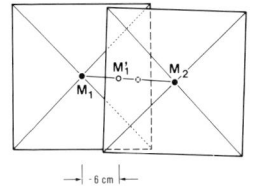

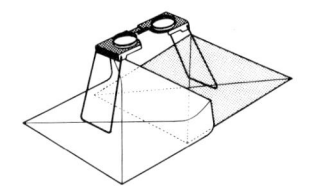

Abb. 3.8 Ausrichtung von Luftbildpaaren unter dem Linsenstereoskop. Korrespondierende Bildpunkte (z.B. M_1 und $M_{1'}$) müssen etwa 6 cm voneinander entfernt sein. Um den von dem oberen Bild verdeckten Bereich stereoskopisch zu sehen, muß der Rand des oberen Bildes etwas nach oben gebogen werden (Zeichnung rechts).

92 3 Das Luftbild: Geometrische Grundlagen und kartographische Anwendung

zunächst den gemeinsamen Überdeckungsbereich des Luftbildpaares übereinanderlegt und anschließend die Luftbilder um etwa 6,0 cm parallel zur Bildbasis auseinanderzieht. Damit ist gleichzeitig gewährleistet, daß man die Bilder seitenrichtig betrachtet.

Um die Fusion der Bilder zu erreichen, konzentriert man sich am besten auf eine markante Geländeerscheinung. Gelingt dies nicht, kann man meist durch leichtes Verschieben der Bilder oder auch durch leichtes Verkanten des Stereoskops den gewünschten Effekt erreichen. Mit einiger Übung ist es auch möglich, das so ausgerichtete Luftbildpaar ohne Taschenstereoskop zu betrachten; dazu blickt man zunächst über das Stereopaar hinweg auf „unendlich", um so die Konvergenz der Augen auf ein Bild zu vermeiden und läßt dann den Blick auf das Luftbildpaar gleiten.

Da sich der stereoskopisch betrachtbare Bereich auf einen 6,0 cm breiten Streifen beschränkt und dies meist weniger als die Hälfte des Überlappungsbereichs ausmacht, müssen die Luftbilder umorientiert werden. Das unten liegende Bild wird hierbei auf das obere gelegt. Kann man damit noch immer nicht den gesamten Stereobereich überlicken, so muß man den Rand des oberen Luftbilds etwas nach oben biegen und das Stereoskop zum oberen Bild hin verschieben, um so den verdeckten Abschnitt des unteren Luftbilds einzusehen (Abb. 3.8). Diese Vorgehensweise erscheint umständlich, ist aber mit einiger Übung schnell durchzuführen und bei Arbeiten im Gelände oft die einzige Möglichkeit, Luftbilder unter Vergrößerung steroskopisch zu betrachten.

3.2.2 Spiegelstereoskope

Der durch den Augenabstand vorgegebene schmale stereoskopische Ausschnitt erschwert die systematische Auswertung einer größeren Anzahl von Bildern und erlaubt Messungen nur in begrenztem Umfang; für derartige Arbeiten muß das Spiegelstereoskop herangezogen werden. Dieses besteht aus einem trapezförmigen Gestell, an dessen Seiten zwei Spiegel angebracht sind. Den Spiegeln sind Spiegelprismen zugeordnet, die an der oberen Seite des Trapezes in Augenabstand befestigt sind (Abb. 3.9 a,b). Auf diese Spiegelprismen können meist noch Okulare aufgesetzt werden, die eine Vergrößerung (bis zum achtfachen) erlauben. Bei neueren Geräten sind

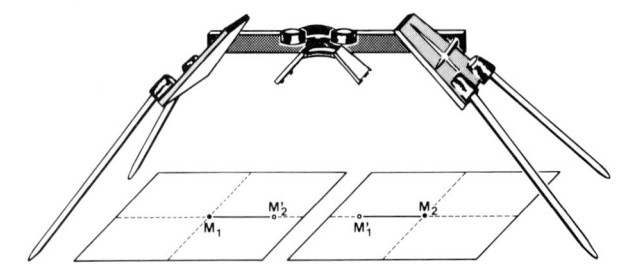

Abb. 3.9 a   Strahlengang im Spiegelstereoskop. Durch die Anordnung der Spiegelprismen wird das Auseinanderziehen der Luftbilder bewirkt.

oft auch stufenlose Zoom-Okulare vorhanden. Durch diese Anordnung erreicht man das Auseinanderziehen der Bilder, was die Betrachtung des gesamten Überlappungsbereiches eines Stereopaares ohne nennenswerte Verschiebung des Stereoskops oder der Bilder erlaubt. Der Strahlengang des normalen Spiegelstereoskops ist in Abb. 3.9 b verdeutlicht. Bei Verwendung von Okularen wird das Blickfeld allerdings eingeschränkt und eine Verschiebung des Stereoskops ist notwendig, wenn man größere Abschnitte des Bildes untersuchen will. Ein Gerät, bei dem eine derartige Verschiebung überflüssig ist, ist das Scanning Stereoscope der Firma Delft, bei dem durch Verschiebung der Prismen der gesamte Stereoabschnitt schrittweise überblickt werden kann.

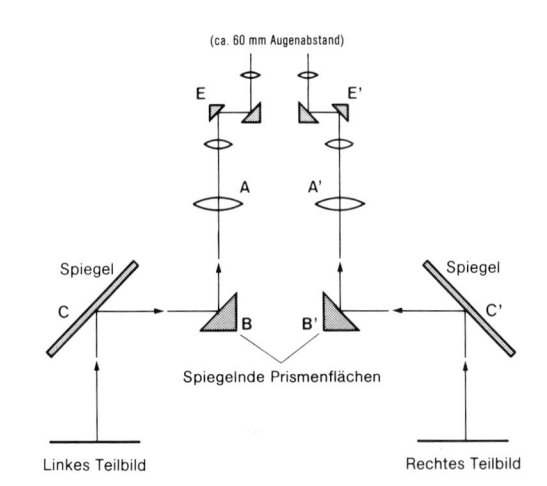

Abb. 3.9 b
Ausrichtung eines Luftbildpaars unter dem Spiegelstereoskop

Was für die Ausrichtung des Luftbildpaares unter dem Taschenstereoskop gilt, trifft z. T. auch für das Spiegelstereoskop zu. Der wichtigste Unterschied besteht jedoch darin, daß sich die beiden Bilder nicht überlagern, sondern getrennt voneinander unterhalb der Spiegelprismen liegen. Zur ungefähren Ausrichtung sollte man zunächst wieder den gemeinsamen Deckungsbereich suchen und dann die Bilder soweit auseinanderziehen, bis markante Geländepunkte unter dem Stereoskop zur Deckung kommen.

Für eine exakte Bearbeitung müssen die Bilder genau nach geometrischen Gesichtspunkten ausgerichtet werden. Voraussetzung für eine korrekte Ausrichtung der Bilder ist das g e n a u e Eintragen der Bildmittelpunkte. Auf jedem Stereopaar sollten daher 4 Punkte eingezeichnet werden: die b e i d e n B i l d m i t t e l p u n k t e und die entsprechenden ü b e r t r a g e n e n B i l d m i t t e l p u n k t e. Die Übertragung der Bildmittelpunkte sollte mit Hilfe eines Spiegelstereoskops bei starker Vergrößerung vorgenommen werden, da die Genauigkeit der späteren Messungen davon abhängt. Die Verbindungslinie vom Bildmittelpunkt und übertragenem Bildmittelpunkt des

Nachbarbildes stellt die Bildbasis dar, also die Abbildung der zwischen zwei Aufnahmen zurückgelegten Flugstrecke (Abb. 3.6, 3.10).

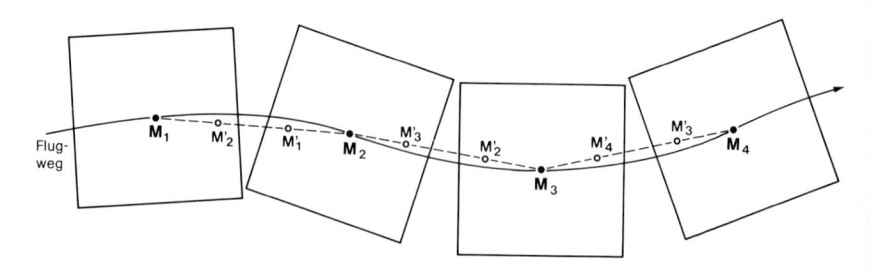

Abb. 3.10 Ausrichtung von Luftbildern anhand der Bildmittelpunkte und übertragenen Bildmittelpunkte

Ziel der Ausrichtung des Luftbildpaars ist die Rekonstruktion von Verhältnissen, unter denen die Augen des Betrachters die jeweilige Aufnahmeposition des Flugzeugs repräsentieren. Um dies zu erreichen, müssen die Luftbilder so orientiert werden, daß die Bildmittelpunkte und die ihnen entsprechenden übertragenen Bildmittelpunkte im Stereobild genau zusammenfallen (analog für den Bildmittelpunkt des rechten Bildes). Die Verbindung der Mittelpunkte im Stereomodell bildet dann eine Gerade. Diese Gerade entspricht der Abbildung der direkten Verbindungslinie zwischen den beiden Aufnahmepositionen (nicht unbedingt identisch mit der tatsächlichen Flugbahn, Abb. 3.10).

Diese Ausrichtung der Luftbilder erreicht man am einfachsten durch Verbindung der Bildmittelpunkte durch eine Gerade, z. B. M_1 M'_2 M'_1 M_2 oder M_2 M'_3 M'_2 M_3 auf Abb. 3.9 a, 3.10; (die Bildmittelpunkte ganz links auf dem linken und ganz rechts auf dem rechten Bild dürfen hierbei nicht berücksichtigt werden, sie gehören zum vorangegangenen bzw. folgenden Bild). Entlang dieser Geraden werden die Bilder solange verschoben, bis der Stereoeffekt eintritt. Das Ausmaß der seitlichen Verschiebung hängt von den verschiedenen Modellen der Stereoskope und dem Augenabstand des Betrachters ab. Bei der seitlichen Verschiebung ist unbedingt darauf zu achten, daß die Bilder entlang der durch die vier Punkte gegebenen Gerade bewegt und nicht verkantet werden.

Sind die Bilder korrekt auf dem Arbeitstisch ausgerichtet, sollten sie sofort mit Klebestreifen oder, falls eine Metallunterlage vorhanden ist, durch Magnete festgehalten werden. Eine nochmalige Überprüfung der Geradlinigkeit der Verbindung ist empfehlenswert. Nach der Befestigung des Bildpaares stellt man das Stereoskop wieder darüber und zwar so, daß die Brücke des Stereoskops parallel zur Verbindungslinie der Bilder liegt. Sind die Luftbilder korrekt ausgerichtet, tritt in der Regel der Stereoeffekt ein. Geschieht dies nicht, hilft oft eine leichte Verschiebung des Stereoskops. Nur korrekt ausgerichtete Luftbildpaare erlauben das mühelose und lange Arbeiten am Stereoskop und sind unbedingte Voraussetzung für jede Messung.

3.2.3 Vertikale Überhöhung

Jeder Anfänger wird beim Betrachten eines Stereomodells ein „Aha"-Erlebnis haben, hervorgerufen durch die starke vertikale Überhöhung, die das Raumbild vermittelt. Die vertikale Überhöhung (das Verhältnis von horizontalem zu vertikalem Maßstab) beruht auf der starken Verkürzung und damit Verkleinerung des horizontalen Maßstabs im Vergleich zum vertikalen Maßstab (Abb. 3.11).

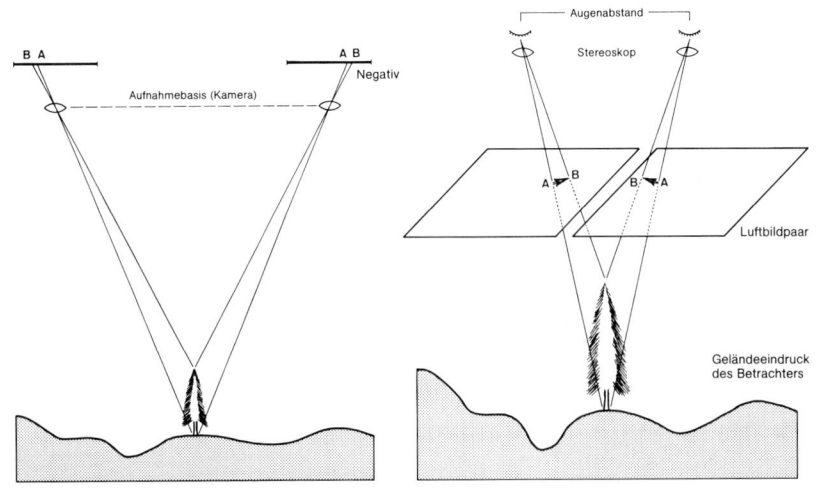

Abb. 3.11 Durch die starke Verkürzung des Maßstabs in der Horizontalen und durch die Verkürzung der Beobachtungsposition von der Aufnahmebasis auf den Augenabstand wird ein überhöhter Reliefeindruck vermittelt

Das Ausmaß der Reliefüberhöhung hängt von einer Reihe von Faktoren ab und ist schwer zu quantifizieren. Zu diesen Faktoren gehören die Brennweite des Objektivs und vor allem das Verhältnis von Aufnahmebasis und Flughöhe. Je kleiner dieses Verhältnis ist, desto geringer wird die Überhöhung sein und umgekehrt (Abb. 3.12). Außerdem überhöhen Taschenstereoskope stärker als Spiegelstereoskope, und bei stereoskopischer Betrachtung mit bloßem Auge ist die Überhöhung noch geringer.

Diese Überhöhung ist für die Interpretation sowohl von Vorteil als von Nachteil. In schwach reliefiertem Gelände hebt das Stereomodell Reliefunterschiede hervor und erleichtert damit die geomorphologische, geologische und vegetationskundliche Betrachtung. Andererseits vermittelt das Stereomodell in Gebirgslandschaften einen überdimensionalen Eindruck von Steilheit und Schroffheit, der nicht in Relation zu den wirklichen Verhältnissen steht und z. B. das Schätzen von Hangneigungen sehr erschwert. Hänge von 15 – 20° erscheinen oft wie Steilhänge und sind von diesen kaum zu unterscheiden.

Überhöhungsfaktor

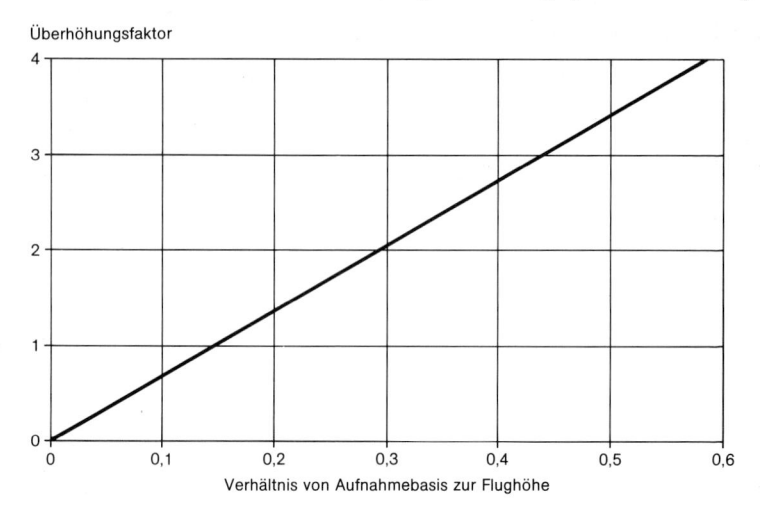

Abb. 3.12 Verhältnis Aufnahmebasis und Flughöhe zur Überhöhung

3.3 Die Parallaxe und ihre photogrammetrische Anwendung

Bisher bezogen sich die photogrammetrischen Anwendungen auf die durch die Zentralprojektion gegebenen geometrischen Verhältnisse auf e i n e m Senkrechtluftbild, wobei die Ermittlung von Höhenunterschieden immer nur unter gewissen Einschränkungen durchgeführt werden konnte. Uneingeschränkt können Höhenunterschiede gemessen werden, wenn wir Luftbildpaare heranziehen und die Parallaxe zu Hilfe nehmen. Der Ausdruck Parallaxe kennzeichnet allgemein den Winkel, den zwei Gerade bilden, die von unterschiedlichen Standorten aus auf einen Punkt gerichtet sind. Beim Luftbild wäre dieser Winkel durch die unterschiedliche Position des Flugzeugs während zweier aufeinanderfolgender Aufnahmen gegeben. In der Photogrammetrie ist jedoch weniger dieser Winkel interessant, als die durch die unterschiedliche Aufnahmeposition verursachte scheinbare Lageverschiebung eines Objekts auf dem Luftbild. Die Parallaxe wird daher in der Photogrammetrie nicht als ein Winkelmaß ausgedrückt, sondern als *ein lineares Maß der scheinbaren Lageverschiebung von korrespondierenden Punkten*. Sie stellt die Differenz der Abstände dar, die jeweils zwischen den korrespondierenden Bildpunkten und ihren zugehörigen Bildmittelpunkten vorhanden sind und parallel zur Bildbasis (d. h. entlang der x- Achse) gemessen werden (Abb. 3.13, 3.14).

Der Begriff der Parallaxe bereitet Anfängern oft Schwierigkeiten. Zur Vereinfachung der Vorstellung sollte man daher auf einer Folie einige auffallende Punkte sowie die Bildmittelpunkte markieren und diese Folie so auf das Nachbarbild legen, daß der B i l d m i t t e l p u n k t des einen

Bildes mit dem Bildmittelpunkt des anderen zusammenfällt (Abb. 3.13). Damit wird der Strahlengang umgedreht und anstatt der Aufnahmeposition werden die Geländepunkte bzw. die korrespondierenden Bildpunkte bewegt. Der Abstand zwischen den auf der Folie markierten Punkten (A", B") und den korrespondierenden Punkten auf dem Luftbild (A', B') ist die Parallaxe. Ebenfalls erkennbar ist, daß die Parallaxe des Bildmittelpunkts gleich der Bildbasis ist (vorausgesetzt, daß keine großen Höhendifferenzen zwischen den beiden Bildmittelpunkten vorhanden sind).

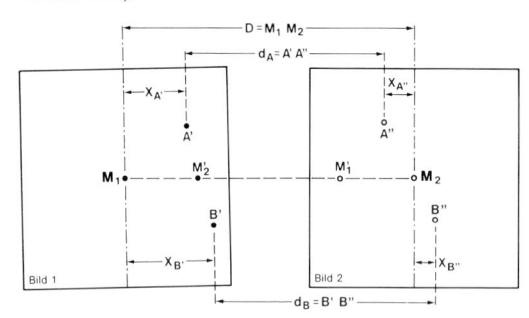

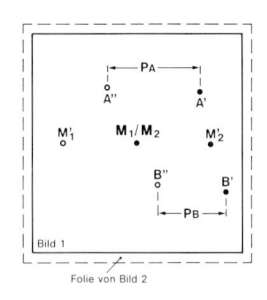

Abb. 3.13 Die Parallaxe ist die durch die unterschiedliche Aufnahmeposition hervorgerufene scheinbare Lageverschiebung von korrespondierenden Punkten auf einem Bildpaar. Sie entspricht auf der Abb. der Strecke $X_{A'} - (-X_{A"}) = X_{A'} + X_{A"}$ und $X_{B'} - X_{B"}$. Markiert man auf einer Folie Bildmittelpunkt und Bildpunkt (z.B. M_2 und A") und legt die Folie so auf den Stereopartner, daß die Bildmittelpunkte zusammenfallen, dann entspricht der Abstand zwischen den korrespondierenden Bildpunkten **A'** und **A"** der absoluten Parallaxe.

3.3.1 Messung der Parallaxe

Zur Ermittlung der Parallaxe muß das Stereopaar genau in der beschriebenen Weise ausgerichtet und die Abstände zwischen Mittelpunkten und korrespondierenden Bildpunkten gemessen werden. Diese Messung muß parallel zur Bildbasis erfolgen. Betrachtet man die Bildbasis als die Abszisse eines Koordinatensystems mit dem Bildmittelpunkt als Nullpunkt, entsprechen diese Abstände den X-Werten der Punkte. Es gilt demnach (Abb. 3.13, 3.14):

$$p = X_{A'} - (-X_{A"}) = X_{A'} + X_{A"}$$

Diese Gleichung ist die Grundgleichung der Stereophotogrammetrie. Zu beachten ist, daß die entlang der X-Achse gemessenen Abstände zwischen Bildmittelpunkt und Bildpunkt wie in einem Koordinatensystem nach rechts positive, nach links negative Werte annehmen. In den meisten Fällen werden die zu messenden Bildpunkte zwischen dem Bildmittelpunkt und übertragenem Bildmittelpunkt liegen, und daher wird der auf dem rechten Bild gemessene Abstand meist einen negativen Wert besitzen.

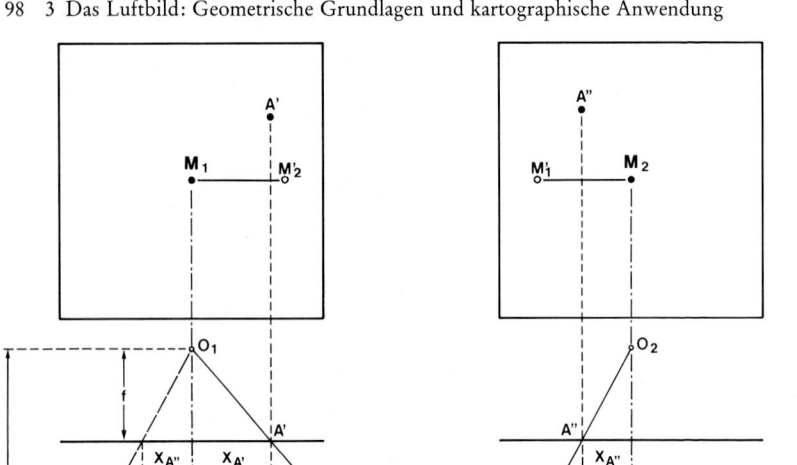

Abb. 3.14 Geometrische Beziehung zwischen Parallaxe und anderen Luftbildparametern. Durch die Parallelverschiebung der Geraden AO_2 durch O_1 werden das Maß der Parallaxe ($X_{A'} + X_{A''}$) und die geometrischen Beziehungen zu Brennweite (f), Flughöhe (H) und Aufnahmebasis (b) deutlich.

Nur wenn der zu messende Bildpunkt auf dem linken Bild deutlich links vom Bildmittelpunkt oder rechts vom übertragenen Bildmittelpunkt liegt (Abb. 3.13: B'), ergibt sich die Parallaxe aus der Differenz der Abstände.

Für die Beziehung zwischen Parallaxenwert und anderen Parametern gilt folgendes (Abb. 3.14: Strahlensatz oder Prinzip ähnlicher Dreiecke):

$$\frac{p}{f} = \frac{b}{H} \quad \text{oder} \quad p = \frac{f \cdot b}{H}$$

Hierbei wird deutlich, daß die Parallaxe sich in Abhängigkeit von Höhenunterschieden im Gelände verändert (b und f sind konstant) und daß sie lediglich für Punkte in gleicher Höhenlage gleich ist. Tiefer liegende Punkte innerhalb eines Bildes (größere Höhe zum Aufnahmegerät) werden eine kleinere Parallaxe aufweisen als höher liegende.

Zur Messung der Parallaxe kann ein Lineal verwendet werden, mit dem man auf jedem Bild den parallel zur Bildbasis gemessenen Abstand zwischen Bildpunkt und Bildmittelpunkt ermittelt. Dieses Verfahren ist jedoch umständlich und führt leicht zu Meßfehlern, da man auf jedem Bild im Bildmittelpunkt die Senkrechte zur Bildbasis einzeichnen und zwei meist kurze Strecken ablesen muß. Eine einfachere Methode besteht darin, die Entfernungen zwischen den beiden Bildmittelpunkten und zwischen den beiden korrespondierenden Bildpunkten zu messen. Die Differenz der beiden Strecken ergibt die Parallaxe, denn nach Abb. 3.13 gilt:

$$p_A = X_{A'} - (-X_{A''}) = D - d_A$$
$$p_B = X_{B'} - X_{B''} = D - d_B$$

3.3.2 Messung von Höhenunterschieden mit Hilfe der Parallaxe

Die Abhängigkeit der Parallaxe von Höhenunterschieden wird in der Photogrammetrie zur Ermittlung von Höhenunterschieden verwendet. Aus Abb. 3.15 lassen sich folgende Beziehungen zwischen Parallaxenunterschied und anderen Luftbildparametern ableiten:

$$b : H_1 = p_F : f \quad \text{und} \quad b : H_2 = p_S : f$$

$$H_1 = \frac{b \cdot f}{p_F} \quad \text{und} \quad H_2 = \frac{b \cdot f}{p_S}$$

da $\Delta H = H_1 - H_2$ und $p_S = p_F + \Delta p$

$$\Delta H = \frac{b \cdot f}{p_F} - \frac{b \cdot f}{p_F + \Delta p} = \frac{b \cdot f (p_F + \Delta p - p_F)}{p_F (p_F + \Delta p)}$$

$$\Delta H = \frac{b \cdot f \cdot \Delta p}{p_F (p_F + p)}$$

da $b = \dfrac{H_1 \cdot p_F}{f}$

$$\Delta H = \frac{H_1 \cdot \Delta p}{p_F + \Delta p}$$

Liegen der Nadirpunkt (N_1) und der Fußpunkt (F) etwa auf gleicher Höhe, so kann p_F durch b' ersetzt werden, denn b' ist die absolute Parallaxe des Bildmittelpunkts. Die Gleichung lautet dann:

$$\Delta H = \frac{H \cdot \Delta p}{b' + \Delta p}$$

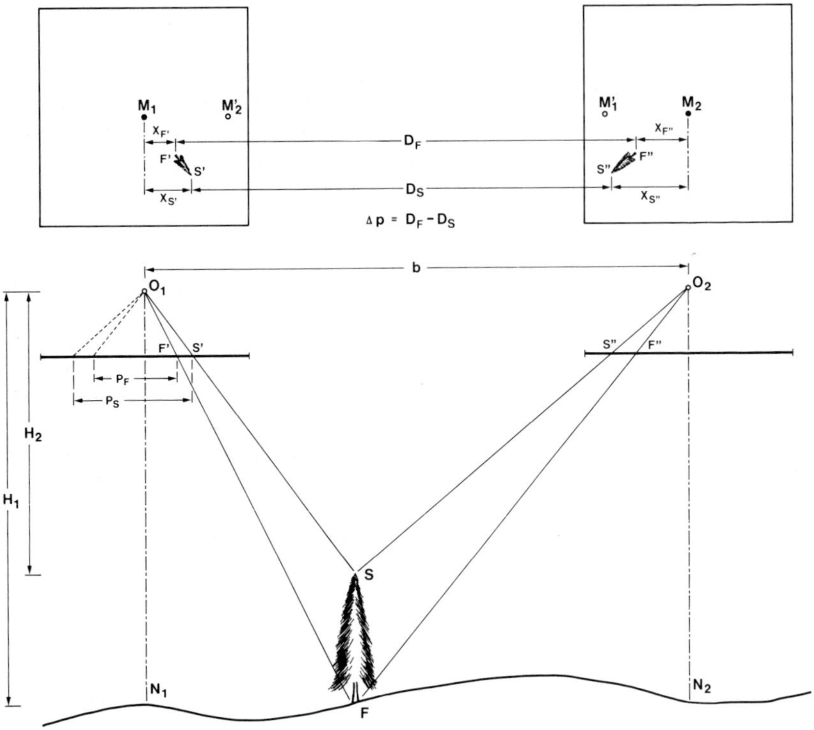

100 3 Das Luftbild: Geometrische Grundlagen und kartographische Anwendung

Abb. 3.15 Geometrische Beziehung zwischen Höhenunterschieden zweier Punkte und dem Parallaxenunterschied.

Die Höhe eines Objekts läßt sich demnach bestimmen, wenn H_1 (Flughöhe über dem tiefer liegenden Punkt), b' (die Bildbasis) oder p_F die absolute Parallaxe des tiefer liegenden Bildpunkts und Δ_p (Parallaxendifferenz zwischen dem tiefer und höher gelegenen Punkt) bekannt sind. Bei kleinem Maßstab und geringen Höhenunterschieden kann Δ_p im Nenner der Gleichung unberücksichtigt bleiben.

Zur Bestimmung des Parallaxenunterschiedes könnte man zunächst die Parallaxen der beiden in Betracht kommenden Punkte ermitteln und die Summe bzw. die Differenz der Werte bilden. Da jedoch weniger der Wert der absoluten Parallaxen interessant ist, sondern nur die Differenz, ist es einfacher, in ähnlicher Weise zu verfahren wie bei der Messung der absoluten Parallaxe in Abb. 3.13 mit dem Unterschied, daß die Strecke D nicht die Entfernung der beiden Bildmittelpunkte, sondern der beiden Bildpunkte der tiefer liegenden Erscheinung darstellt (Abb. 3.15).

3.3 Die Parallaxe und ihre photogrammetrische Anwendung

$$\Delta p = p_S - p_F = D_F - D_S \quad \text{denn } p_S = D - D_S$$
$$p_F = D - D_F$$

wobei D_S die Strecke zwischen den „höher" liegenden, D_F die Strecke zwischen den „tiefer" liegenden Bildpunkten darstellt. D ist die Entfernung zwischen den beiden Bildmittelpunkten.

In der Praxis ist die Ablesegenauigkeit mit Hilfe eines Lineals meist unzureichend, besonders wenn es sich um geringe Höhenunterschiede oder/und kleinmaßstäbige Bilder handelt. Ein einfaches Gerät, welches das Ermitteln des Parallaxenunterschieds wesentlich erleichtert und präzisiert, ist das Stereomikrometer (Abb. 3.16). Es besteht aus einem verstellbaren, geeichten Stab, an dessen beiden Enden zwei durchsichtige und mit Marken (kleine Kreise und Kreuze) versehene Meßplättchen angebracht sind. Das eine Ende des Stabes ist starr, und das zugehörige Meßplättchen ist mit einer Schraube fixiert (meist das linke); das andere kann nach innen oder außen innerhalb eines gewissen Bereichs verschoben werden, indem man an der Mikrometerschraube dreht. Die Drehungen sind auf 1/10 mm geeicht (1/100 mm können geschätzt werden), so daß die Drehungen das Maß der Verschiebung angeben. Man setzt die beiden Meßplättchen auf die korrespondierenden Bildpunkte des tiefer gelegenen Objekts und bringt die beiden Marken zur Deckung. Die Ablesung der Mikrometerschraube wird notiert. Anschließend wiederholt man diesen Vorgang in Bezug auf die Bildpunkte des höhergelegenen Objekts. Die Differenz der beiden Ablesungen ergibt den Parallaxenunterschied.

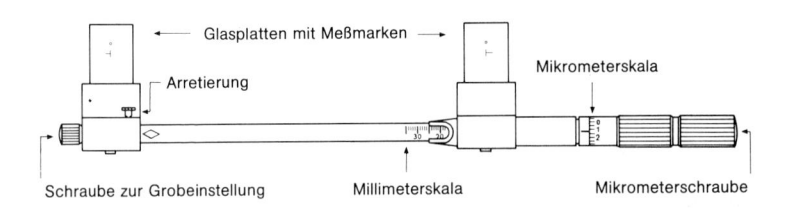

Abb. 3.16   Stereomikrometer

3.3.3   Ermittlung von Hangneigungen

Eine in der geomorphologischen Luftbildauswertung oft gestellte Aufgabe ist die Schätzung oder Messung der Hangneigung. Eine einfache Methode wäre hierzu die Messung des Höhenunterschiedes und die Bestimmung der tatsächlichen Entfernung zwischen zwei Punkten, die in Fallinie liegen. Die Werte könnten in Millimeterpapier eingetragen werden. Eine direkte Methode ist die Ermittlung des Tangens oder Einfallswinkels aus der Beziehung (Abb. 3.17)

$$\tan \alpha = \frac{h}{E} = \frac{f \cdot \Delta p}{e(b' + \Delta p)}$$

102 3 Das Luftbild: Geometrische Grundlagen und kartographische Anwendung

$$da \quad h = \frac{H \cdot \Delta p}{b' + \Delta p} \quad und \quad E = \frac{e \cdot H}{f}$$

wobei h den durch die Parallaxengleichung ermittelten Höhenunterschied und e die Entfernung zwischen zwei Punkten darstellt, die entlang eines geraden Hangabschnitts gewählt werden. Voraussetzung ist, daß die Hangstrecke gerade verläuft, d.h. einen einheitlichen Winkel aufweist und auch nicht zu kurz ist.

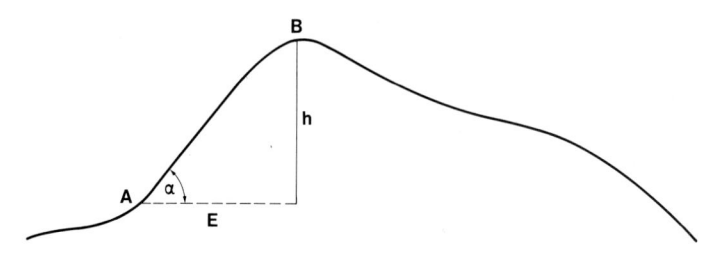

Abb. 3.17 Messung von Hangneigungen

Die Punkte müssen selbstverständlich in Fallinie liegen. Ist dies aus dem Stereomodell nicht einfach zu sehen (z. B. durch geringe Hangneigungen), so sollte die Fallinie zunächst mit der Dreipunktmethode ermittelt werden, die auch bei der geologischen Interpretation zur Feststellung von Streichen und Fallen von Schichten Anwendung findet (KRONBERG 1967). Auf dem nach Möglichkeit geraden und flächigen Hangabschnitt werden drei Punkte markiert, die etwa gleichen Abstand voneinander haben, wobei zwei der Punkte am obersten bzw. untersten Hangabschnitt liegen sollten, der dritte etwa auf halber Höhe, seitlich der vermuteten Fallinie (Abb. 3.18). Das Stereomikrometer wird auf diesen mittleren Punkt eingestellt (bzw. auf das korrespondierende Punktepaar) und unter Beibehaltung der Einstellung auf die Verbindungslinie der beiden anderen Punkte verschoben. Man verschiebt den Punkt damit praktisch höhenparallel und erhält die Fallinie, indem man die Senkrechte auf der Verbindung der beiden mittleren höhengleichen Punkte errichtet. Die für die Hangwinkelbestimmung zu wählenden Punkte müs-

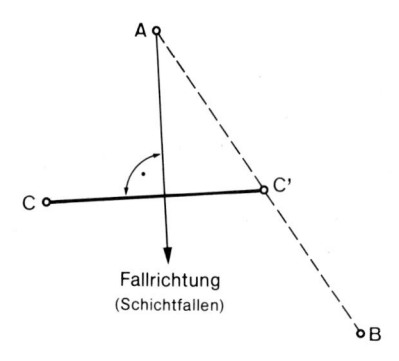

Abb. 3.18 Dreipunktemethode

sen auf dieser Senkrechten liegen. Entspricht der Hang einer Schichtfläche, so gibt die Fallinie die Richtung des Schichtfallens, die Linie senkrecht dazu das Streichen an. Die Entfernung e kann bei geringem Höhenunterschied einfach mit Hilfe der Messung der Entfernung zwischen den beiden Bildpunkten ermittelt werden. Bei größeren Höhenunterschieden muß sie entzerrt werden.

Eine ebenfalls in der Geomorphologie und Geologie oft benötigte Angabe ist die Schichtmächtigkeit. Bei flach lagernden und schwach geneigten Schichtkörpern ist die Messung des Höhenunterschiedes zwischen oberer und unterer Schichtgrenze meist ausreichend, bei stärker geneigten Schichten ist eine genauere Messung erforderlich (Abb. 3.19). Entscheidend für die Ermittlung der Mächtigkeit ist der Winkel des Schichtfallens. Dieser muß zunächst mit Hilfe der bereits besprochenen Formel

$$tan\,\alpha = \frac{h}{E}$$

ermittelt werden. Es ergibt sich folgende Beziehung:

$$m = X + X' = cos\,\alpha \cdot h + sin\,\alpha \cdot E,$$

wobei α der Winkel des Schichtfallens, h der Höhenunterschied zwischen Oberkante und Unterkante des Schichtpakets und E die horizontale Entfernung von oberer und unterer Schichtgrenze und m die Schichtmächtigkeit ist.

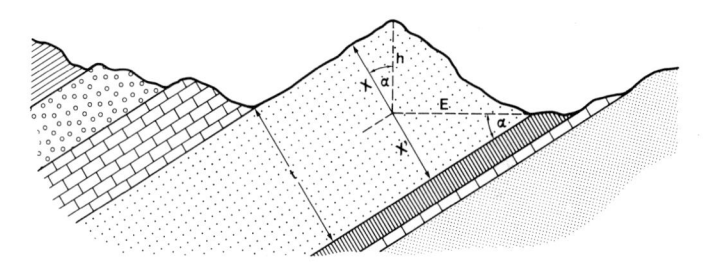

Abb. 3.19 Messung der Schichtmächtigkeit (nach KRONBERG 1967)

3.4 Einfache Methoden der Entzerrung

Die horizontale Entfernung zweier Punkte, die keine oder nur geringe Höhenunterschiede (und damit Parallaxenunterschiede) aufweisen, kann mit Hilfe des an diese Punkte angepaßten Maßstabs direkt durch Messen der Strecken auf dem Bild ermittelt werden. In vielen Fällen gibt dies eine ausreichende Genauigkeit. Sind deutliche Höhenunterschiede vorhanden, so müßten die Punkte erst entzerrt oder auf rechnerischem Wege mit Hilfe der Parallaxe bestimmt werden. Diese aufwendige Methode wird für einfache Entzerrungen wenig angewendet, da die zeichnerische Entzerrung wesentlich schneller vorzunehmen ist.

104   3 Das Luftbild: Geometrische Grundlagen und kartographische Anwendung

In der zeichnerischen Entzerrung von Bildpunkten wird die Tatsache genutzt, daß die Verzerrung nur radial vom Bildmittelpunkt aus geschieht. Die Verbindungslinie eines Bildpunktes mit dem Bildmittelpunkt stellt daher einen geometrischen Ort dar, auf welchem der entzerrte Bildpunkt liegen muß. Diese Verbindungslinie kann sowohl auf dem linken als auch auf dem rechten Bild bestimmt werden (Abb. 3.20). Dadurch sind bereits zwei geometrische Orte festgelegt, die zur Bestimmung eines Punktes notwendig sind. Durch Parallelverschiebung einer der Verbindungslinien durch den zugehörigen übertragenen Bildmittelpunkt erhält man den Schnittpunkt der beiden Verbindungslinien, welcher die wahre Position des Bildpunktes darstellt.

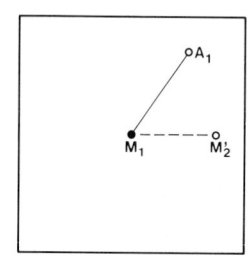

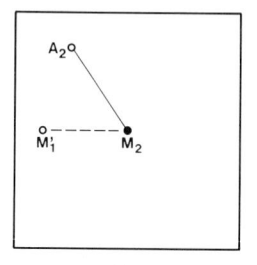

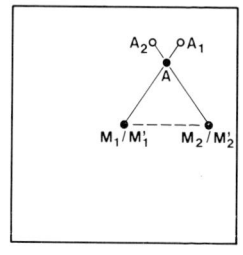

Abb. 3.20   Einfache Entzerrung von Bildpunkten

In der Praxis wird man statt der Parallelverschiebung eine durchsichtige Folie (Transparentpapier) verwenden, Bildmittelpunkt und übertragenen Bildmittelpunkt sowie den zu entzerrenden Punkt und die Verbindungslinie zu seinem Bildmittelpunkt einzeichnen und dann die Folie so über den Stereopartner legen, daß die Bildbasen zusammenfallen. Der Schnittpunkt der Verbindungslinien von Bildmittelpunkten und Bildpunkten ergibt die entzerrte Position des Bildpunkts. Fallen die Bildbasen nicht genau aufeinander (unterschiedliche Höhenlage der Bildmittelpunkte), so ist es ausreichend, die Deckung von Bildmittelpunkt auf der Folie mit übertragenem Bildmittelpunkt auf dem Luftbild zu erreichen. Durch schrittweises Vorgehen können auf diese Weise eine Anzahl von Punkten entzerrt und deren Entfernungs- und Winkelbeziehungen ermittelt werden.

Die schrittweise Methode der Entzerrung wird man nur anwenden, wenn es um die Entzerrung einiger weniger Punkte geht. Will man das Luftbild in Ermangelung einer ausreichend genauen topographischen Karte als Kartierungsgrundlage verwenden, so wird man eine Methode der zeichnerischen Radialtriangulation anwenden, bei der man mit Hilfe von Paßpunkten das Bild systematisch entzerrt und eine relativ verzerrungsfreie Karte erstellt. Es soll hier gleich betont werden, daß die beschriebenen Methoden lediglich einen Behelf darstellen für den Fall, daß weder photogrammetrische Auswertegeräte noch die Hilfe von Kartographen oder Photogrammetern zur Verfügung stehen. Für rationelles und exaktes Kartieren ist die Zusammenarbeit mit diesen Fachleuten unerläßlich. Die Kenntnis einfacher Methoden der Entzerrung ist jedoch für jeden Geographen von Vorteil.

Eine einfache und relativ zeitsparende Methode ist die sog. Arundel-Methode (MÜHLFELD 1964), bei der eine Anzahl von Paßpunkten (9 oder mehr) auf dem Luftbild eingetragen wird. In der Nähe des unteren und des oberen Bildrands sollen jeweils drei genau lokalisierbare Bildpunkte ausgewählt werden (Abb. 3.21). Der Bildmittelpunkt und die beiden übertragenen Bildmittelpunkte stellen weitere Paß-

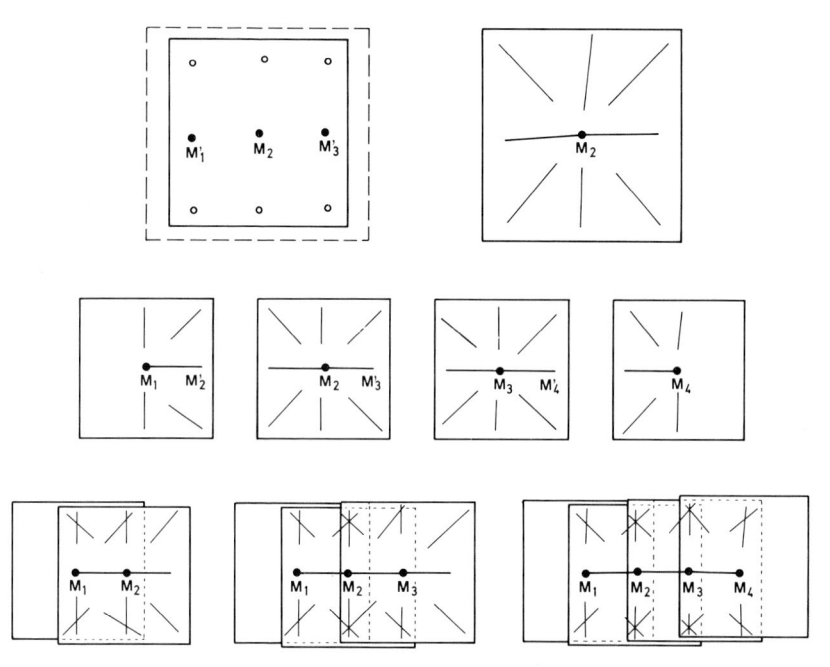

Abb. 3.21   Methode der einfachen Radialtriangulation (Arundel-Methode) (nach MÜHLFELD 1964)

punkte dar. Von den Paßpunkten müssen jeweils sechs im gemeinsamen Überdeckungsbereich mit dem linken bzw. rechten Stereopartner liegen. Falls im Gelände exakte Kontrollpunkte (Trigonometrische Stationen) vorhanden sind, sollten diese zusätzlich eingetragen werden. Die Paßpunkte werden dann auf das linke und rechte Nachbarbild übertragen, so daß jedes Luftbildpaar sechs korrespondierende Punkte aufweist. Anschließend wird von jedem Luftbild eine Folie angefertigt, die etwas größer sein sollte als das Luftbild. In diese Folie werden die Bildmittelpunkte sowie die Verbindungslinien des Mittelpunkts mit allen Paßpunkten eingezeichnet. Anschließend werden die Folien so übereinandergelegt, daß die Bildbasen übereinanderliegen wie beim einfachen Entzerren. Fallen die Bildmittelpunkte und übertragenen Bildmittelpunkte nicht zusammen, so bestimmt man das arithmetische Mittel der beiden Strecken. Dies stellt dann den mittleren Maßstab der Karte dar und muß für die Entzerrung aller weiteren Bilder beibehalten werden. Die Schnittpunkte der vom Bildmittelpunkt ausgehenden Geraden (Radien) bestimmen die unverzerrte Lage der Paßpunkte. Soll die Karte in einem anderen Maßstab gezeichnet werden, so kann man dies durch Verkürzen (Verkleinern des Maßstabs) oder Verlängern der Bildbasen erreichen. Durch Zusammenfügen weiterer Deckfolien kann schrittweise eine Reihe von Bildern entzerrt werden.

Beim Anfügen der dritten und vierten Deckfolie (links und rechts des ersten Luftbildpaares) ist darauf zu achten, daß die nach rechts bzw. links verlaufenden Radien bereits die festgelegten Paßpunkte auf den beiden mittleren Folien vorfinden. Schneiden diese Radien die Paßpunkte nicht, so müssen die Radien parallel zur Bildbasis verschoben werden, bis sie die Paßpunkte genau schneiden. Dadurch wird automatisch der korrekte, durch die Bildbasis des ersten Paares festgelegte Maßstab erzielt.

Eine weitere einfache Methode ist die Entzerrung durch Radialschlitzschablonen; allerdings verlangt diese Methode die Verwendung von präzisen Stanzen, mit denen schmale Schlitze und Löcher in die Schablonen oder direkt ins Luftbild gestanzt werden. Die Methode ist der Arundel-Methode ähnlich, die Schlitze entsprechen den Radien, das zentral gestanzte Loch dem Bildmittelpunkt. Die Schlitzschablonen werden dann in der gleichen Weise wie die Folien bei der Arundel-Methode übereinandergelegt. Dort, wo sich Schlitze kreuzen, liegen die entzerrten Paßpunkte, die mit Stiften fixiert werden. Der Vorteil dieser Methode liegt vor allem darin, daß die Schablonen in sich verschiebbar sind, und der Maßstab somit leicht geändert werden kann.

Wie erwähnt, sind alle Methoden nur ein Behelf für Fälle, in denen photogrammetrische Geräte nicht zur Verfügung stehen. Die Genauigkeit ist in der Praxis jedoch für die Herstellung von Karten mittleren und kleinen Maßstabs ausreichend. Für kleinmaßstäbliche Karten in Gebieten geringen und mittleren Reliefs kann man sogar oft auf die Entzerrung ganz verzichten und durch einfache Übertragung des Bildinhalts eine Karte herstellen. Das Vorgehen sollte in jedem Fall dem Zweck der Untersuchung, der Größe des Untersuchungsgebietes, dem Maßstab der Luftbilder und der daraus herzustellenden Karte angepaßt sein.

3.5 Orthophotos

Das Orthophoto (Abb. 3.22) ist ein Luftbild, bei dem das Gelände nicht in Zentralprojektion, sondern in Orthogonalprojektion (senkrechte Parallelprojektion) dargestellt wird. Dadurch erscheint das Luftbild als unverzerrte Abbildung mit einem einheitlichen, für das gesamte Bild bzw. die gesamten Bildreihen geltenden Maßstab. Das Orthophoto kann daher wie ein normales Luftbild zur Interpretation des Bildinhalts herangezogen werden, gleichzeitig jedoch auch als maßstabsgetreue Karte Verwendung finden. Ein Nachteil des einfachen Orthophotos ist der Mangel der stereoskopischen Betrachtungsmöglichkeit, denn es fehlen die von den unterschiedlichen Geländehöhen abhängigen Parallaxen.

Abb. 3.22 Orthophoto mit Höhenlinien (topographische Orthophotokarte). Das Bild zeigt einen Ausschnitt aus der Mun River Ebene, Nordostthailand. Aus der ausdruckslosen Alluvialebene, deren Gefälle in der Größenordnung von 1:10000 liegt, ragen inselhaft einige niedrige sandüberkleidete Rücken auf. Abstand der Höhenlinien 1 m.

3.5 Orthophotos

108   3 Das Luftbild: Geometrische Grundlagen und kartographische Anwendung

Die Herstellung von Orthophotos ist ein arbeitsaufwendiger und teurer Vorgang. Diese finden daher nicht die allgemeine Verwendung, die man eigentlich aufgrund der offensichtlichen Vorteile erwarten sollte.

Orthophotos werden von normalen Senkrechtluftbildpaaren durch einen Vorgang hergestellt, den man als differentielle Entzerrung bezeichnet und der im Prinzip darauf beruht, alle Punkte eines Luftbildpaares durch entsprechende Projektion und schrittweises Photographieren zu entzerren. Das hierzu verwendete Gerät, ein Orthophotoskop oder -projektor, ist einem zur Kartenherstellung verwendeten Stereoplotter ähnlich.

Im Orthophotoskop wird ein Luftbildpaar (Diapositivform) auf eine höhenverstellbare Negativebene projiziert. Unmittelbar über der Negativebene wird ein schmaler Schlitz streifenförmig über das Negativ bewegt, so daß das Negativ durch den Schlitz schrittweise belichtet wird, wobei die Höhe der Negativebene dem Relief angepaßt wird. Auf diese Weise wird jeder Punkt (bzw. dem Schlitz entsprechendes Areal) auf das Orthophotonegativ abgebildet (Abb. 3.23).

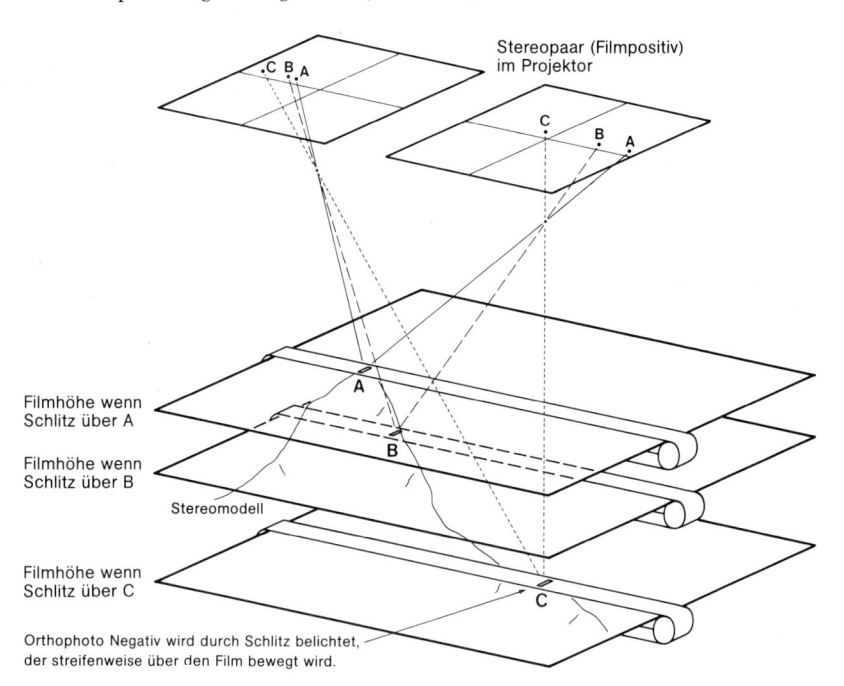

Abb. 3.23   Prinzip des Orthophotoskops (nach LILLESAND und KIEFER 1979, verändert)

Oftmals wird zusätzlich zur Entzerrung topographische Information, vor allem in Form von Höhen und Höhenlinien, auf das Negativ gebracht. Hierzu werden die mit

Hilfe von Stereoplottern hergestellten Höhenlinien auf das Orthophoto gedruckt. Ein derartiges Orthophoto bezeichnet man als topographische Orthophotokarte (Abb. 3.22).
Der Nachteil der fehlenden Stereobetrachtung wurde inzwischen durch die Herstellung von Stereoorthophotos aufgehoben. Diese werden aus normalen Luftbildpaaren hergestellt, wobei das Orthophoto durch Orthogonalprojektion, der dazugehörige Stereopartner durch eine von der Lotrichtung abweichende Parallelprojektion abgebildet wird. Es entstehen künstliche, von den Geländehöhen abhängige Parallaxen, die bei stereoskopischer Betrachtung einen räumlichen Eindruck vermitteln (FINSTERWALDER 1981).

4 Interpretation von photographischen Bildern

Interpretieren von Luftbildern und anderen Bildprodukten heißt, eine Aussage über den Bildinhalt zu machen, den Bildinhalt zu deuten. Diese Deutung sollte sich nicht nur auf das unmittelbar auf dem Bild Sichtbare beschränken, sondern darüberhinaus auch räumliche und landschaftsgenetische Zusammenhänge erfassen. Das Identifizieren eines Berges oder eines Gebäudes ist keine echte Interpretation: das Erkennen, Kartieren und Klassifizieren von Gesteinsunterschieden, Typen von Oberflächenformen, Böden, Vegetationstypen oder Baumarten, von Siedlungstypen und Flurformen hingegen stellt eine echte Interpretation dar. Der Übergang vom Betrachten und Identifizieren von Objekten zur eigentlichen Interpretation ist fließend; die beiden Vorgänge sind daher auch nicht streng voneinander zu trennen. Das Identifizieren kann als erster Schritt einer Bildstudie angesehen werden, dem dann die eigentliche Interpretation folgt. Auch das photogrammetrische Messen und die Kartenherstellung sind keine Interpretation, hier wird der Bildinhalt nicht gedeutet, sondern anhand geometrischer Sachverhalte werden quantitative Angaben gemacht und in eine Karte umgesetzt.

Einige der oben erwähnten räumlichen Zusammenhänge können mitunter auch durch die Interpretation topographischer Karten erkannt werden, aber das Luftbild weist eine wesentlich größere Informationsdichte auf, ist von hoher Aktualität, kann dynamische Phänomene erfassen und vermittelt durch die Stereoskopie einen echten Raumeindruck (Tab. 2).

Der Vorgang der Interpretation läßt sich theoretisch in verschiedene Phasen oder Stationen unterteilen. VERSTAPPEN (1977) unterscheidet eine erste Phase der Beobachtung (detection), die hauptsächlich in der visuellen Erfassung verschiedener Elemente besteht, eine zweite Phase der Erkennung und Identifizierung (recognition and identification) der beobachteten Erscheinungen. Eine dritte Phase der Analyse (analysis) befaßt sich mit der sinnvollen Gruppierung der Erscheinungen und dem räumlichen Abgrenzen durch Kartieren. Die Interpretation wird von einer vierten Phase der Klassifizierung (classification) abgeschlossen. In der praktischen Durchführung lassen sich diese Phasen jedoch nicht streng voneinander trennen. Daher sind die einzelnen Schritte, die der Interpretierende unternimmt, um ein Bild zu bearbeiten, die Art und Weise seines Vorgehens, das Detail seiner Aussagen und die Geschwindigkeit, mit der er zu seinen Ergebnissen kommt, individuell unterschiedlich. Interpretieren ist kein mechanischer Vorgang; er unterliegt einer ganzen Reihe von Variablen, zu denen neben den persönlichen Voraussetzungen des Interpreten unterschiedliche Bildqualitäten, Bildmaßstab, Geländekomplexität, Zeitpunkt (Sonnenstand) und Jahreszeit der Aufnahme gehören.

Unter persönlichen Voraussetzungen des Interpreten sind seine Erfahrung und Können, Beobachtungsgabe und Phantasie, Entscheidungsfreudigkeit und Geduld von Wichtigkeit. Das Ergebnis einer Interpretation wird daher nicht nur von den verwendeten Instrumenten und Methoden abhängen, sondern von der beruflichen Fähigkeit

Tab. 2 Vergleich Luftbild – topographische Karte (nach Albertz et al. 1982 verändert)

Luftbild	Topographische Karte
Eigenschaften	
Informationsträger über Erscheinungen und Sachverhalte auf der Erdoberfläche	wie Luftbild
Zentralprojektive Abbildung der Erdoberfläche in der Bildebene	Parallelprojektion, orthogonale Abbildung der Erdoberfläche auf die Kartenebene
Keine maßstabsgerechte Abbildung	Maßstabsgerechte Abbildung
Keine lagegetreue Abbildung	Lagegetreue Abbildung
Inhalt	
Abbildung eines begrenzten Geländeausschnitts	wie Luftbild
Informationsübermittlung in Bildform	Informationsübermittlung durch Zeichen
Inhalt kausal bestimmt, durch Grau- und Farbwerte festgelegt	Inhalt konventionell bestimmt, durch Kartenzeichen und andere Gestaltungsmittel festgelegt
Große Informationsdichte Unendliche Anzahl von Formen	Geringe Informationsdichte Begrenzte Anzahl von Formen
Augenblickszustand, kann dynamische Vorgänge mittels Vergleich zeitlich getrennter Aufnahmen erfassen	kein Augenblickszustand, hält das statisch Bestehende fest
Inhalt maßstabsunabhängig Keine Auslese von Informationen	Inhalt maßstabsabhängig, Information generalisiert
Hoher Aktualitätsgrad	Geringer Aktualitätsgrad
Kurze und einfache Herstellungsdauer	Lange und aufwendige Herstellung
Darstellung	
Verkleinerte und verebnete Darstellung	wie Luftbild
Quasi-natürliches Bild, enthält alle Objekte, die von Aufnahmeposition sichtbar	Abstraktes Bild, Geländebild nach bestimmten Regeln abstrahiert
Objekte unselektiert, keine Auswahl und Unterscheidung	Objekte selektiert, Auswahl je nach Wichtigkeit
Keine Erläuterungen, persönliche Erfahrung, Interpretationsschlüssel und Feldvergleich erforderlich	Erläuterungen durch Schrift und Legende

Tab. 2 Vergleich Luftbild – topographische Karte (nach Albertz et al. 1982 verändert) Fortsetzung

Luftbild	Topographische Karte
Lesbarkeit und Interpretation	
Quantitative und qualitative Interpretation möglich	wie Luftbild
Echter Raumeindruck durch stereoskopische Betrachtung möglich	kein echter Raumeindruck möglich, Relief wird durch Höhenlinien, Schummerung u. ä. vermittelt
Keine Lesbarkeit, Objekte müssen anhand von Größe, Form, Tönung, Textur und Muster bestimmt d. h. interpretiert werden	Lesbar, durch Größe und relative Lage der Signaturen, abhängig von graphischer Belastung der Zeichenfläche
Mehrdeutigkeit möglich, Interpretation letztlich subjektiv	Aussagen eindeutig, da durch Zeichenschlüssel festgelegt. Eine über das Lesen der Signaturen hinausgehende Interpretation (z.B. geomorphologische Karteninterpretation) kann jedoch auch mehrdeutig sein
Interpretation maßstabsabhängig	Lesbarkeit maßstabsunabhängig, Aussagewert jedoch maßstabsabhängig
Bildqualität unterschiedlich	Kartenqualität einheitlich

des Wissenschaftlers, der die Interpretation durchführt (VERSTAPPEN 1977). Eine Interpretation wird selten und nur unter günstigen Voraussetzungen zu absolut zuverlässigen Ergebnissen führen können. Dies liegt an der der Methode innenwohnenden Begrenzung der Aussagemöglichkeit. Eine „Treffsicherheit" von 80 % ist in vielen Gebieten eine sehr gute Leistung. Die Interpretation muß immer von Geländeüberprüfungen begleitet sein. Sie kann in k e i n e m F a l l d i e G e l ä n d e a r b e i t e r s e t z e n, und je dichter das Netz der Geländestichproben ist, desto zuverlässiger wird die Interpretation sein.

Es ist daher schwierig, generell anwendbare Regeln und Rezepte zur Interpretation von Luftbildern – das gleiche gilt für andere Fernerkundungsdaten – vorzulegen. Man kann eigentlich nur wichtige Regelhaftigkeiten und Zusammenhänge aufzeigen und anhand von Beispielen einige häufig wiederkehrende Erscheinungen beschreiben. Hierbei muß man sich im klaren sein, daß *die in einem bestimmten Naturraum oder Kulturraum beobachteten räumlichen Strukturen und Zusammenhänge nur selten und fast immer nur mit Einschränkungen auf einen anderen Raum übertragen werden können.*

Diese Bemerkungen sollen nicht den Eindruck erwecken, als sei die Luftbildinterpretation schwer erlernbar oder von vornherein ungenau, sondern sie sollen vor allem dazu dienen, das Gewicht persönlicher Erfahrung und die Grenzen der Methode klarzumachen. Gleichzeitig sollen Studenten angeregt werden, möglichst viele Luftbilder selbst zu interpretieren und sich kritisch damit auseinanderzusetzen. Besonders empfehlenswert sind hierzu die Einzelluftbilder und Stereopaare in den Veröffentlichungen von KRONBERG (1967, 1984), RAY (1960), SCHNEIDER (1974, 1984), VAN ZUIDAM und VAN ZUIDAM-CANCELADO (1978/79) der Schriftenfolge „Landeskundliche Luftbildauswertung im Mitteleuropäischen Raum" des Instituts für Landeskunde in der Bundesanstalt für Landeskunde und Raumforschung sowie die in fast jeder Ausgabe der Zeitschrift „Die Erde" veröffentlichten Luftbildbeispiele, die französische Serie „Photo Interpretation" und das ITC Journal.

In den folgenden Abschnitten dieses Kapitels beschränkt sich die Diskussion im wesentlichen auf die Interpretation von konventionellen Luftbildern, viele der herausgestellten Interpretationskriterien gelten jedoch auch für die visuelle Interpretation nicht-photographischer Bildprodukte.

4.1 Allgemeine Richtlinien

Als erster Schritt bei der Luftbildauswertung empfiehlt es sich, die zu bearbeitenden Bilder mosaikartig auszulegen, um so einen Überblick über das Gebiet und die Variationsbreite der Erscheinungen zu erhalten. Ein bereits vorgefertigtes Luftbildmosaik ist meist einfacher zu handhaben, aber nicht immer erhältlich. Selbstverständlich sollten, besonders auch bei Arbeiten mit kleinem Maßstab, Satellitenbilder herangezogen werden, welche meist noch besser als ein Luftbildmosaik zu einem großräumlichen Überblick verhelfen. Ebenfalls studiert werden sollten alle verfügbaren Informationen über das Arbeitsgebiet, insbesondere das Kartenmaterial. Zur systematischen Betrachtung der Luftbilder werden zunächst folgende Merkmale und Erscheinungen herangezogen: Grau- oder Farbton, Bildmuster, Form und Gestalt (bei stereoskopischer Betrachtung), Textur und Schatten.

Grau- und Farbton sind die wichtigsten Merkmale; sie tragen dazu bei, verschiedene Einheiten und Objekte auf dem Luftbild voneinander abzugrenzen, auch wenn dabei zunächst nichts über den Inhalt ausgesagt werden kann (Abb. 4.1, 4.20). Grau- und Farbton hängen primär von der Reflexion der auf ein Objekt fallenden Strahlung ab; sie können daher besonders bei großmaßstäblichen Bildern zur Objektidentifizierung herangezogen werden. So zeichnen sich z. B. Nadelbäume und -wälder durch einen deutlich dunkleren Grauton ab als Laubbäume und -wälder (Abb. 3.6), feuchte Standorte im Offenland sind dunkler als trockene, rote und rot-braune Gesteine bzw. Böden sind dunkler als hellbraune oder -graue Gesteine. Auch unterschiedliche Feldfrüchte liefern meist unterschiedliche Grauwerte. Andererseits erscheinen grobkörnige Gesteine und unregelmäßige rauhe Oberflächen aufgrund der diffusen Reflexion dunkler als feinkörnige Gesteine und glatte Oberflächen gleicher Farbe. Der Grau- und Farbton ist kein absoluter Wert. Er kann nicht nur auf unterschiedlichen Bildreihen und bei Bildern verschiedener Aufnahmezeiten schwanken, sondern auch bei Bildern innerhalb eines Bildflugs.

Das *Bildmuster* (air photo pattern) ist ein zweites wichtiges Merkmal. Man versteht darunter die Regelhaftigkeit der räumlichen Anordnung von Erscheinungen. Eine kleinparzellierte, mit Sonderkulturen bestandene Agrarfläche weist ein ganz anderes

114 4 Interpretation von photographischen Bildern

Abb. 4.1 Der Grauton gehört zu den wichtigsten Merkmalen eines Luftbilds und kann erheblich dazu beitragen, unterschiedliche Raumeinheiten gegeneinander abzugrenzen. Auf diesem Luftbild sind die einzelnen geomorphologischen Einheiten wie Strandwälle, Alluvialebene, niedrige Hügel sowie die unterschiedlichen Vegetationseinheiten (Grasland, Regenwald, Savanne und Mangrove) schon allein anhand des Grautons abzugrenzen. Auch Luftbildmuster sind deutlich ausgebildet wie das streifige Muster der Strandwälle, das ebenfalls streifige, aber im deutlichen Winkel zu den Strandwällen stehende Muster der Parabeldünen. Auch die von einer Eukalyptus-Savanne überzogenen niedrigen Hügel bilden ein charakteristisches Luftbildmuster. Vergleiche geomorphologische Interpretationsskizze. (ung. Maßst. 1:100000)

4.1 Allgemeine Richtlinien   115

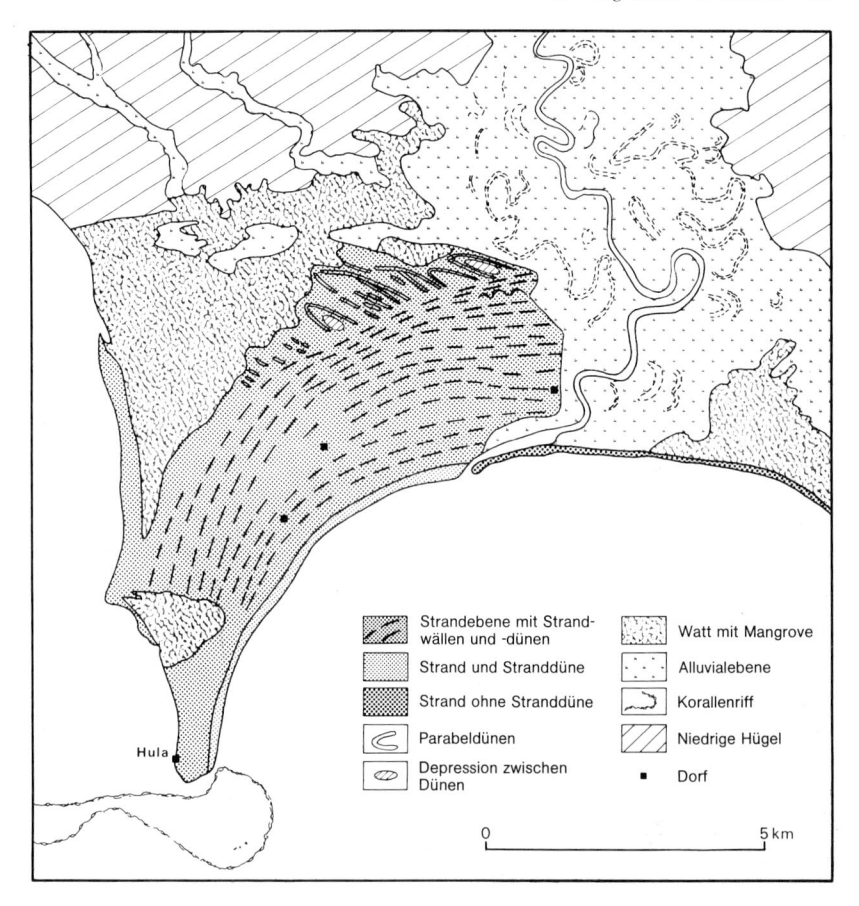

Abb. 4.2   Geomorphologische Interpretationsskizze zu Abb. 4.1 (nach LÖFFLER 1977)

Muster auf als eine Getreidelandschaft oder ein Weidegebiet. Eine Serie von Strandwällen zeigt ein typisch streifiges Muster, das sich deutlich von dem weitflächigen Muster einer Mangrove oder Schwemmlandebene absetzt (Abb. 4.1). Gewässernetze, Kluftnetze, bestimmte Oberflächenformen und Vegetationsformationen und geoökologische Einheiten bilden typische Luftbildmuster. Wie der Grauwert dienen Muster zur Abgrenzung von Raumeinheiten; denn wiederkehrende gleiche oder ähnliche Muster sind meist ein Hinweis auf einen ursächlichen Zusammenhang.

Form und Gestalt geben oft direkten Aufschluß über das Objekt. Nicht immer ist jedoch ein Objekt eindeutig von der Form her anzusprechen, denn es gibt ähnliche Formen unterschiedlicher Genese (Formenkonvergenz) und andere Kriterien müssen herangezogen werden. Kulturelle Erscheinungen sind anhand ihrer Form leichter zu identifizieren als natürliche Formen. Form und Gestalt sind am besten im Stereomodell zu erkennen; nur bei günstigen Beleuchtungsverhältnissen (s. unten) und natürlich auch bei Schrägluftbildern lassen sich zuverlässige Aussagen auf einem Einzelbild machen. *Die stereoskopische Betrachtung ist in jedem Fall, auch bei flachem Gelände, der Einzelbildbetrachtung überlegen und daher vorzuziehen.*

Textur, auch als Feinstruktur oder Kleinmusterung bezeichnet, ist der Grad der Grauwertveränderung im Detail, wie sie z. B. durch die mehr oder weniger regelmäßige Verteilung dunkler Komponenten auf hellem oder heller Komponenten auf dunklem Hintergrund gegeben ist (Abb. 4.3). Die Verteilung dieser Komponenten kann punktförmig, streifenförmig oder auch unregelmäßig fleckig sein. Sie wird durch unterschiedliche Reflexionsintensität von Erscheinungen hervorgerufen, die zu klein sind, um als Einzelobjekte abgebildet zu werden (z. B. die Blätter eines Baumes oder Einzelpflanzen innerhalb größerer Kulturen). So weist ein Laubbaum eine gröbere Textur auf als ein Nadelbaum, unterschiedliche Baumarten im Regenwald oder unterschiedliche landwirtschaftliche Kulturen weisen unterschiedliche Texturen auf. Die Textur eines Objekts wird mit kleiner werdendem Maßstab feiner und verschwindet schließlich ganz. Sie ist daher nur bei großmaßstäblichen Bildern zu berücksichtigen. Grobe Texturen gehen in Muster über und die beiden Begriffe sind daher nicht scharf voneinander zu trennen (vgl. Abb. 4.20, 4.35).

Schatten sind aus zwei Gründen von Belang: Zum einen erhöhen sie den Kontrast eines Bildes und erleichtern in schwach reliefierten Gebieten die Interpretation, indem sie kleinere Geländeunterschiede akzentuieren. Zum anderen erschweren sie in stärker reliefierten Gebieten, vor allem in Hochgebirgen, die Interpretation, da sie hier oft große Hangbereiche überdecken und damit „unsichtbar" machen (Abb. 4.15).

Alle genannten Merkmale können selbstverständlich nicht isoliert verwendet werden. Nur ihre sinnvolle Kombination führt zu einer erfolgreichen Interpretation. Die relative Bedeutung der einzelnen Merkmale variiert in Abhängigkeit von der Beschaffenheit und Komplexität des Geländes, vom Bildmaßstab und der Bildqualität sowie der Aufgabenstellung der Untersuchung. Mustererkennung und Grauwertdifferenzierung sind z. B. auf mittel- bis kleinmaßstäbigen Luftbildern in der geomorphologischen und geologischen Interpretation zur Differenzierung von unterschiedlichen Gesteinseinheiten besonders wichtig. Auch zur Unterscheidung unterschiedlicher Vegetationseinheiten sind Muster und Grauton entscheidende Merkmale. Texturen und Grauwerte sind dagegen auf großmaßstäbigen Luftbildern von hohem Aussagewert, da sie z. B. in Agrarlandschaften oftmals Aufschluß über Feldfrüchte oder Landnutzungseinheiten zulassen oder in Waldgebieten die Identifizierung von Baumarten erlauben.

Abb. 4.3 Textur ist die Grauwertveränderung im Detail bzw. die Anordnung und Verteilung von Komponenten unterschiedlicher Grauwerte. Die Textur kann in Agrarlandschaften zur Differenzierung von Feldfrüchten dienen wie auf diesem Bild aus dem Sonderkulturanbaugebiet um Maxdorf bei Ludwigshafen. Die auf dem Bild auszumachenden Texturen können mit Bezeichnungen wie glatt, rauh, streifig oder punktförmig umschrieben werden. Die relativ glatten, einheitlich grauen Texturen, die im unteren Bildabschnitt vorherrschen, weisen auf abgeerntete Felder hin. Die rauhen, unruhig punktförmigen Texturen mit sehr unterschiedlichen Grauwerten stellen Blumenkohlfelder in unterschiedlichen Stadien der Ernte dar, während es sich bei den auffallend regelmäßigen streifigen Texturen mit den dunklen Grauwerten um Tomatenfelder handelt. Das helle, schmale und längliche Feld ganz links mit der leicht rauhen Textur ist ein Kopfsalatfeld. Aufnahme Mitte Oktober 1972. (Maßstab 1 : 4000)

4.2 Interpretationsschlüsssel

Zur Erleichterung der Interpretation werden oft Interpretationsschlüssel verwendet, die durch schrittweises Eliminieren von Möglichkeiten oder durch Vergleichsbilder zu einem Interpretationsergebnis hinleiten. Ein Interpretationsschlüssel ist vor allem Anfängern zu empfehlen, kann jedoch auch einem erfahrenen Interpreten in einem unbekannten Gebiet nützen. Interpretationsschlüssel erleichtern die Arbeit und zwingen zu einem systematischen und konsequenten Vorgehen.

Zwei Arten von Interpretationsschlüsseln sind gebräuchlich: der s e l e k t i v e oder B e i s p i e l s c h l ü s s e l und der E l i m i n a t i o n s s c h l ü s s e l.
Die Beispielschlüssel beruhen auf einem beispielhaften Aufzeigen der in einem Raum vorhandenen Interpretationsmöglichkeiten anhand von repräsentativen Luftbildern. Der Interpret vergleicht die Beispiele mit den von ihm zu bearbeitenden Luftbildern und kann aufgrund der Ähnlichkeit der Erscheinungen zu einer Aussage kommen. Beispielschlüssel sind in ihrer Anwendbarkeit meistens auf einen bestimmten Raum beschränkt (der in der Regel bereits gut bearbeitet ist) und die Möglichkeit, Übergangs- und Zwischenformen zu identifizieren, ist beschränkt. Sie sind daher hauptsächlich für die Interpretation von einfacheren Kulturlandschaften geeignet (Landnutzung, Siedlungsformen), weniger für komplexe Kultur- oder gar Naturlandschaften.

Die Eliminationsschlüssel sind wie Bestimmungsschlüssel aufgebaut, und der Interpret wird durch schrittweises Eliminieren vom Allgemeinen zum Speziellen geführt, bis nur noch eine Interpretationsmöglichkeit übrig bleibt. Die Verwendung dieser Schlüssel ist jedoch ebenfalls begrenzt und keine Garantie für eine erfolgreiche Interpretation; denn nicht immer ist die Wahl zwischen zwei Möglichkeiten eindeutig zu fällen, und ein falscher Schritt kann zu einer völlig falschen Aussage führen. Die Eliminationschlüssel sind ebenfalls am besten zur Arbeit in Kulturlandschaften geeignet, wo die Breite der Möglichkeiten eingeschränkt ist. Erfolgreiche Anwendung finden Interpretationsschlüssel in der forstwirtschaftlichen Luftbildinterpretation, wo sie bei der Baumindentifizierung auf großmaßstäblichen Bildern routinemäßig angewendet werden. Die Kombination von Beispielschlüssel und Eliminationsschlüssel, wie sie z. B. von PHILIPSON und LIANG (1982) für tropische Nutzpflanzen verwendet wurde, läßt selbst auf Luftbildern mittleren Maßstabs (1:10 000 – 1: 30 000) eine relativ zuverlässige Identifizierung zu.

4.3 Geomorphologische und geologische Luftbildauswertung

Eines der wichtigsten Anliegen der geomorphologisch-geologischen Luftbildinterpretation ist das Erkennen von Oberflächenformen in ihrer Abhängigkeit von Gestein, Struktur und den geomorphologischen Prozessen. Dieses Anliegen soll auch im Mittelpunkt der folgenden Betrachtung stehen. Da Oberflächenformen auf dem Luftbild, insbesondere dem Stereomodell, als die offensichtlichsten Erscheinungen auftreten, ist eine Grundkenntnis der geomorphologischen Luftbildinterpretation eigentlich Voraussetzung für nahezu jede geographische Interpretation; „land forms are a major focus of interest for almost every image interpretation since their sculptures make up the face of the earth as seen from above... Therefore, geomorphology can justify its key position in image interpretation in general" (VERSTAPPEN 1977). Ihr wird daher im folgenden Kapitel auch etwas mehr Raum gegeben als anderen Aspekten der Luftbildinterpretation. Die folgende grobe Klassifizierung der Oberflächenformen lehnt sich im wesentlichen an LOUIS und FISCHER (1979) an.

4.3.1 Das fluviatile Abtragungsrelief mit fehlender oder geringer Anlehnung an die Struktur

Es gibt wenige Oberflächenformen, die keinerlei Abhängigkeit vom Gestein und/oder von der Struktur zeigen, auch wenn diese Abhängigkeit nicht immer direkt in Erscheinung tritt. Eine Interpretation wäre sonst auch gar nicht möglich. Der Grad dieser Abhängigkeit ist jedoch großen Schwankungen unterworfen, wobei neben dem Alter der Formen auch die klimatische Umwelt eine Rolle spielt. So sind Gesteinsabhängigkeiten und Unterschiede in Trockengebieten aufgrund der fehlenden oder spärlichen Vegetation und Bodendecke und der vorherrschenden physikalischen Verwitterungsprozesse sehr viel deutlicher ausgeprägt und daher auf dem Luftbild einfacher festzustellen als in humiden Räumen, wo eine oft dichte Vegetation und mächtiger Boden die Gesteinsunterschiede maskieren. Die geomorphologische und geologische Interpretation von Trockenräumen ist daher immer wesentlich einfacher als die humider Räume.

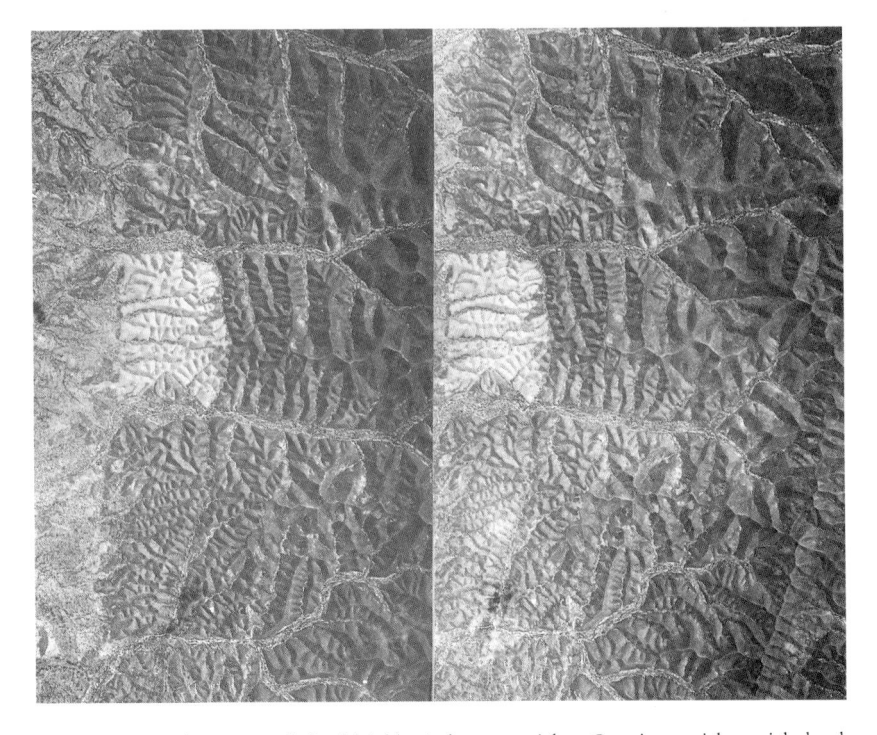

Abb. 4.4 Das Abtragungsrelief auf feinklastischen, tonreichen Gesteinen zeichnet sich durch ein feinverästeltes Zerschneidungsmuster aus, das sich deutlich von dem gröberen Muster grobklastischer und stärker verfestigter Gesteine abhebt. Luftbild vom Südrand der MacDonnell Ranges, Zentral Australien. (ung. Maßst. 1:100000)

120   4 Interpretation von photographischen Bildern

Das Abtragungsrelief auf *feinklastischem, tonreichem Sedimentgestein* zeichnet sich meist durch ein geringes Relief, ein dichtes feinverästeltes Gewässernetz und ein korrespondierendes Netz scharfer Grate und Rücken aus (Abb. 4.4). Hänge sind meist nicht steil, sieht man einmal von den anthropogen beeinflußten Badlands ab, aber sie können in humiden Gebieten aufgrund ihrer Anfälligkeit für Rutschungen, Schlipfe und Erdfließen sehr unregelmäßig sein. Besonders in tropisch humiden Gebieten ist oft ein markanter Gegensatz zwischen sehr steilen, kurzen gratnahen Hängen – den Rückwänden der Schlipfe – und flachen unregelmäßigen Fußhängen – den abgesackten Hangabschnitten – zu beobachten (Abb. 4.5). Im Grauton herrschen dunkle Werte vor. Bei stärkerer Verfestigung kann bei schräger Schichtlage eine Asymmetrie der Hänge festgestellt werden, ohne daß die Struktur als Ganzes erkennbar wäre.

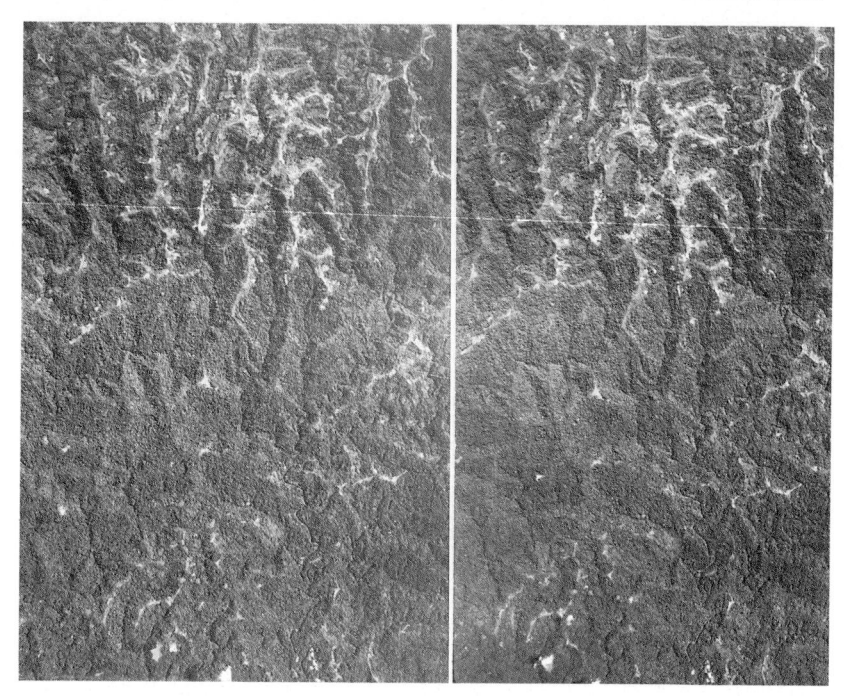

Abb. 4.5   Abtragungsrelief auf feinklastischen Gesteinen in einem tropisch humiden Gebiet (nördliches Papua Neuguinea). Auch hier ist ein engmaschiges Zerschneidungsmuster typisch, aber die Anfälligkeit des Gesteins zu Rutschungen und Schlipfen führt hier zu sehr unregelmäßigen Hangprofilen. Entwaldung durch Wanderfeldbau. (ung. Maßst. 1:90000)

4.3 Geomorphologische und geologische Luftbildauswertung 121

Feinklastische Sedimente treten relativ selten in großer Mächtigkeit und Einheitlichkeit auf. Sie sind vielmehr häufig von zwischenlagernden, grobklastischen und widerständigen Schichten unterbrochen, die als Reliefbildner auftreten. Die Abgrenzung wird dadurch wesentlich erleichtert.

Das Abtragungsrelief auf *grobklastischen Gesteinen* ist wegen der größeren Wasserdurchlässigkeit und damit größeren geomorphologischen Widerstandsfähigkeit durch steilere Hanglagen, meist höheres Relief und grobmaschigeres Gewässernetz gekennzeichnet (Abb. 4.6). Die geomorphologische Widerstandsfähigkeit und damit das Detail des Abtragungsreliefs hängt vom Grad der Verfestigung und der Korngröße des Gesteins ab; je stärker der Grad der Verfestigung und je grobkörniger das Gestein, desto einheitlicher die Hänge. In Trockengebieten sind Verwerfungen und Kluftsysteme oft ausgezeichnet zu verfolgen, wie auf Abb. 4.7 klar zu erkennen ist.

Abb. 4.6 Abtragungsrelief auf grobklastischen Gesteinen (Sandstein) im immerfeuchten Hochland von Neuguinea. Das Kerbtalrelief zeichnet sich hier durch ein gröberes Zerschneidungsmuster und einheitlichere Hangprofile aus (Landnutzung ist Landwechselwirtschaft mit relativ langjährigem Anbau von Süßkartoffel). (ung. Maßst. 1:80000)

122   4 Interpretation von photographischen Bildern

Grobklastische Gesteine zeichnen sich hier außerdem durch auffallend helle Grauwerte aus, was sowohl an der hohen Reflexion der Quarzkörner liegt, die oft den Hauptbestandteil derartiger Gesteine bilden, als auch an der geringen Vegetationsbedeckung, die diese durchlässigen und daher besonders wasserarmen Gesteine kennzeichnet.

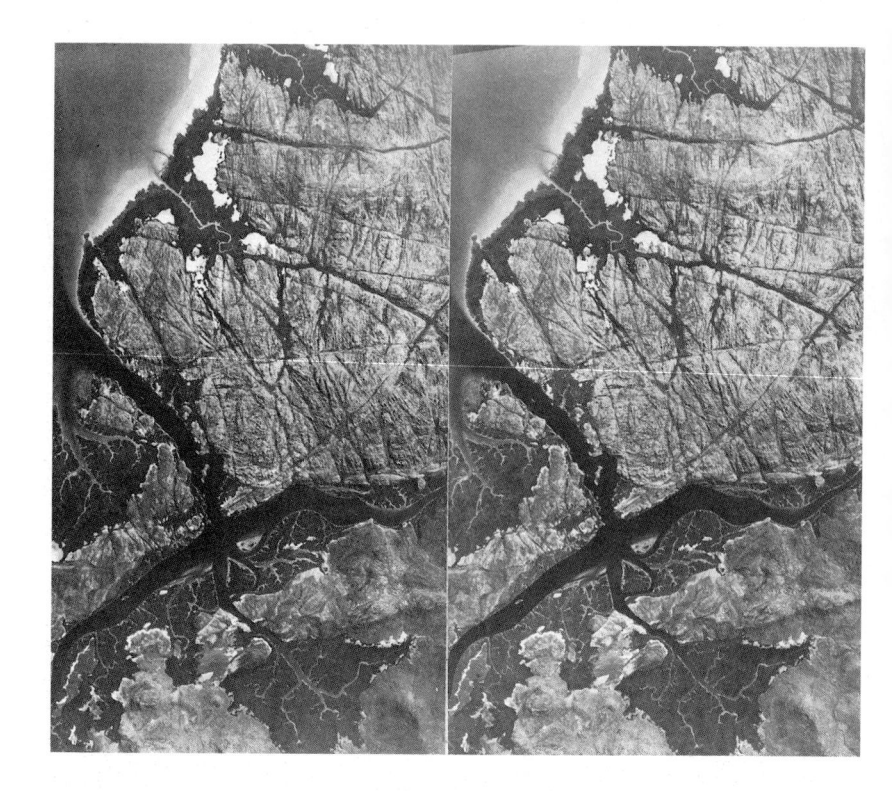

Abb. 4.7   Abtragungsrelief auf proterozoischem Sandstein. In ariden und semiariden Gebieten wie in den West-Kimberleys in West-Australien paust sich das Netz der Klüfte und Verwerfungen deutlich durch. Im Erscheinungsbild sind derartige Abtragungslandschaften auf Sandstein daher solchen auf Granit sehr ähnlich und können leicht damit verwechselt werden. Lediglich einige Hinweise auf Schichtung lassen den Charakter als Sedimentgestein erkennen. Deutlich abgesetzt durch den dunklen Grauton und das völlig andere Zerschneidungsmuster sind die flach lagernden basaltischen Gesteine im unteren Teil des Bilds.
Entlang der Küste zeichnen sich die Gezeitenebenen durch sehr dunkle Grauwerte aus; sie werden aus dunklen marinen Tonen aufgebaut. Im Übergangsbereich zum festen Land werden die Tone von Sanden überlagert, die die auffallend hellen Flecken hervorrufen. (ung. Maßst. 1:100000)

Das Abtragungsrelief auf *kristallinem Gestein* ist vor allem durch relative Einheitlichkeit in Grat- und Hangformen sowie durch das Fehlen von Hinweisen auf Schichtung charakterisiert (Ausnahme metamorphe Gesteine, bei denen die Schieferung eine Schichtung vortäuschen kann). Das Gewässernetz ist meist grobmaschig, aber es bestehen deutliche Unterschiede zwischen einzelnen Gesteinstypen.

Während Sedimentgesteine in den verschiedenen Klimazonen keine sehr unterschiedliche relative Widerständigkeit aufweisen – Tonsteine sind in allen Klimazonen verwitterungs- und abtragungsanfälliger als Sandsteine oder Kalkstein –, trifft dies für kristalline Gesteine nicht zu. Metamorphe Gesteine sind in Trockengebieten widerständiger als Ergußgesteine und diese wiederum widerständiger als Tiefenge-

Abb. 4.8 Abtragungsrelief auf ultrabasischen und metamorphen Gesteinen. Auf ultrabasischen Gesteinen ist die Taldichte auffallend grob, die Rücken und Hänge sehr massiv. Sie setzen sich damit deutlich von den etwas stärker zergliederten Rücken auf metamorphem Gestein ab. Fast noch auffallender ist der Gegensatz in der Vegetationsbedeckung bzw. Landnutzung. Während auf den ultrabasischen Gesteinen (Dunit) jegliche Landnutzung fehlt, und der Regenwald sich durch ein glattes Kronendach mit kleinen Baumkronen auszeichnet, wird der Wald auf den metamorphen Gesteinen zur Brandrodung genutzt; er ist deutlich heller im Grauton und die Kronen der Bäume sind größer, was zu der wesentlich unruhigeren Textur führt. (ung. Maßst. 1:80000)

steine. In humiden Gebieten dagegen ist die Reihenfolge meist umgekehrt, zumindest für Erguß- und Tiefengesteine.

Aber auch innerhalb der einzelnen Gesteinsgruppen sind oft deutliche Unterschiede festzustellen. So ist z.B. Marmor in Trockengebieten widerständiger als Quarzit (beide sind natürlich im Vergleich zu anderen Gesteinen sehr widerständig); in humiden Gebieten ist es umgekehrt (GREENWOOD 1962). Das gleiche gilt beim Vergleich von sauren und ultrabasischen Gesteinen. Dunit und Peridotit sind in Trockenräumen widerständiger als Granit, in humiden Gebieten dagegen wesentlich verwitterungsanfälliger; sie neigen in tropisch humiden Gebieten sogar zur Verkarstung. Als weitere Komplikation tritt das unterschiedliche Alter der Oberflächen hinzu. Die folgenden Regelhaftigkeiten gelten daher nur mit Einschränkungen.

Das Abtragungsrelief auf *metamorphen Gesteinen* zeichnet sich durch scharfe Grate und Rücken und relativ gerade Hangformen aus, die im Detail jedoch in Anlehnung an die Schieferung oft stärker untergliedert sein können (Abb. 4.8). Das Gewässernetz ist wegen der geringen Wasserdurchlässigkeit meist deutlich feiner als das anderer kristalliner Gesteine. In humiden Gebieten besteht entlang von Schieferungsflächen Neigung zu Bergrutschen. In Gebieten mit geringer Vegetationsbedeckung, wie in Trockenräumen und in Hochgebirgen, ähneln die Oberflächenformen auf metamorphen Gesteinen oft denen auf Sedimentgesteinen und sind daher leicht zu verwechseln.

Das Abtragungsrelief auf *Tiefengesteinen* zeichnet sich durch breite, oft etwas abgerundete Grate und einheitlich steile Hänge aus, die oft leicht konvex im Längsprofil sind (Abb. 4.9). Besonders in Trockengebieten bilden Tiefengesteine rundliche Bergformen (Abb. 4.10), im Extremfall Glockenberge, die auf dem Luftbild klar auszumachen sind. Auch in humiden Gebieten sind Glockenberge oft in Verbindung mit Granitlandschaften zu beobachten, aber es ist nicht sicher, ob es sich hierbei immer um Jetztzeitformen handelt.

Die Taldichte in diesen Gebieten ist meist grobmaschig, wobei besonders *ultrabasische Gesteine* in humiden Gebieten durch ein extrem weitmaschiges Gewässernetz und massive Rückenformen auffallen. Sie sind daher auf Luftbildern immer deutlich zu erkennen, insbesondere, da die auf ihnen entwickelten Böden ausgesprochen nährstoffarm sind, was sich in der Vegetation und im häufigen Fehlen der Landnutzung widerspiegelt (Abb. 4.8).

Das Abtragungsrelief auf vulkanischen Gesteinen ist, sofern die vulkanische Herkunft nicht unmittelbar zu erkennen ist (s. unten), schwer von einem solchen auf Tiefengestein zu unterscheiden. Auch dieses weist massive Hang- und Rückenformen und ein grobmaschiges Gewässernetz auf. Allerdings deutet bei alten Vulkanformen eine radiale Entwässerung oft auf die vulkanische Herkunft des Gesteins hin.

Abb. 4.9 Das Abtragungsrelief auf Tiefengesteinen wie Granit ist in humiden Gebieten durch ein relativ grobes Entwässerungsnetz und breite, oft abgerundete Rücken und Grate gekennzeichnet.
Bild aus der korsischen Granitlandschaft im Südosten der Insel bei Porte Vechio.

Abb. 4.10 Auch in Trockengebieten zeichnet sich das Abtragungsrelief auf Granit besonders durch rundliche Bergformen und leicht konvexe Hangprofile aus. Durch die hellen Grauwerte und das deutlich erkennbare Netz von Klüften und Störungen sind derartige Granitlandschaften oftmals Sandsteingebieten sehr ähnlich (vgl. Abb. 4.7). Deutlich abgesetzt gegen das Granitgebiet sind die dicht zertalten Oberflächenformen auf Schieferton. Aufnahme aus dem nordöstlichen Australien. (ung. Maßst. 1:85000)

4.3.2 Das fluviatile Abtragungsrelief mit deutlicher Anlehnung an die Struktur

Bei den oben besprochenen Landformen war es immer relativ schwierig, von den Oberflächenformen auf die Gesteinsgrundlage zu schließen. Wesentlich einfacher ist demgegenüber die Interpretation, wenn eine deutliche Strukturabhängigkeit vorhanden ist und auf dem Luftbild zum Ausdruck kommt.

Voraussetzung für derartige Oberflächenformen ist oft ein Wechsellagern von Schichten unterschiedlicher morphologischer Widerständigkeit; die Deutlichkeit der Ausprägung der Strukturabhängigkeit hängt vom Grad des Unterschieds der einzelnen Schichten, deren Mächtigkeit und auch von klimatischen Faktoren ab. Man unterscheidet je nach Schräglage der Schichten zwischen strukturellen Plateaus (horizontale Schichtlage), Schichtstufen (Schichtneigung <10°), Schichtkämmen (Schichtneigung 10° – 25°) und Schichtrippen (Schichtneigung >25°) (Abb. 4.11, 4.12, 4.13).

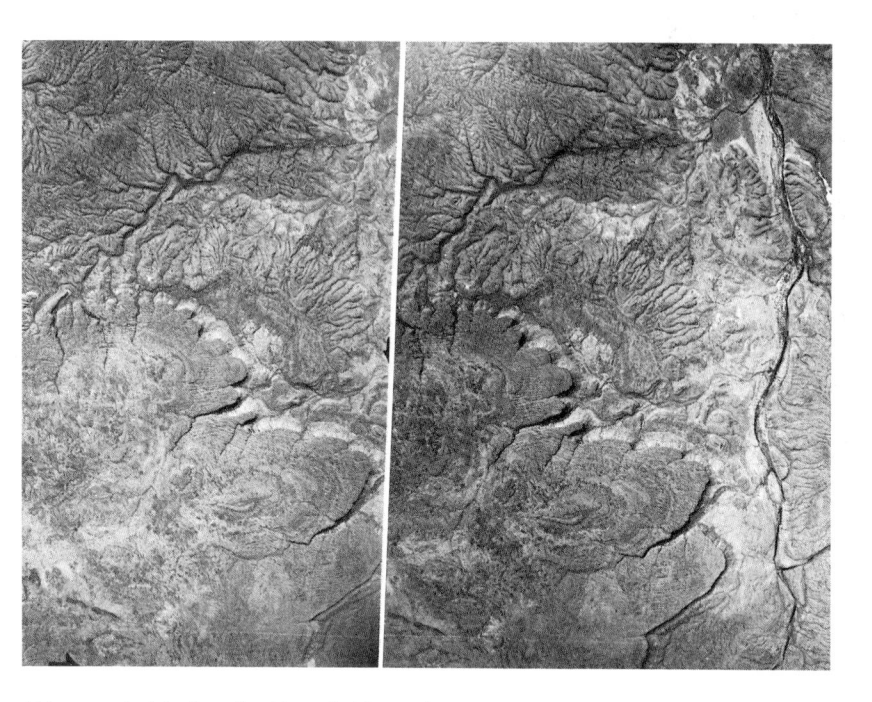

Abb. 4.11 Bei der Zerschneidung flachlagernder Sedimentgesteine entstehen Plateaus, die sich klar aus dem stärker zerschnittenen Vorland herausheben. Das Bild zeigt einen Ausschnitt aus der Plateaulandschaft der Krichauff Ranges, Zentral Australien. Mächtiger proterozoischer Sandstein setzt sich mit einer etwa 200 m hohen Stufe gegen die weicheren stark zerschnittenen Schiefertone und Tonschiefer ab. (ung. Maßst. 1:100000)

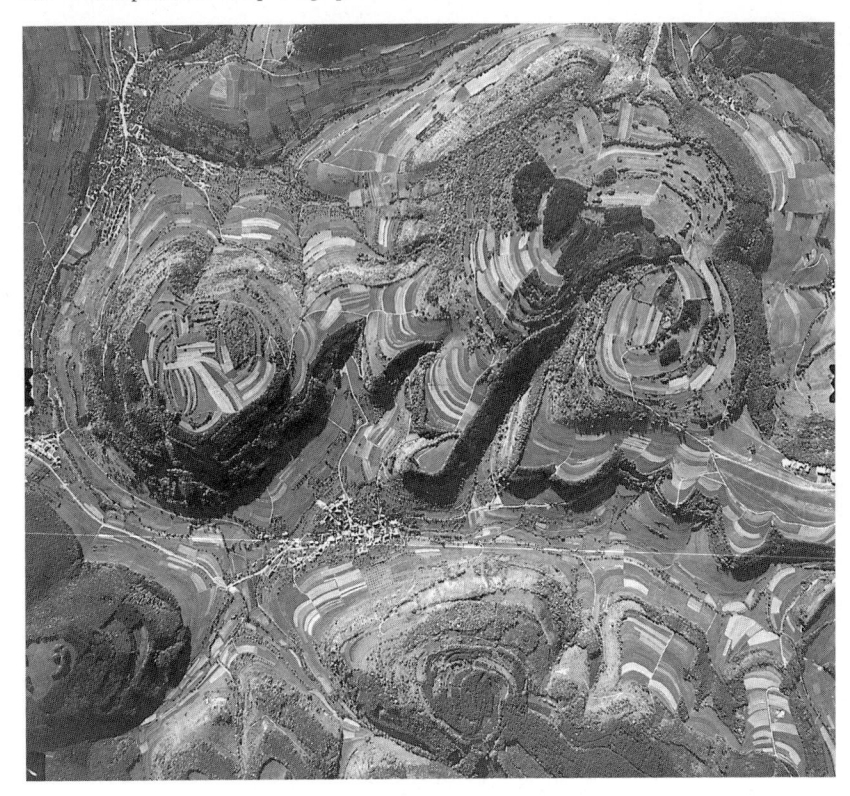

Abb. 4.12   Auch im mitteleuropäischen Raum sind die Hauptstufenbildner Sandsteine und Kalksteine. Gezeigt wird hier die Schichtstufenlandschaft der Schwäbischen Alb mit den mächtigen Stufen im Malm und dem welligen landwirtschaftlich intensiv genutzten Vorland. Die Stufen werden durch den starken Schattenwurf und die Waldbedeckung noch akzentuiert. (ung. Maßst. 1:36000)

Abb. 4.13   Schichtrippen und Schichtkämme in den MacDonnell Ranges, Zentralaustralien. Die steilgestellten Schichten der wechsellagernden proterozoischen Quarzite, Sandsteine und Tonschiefer in den MacDonnell Ranges in Zentralaustralien gehören zu den eindrucksvollsten Beispielen strukturabhängiger Oberflächenformen. Die Schichtserie wurde bereits im Proterozoikum eingeebnet und dann erst sehr viel später während des Mesozoikums und Tertiärs im Laufe einer Periode verstärkter Abtragung durch differenzielle Abtragung herauspräpariert. Die Reste der alten Landoberfläche sind in der Form abgeflachter Kammabschnitte und einer etwas größeren Verebnung in der unteren Bildmitte zu erkennen. Die Unterschiede im Grauton sind (abgesehen von Schattenwirkungen) durch die unterschiedliche Gesteinsfarbe (rötlicher Quarzit, heller Sandstein und Schieferton) bedingt. (ung. Maßst. 1:100000)

4.3 Geomorphologische und geologische Luftbildauswertung

Als Relief-bzw. Stufenbildner treten vornehmlich Kalksteine, Sandsteine und Quarzite auf. In unserem mitteleuropäischen Raum sind es vor allem die mächtigen Sand- und Kalksteinschichten der Trias und des Jura, die die Schichtstufen aufbauen (Abb. 4.12). Auf Luftbildern sind diese Landschaften durch den deutlichen Gegensatz von hochgelegenen, nahezu ebenen Flächen, den durch die Abtragung modifizierten Schichtflächen, und steilen, oft wandartigen Stufen sowie einem welligen bis hügeligen, den Stufen vorgelagerten Vorland gekennzeichnet. Die Stufen sind im Kalkstein steiler und markanter, die Flächen ausgedehnter und einheitlicher als im Sandstein, der meist stärker zertalte Schichtstufenlandschaften aufbaut. In Trockengebieten und wechselfeucht humiden Gebieten sind Schichtstufenlandschaften in ähnlicher Weise ausgebildet, es fehlt jedoch meist die starke stirnseitige Auflösung der Stufen.

Schichtkämme und Schichtrippen sind an tektonisch wesentlich stärker deformierte Gesteinsserien gebunden und auf dem Luftbild aufgrund des engen Nebeneinanders von steilen scharfgratigen Kämmen und dazwischenliegenden niedrigen und breiten Rücken gekennzeichnet. Besonders eindrucksvoll sind derartige Schichtkämme bei relativ eng gefalteten Synklinalen und Antiklinalen. Bei steil einfallenden Schichten kommt es oftmals an den im Schichtfallen angelegten Hangabschnitten zur Ausbildung dreieckiger Hangteile, die eine gewisse Ähnlichkeit mit Bügeleisenspitzen aufweisen und daher im englischen als „flat irons" bezeichnet werden (Abb. 4.13, 2.9).

4.3.3 Das Karstrelief

Das entscheidende Merkmal des Karstreliefs ist, daß die Oberflächenformen und die Entwässerung ihre Entstehung dem relativ hohen Grad der Löslichkeit des anstehenden Gesteins verdanken. Das mit Abstand am weitesten verbreitete Karstgestein ist Kalkstein; aber auch auf anderen Gesteinen, wie Dolomit, Gips und ultrabasischen Gesteinen können sich unter bestimmten Voraussetzungen Karstformen entwickeln.

Das Vorherrschen von Lösungsprozessen führt zu Oberflächenformen und Gewässernetzen, die meist leicht auf dem Luftbild zu erkennen sind. Im gemäßigt humiden Bereich sind es hauptsächlich Formen wie Dolinen, Uvalas und Trockentäler, die sofort und eindeutig den Karstcharakter anzeigen. In tropisch humiden Gebieten sind es weniger die Hohlformen, die ins Auge springen, sondern Vollformen wie Kegel, Pyramiden, Türme oder spitze, bizarre Grate (Abb. 4.14). Wenn auch diese Formen im einzelnen recht unterschiedlich ausgebildet sein können, so stellt sich als Gemeinsamkeit oft heraus, daß die Vollformen Depressionen mit stern- bis polygonförmigem Grundriß ohne Oberflächenabfluß einschließen, oder aber unmittelbar aus Ebenen herausragen. Oberflächenabfluß fehlt oft ganz oder ist auf wenige größere Flüsse beschränkt. In Trockengebieten ist der Karstcharakter weniger deutlich ausgebildet, aber er fehlt selten ganz. Dolinen und fehlende oder unvollständige Oberflächenentwässerung sind auch hier auf dem Luftbild erkennbare Indizien der Karstlandschaft.

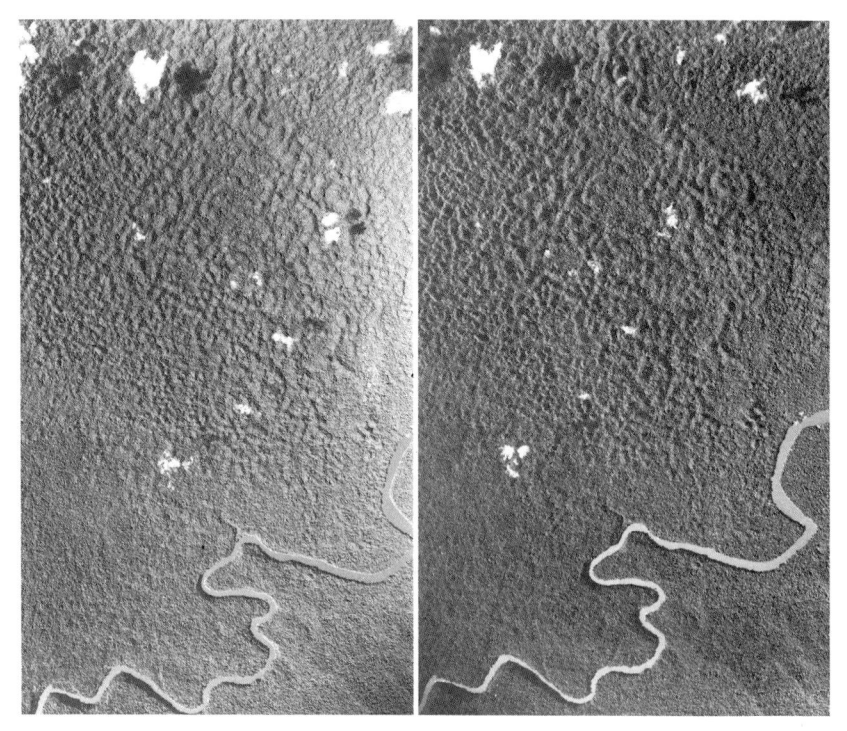

4.3 Geomorphologische und geologische Luftbildauswertung 131

Abb. 4.14 Tropische Karstgebiete sind anhand typischer Vollformen wie rundliche Kegel und Halbkugel und dem nahezu völligen Fehlen von Oberflächenabfluß (abgesehen von den großen Vorflutern) leicht auf dem Luftbild zu erkennen. Im Bereich südlich des Vorfluters überlagern vulkanische Aschen den Kalkstein und unterbinden daher die Karstentwicklung. Bild aus dem südlichen Papua Neuguinea. (ung. Maßst. 1:90000)

4.3.4 Das glaziale Relief

Das glaziale Relief setzt sich aus einer charakteristischen Vergesellschaftung von Oberflächenformen teils erosiver, teils akkumulativer Art zusammen und bildet daher auf dem Luftbild charakteristische Formen und Muster.

Hochgebirge aller Klimazonen zeigen bei entsprechender Höhenlage rezente Gletscher und ausgedehnte Spuren einer vorzeitlichen Vereisung. Letztere sind aufgrund von steilwandigen Karen (oft mit übertieften, see-erfüllten Karböden), U-förmigen Tälern mit gestuftem Längsprofil sowie End- und Seitenmoränen klar auszumachen, zumal diese glazial überformten Gebiete sich deutlich von den tieferliegenden, nicht glazial geprägten Bereichen absetzen (Abb. 4.15).

Abb. 4.15 Die glaziale Überformung von Hochgebirgen ist ebenfalls anhand typischer Formen wie Kare, U-förmige Talquerschnitte, gestufte Längsprofile und Moränen leicht auf dem Luftbild auszumachen. Das Bild zeigt den während des Pleistozäns vergletscherten Mt Wilhelm, mit 4509 m der höchste Gipfel von Papua Neuguinea. (ung. Maßst. 1:60000)

Etwas schwieriger anzusprechen sind glaziale Erscheinungsformen, die im Gebirgsvorland zu finden sind oder die durch ausgedehnte Inlandeisvorstöße geschaffen wurden; denn hier ist der unmittelbare Zusammenhang zwischen glazialer Erosion und Akkumulation nicht mehr so offensichtlich, und die geschaffenen Formen sind oft sehr ausgedehnt. Im Idealfall ist auch hier eine Vergesellschaftung von Oberflächenformen zu erkennen, wie sie z.B. durch eine glaziale Serie oder Teile einer glazialen Serie gegeben sein kann. Aber in der Mehrzahl der Fälle wird man nur Einzelglieder der glazialen Serie auf dem Luftbild sehen.

Endmoränen bilden breite rundliche Rücken, die sich mehr oder weniger senkrecht zum heutigen Gewässernetz deutlich aus dem Umland herausheben. Ihre Größenordnung schwankt zwischen einigen 100 m bis zu 10 km Breite und 10 m bis 100 m Höhe, und ihre Längsausdehnung kann sich von wenigen Kilometern bis über 100 km erstrecken.

Die Grundmoränenlandschaft hinter den Endmoränen zeichnet sich durch ein deutlich geringeres Relief aus. Ihr Luftbildmuster ist oft durch zahlreiche helle und dunkle Flecken gekennzeichnet, die unterschiedliche Boden- und Entwässerungsbedingungen reflektieren; helle Flecken stellen etwas besser entwässerte und etwas höher gelegene Geländeabschnitte dar, dunkle Flecken kennzeichnen schlecht entwässerte Depressionen.

Innerhalb der Grundmoränenlandschaft sind oftmals längliche, in Richtung des ehemaligen Eisstroms ausgerichtete Hügel zu erkennen. Es handelt sich meist um Drumlins (in Gruppen auftretende stromlinienförmige Rücken) oder seltener um Esker (= Oser) (wallartige Rücken, oftmals Kilometer lang mit leicht gewundenem Verlauf) oder Kames (Gruppen von unregelmäßigen Hügeln oder vereinzelte kegelförmige Erhebungen, meist in Nachbarschaft von Eskern) (Abb. 4.16, 4.17).

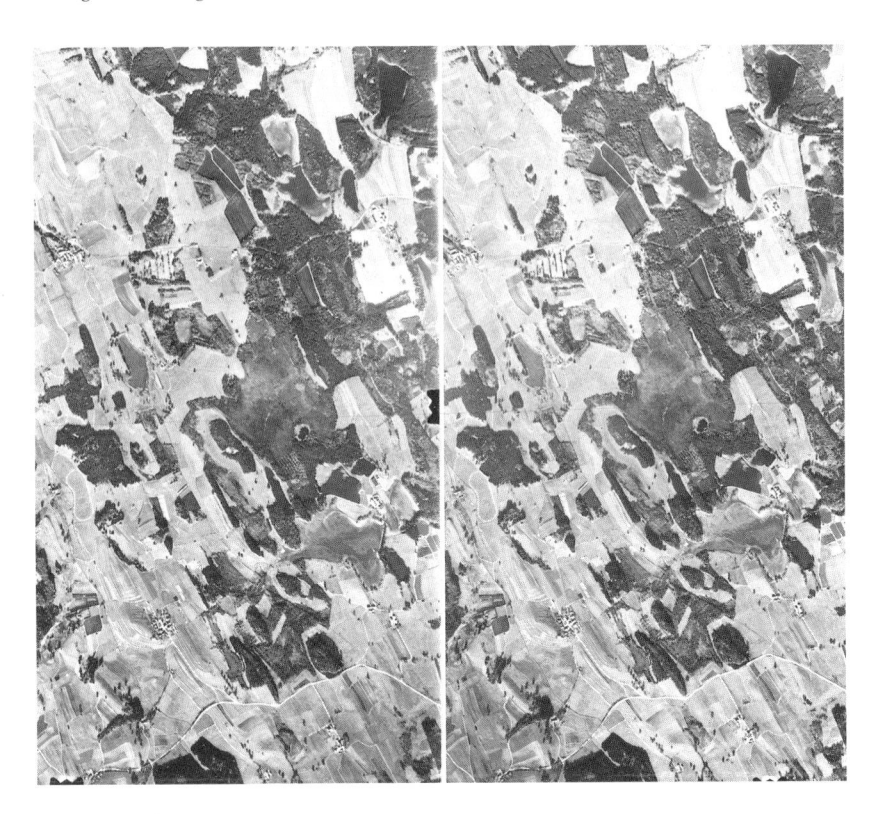

Abb. 4.16   Grundmoränenlandschaften sind durch unruhiges, welliges Relief und oft auch durch zahlreiche stromlinienförmige Rücken, sog. Drumlins und zahlreiche Seen gekennzeichnet. Das Bild zeigt das Eberfinger Drumlinfeld westlich des Starnberger Sees zwischen Magnetsried und Bauerbach. (ung. Maßst. 1:50000)

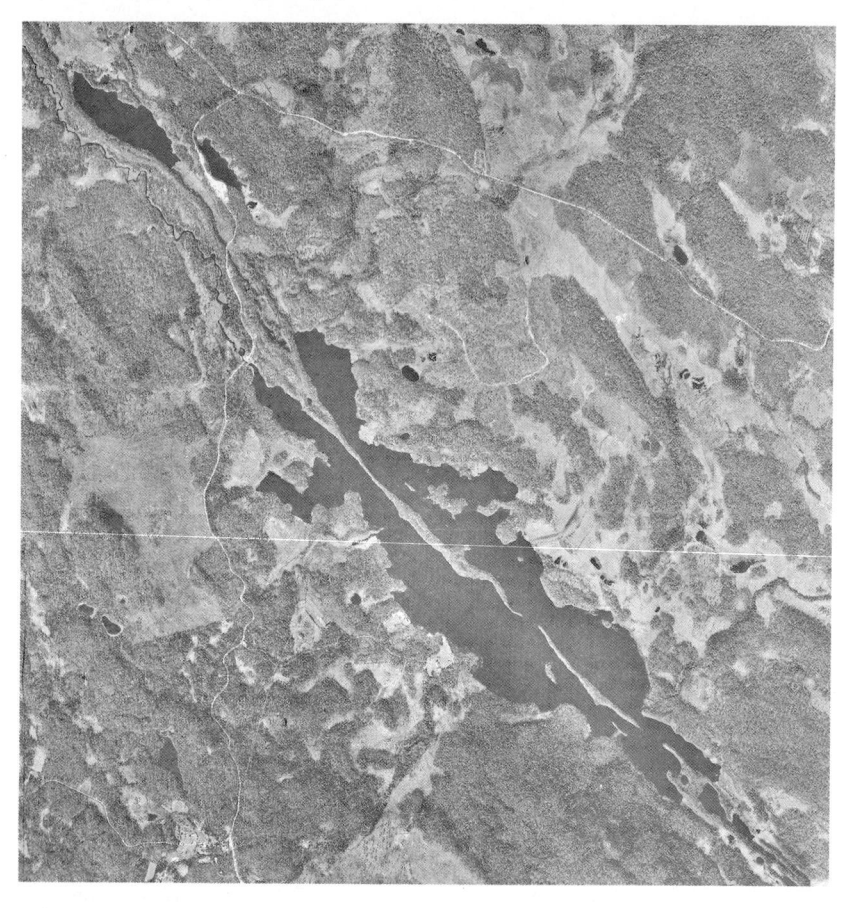

134 4 Interpretation von photographischen Bildern

Abb. 4.17 Innerhalb der Grundmoränenlandschaft kommen mitunter auch langgestreckte, oftmals leicht gewundene Rücken vor; es sind subglaziale Schmelzwasserablagerungen, die als Oser oder Esker bezeichnet werden.
Das Bild zeigt einen mehrere Kilometer langen Oser im Tandsjön, Schweden (ung. Maßst. 1:45000)

Den Endmoränen vorgelagert sind Sanderebenen, Platten und Rinnen, die sich auf dem Luftbild als breite, flache, einheitliche Ebenen zeigen. Mitunter sind ältere Abflußbahnen anhand dunkler Linien auszumachen. Ebenfalls typisch für Sanderebenen sind kleine rundliche Depressionen, die ehemaliges Toteis anzeigen.

4.3.5 Akkumulationsformen

Oberflächenformen, die ihre Entstehung der langsamen Akkumulation von fluviatilen Sedimenten verdanken, werden als Alluvialebenen oder Schwemmlandebenen bezeichnet. Eine Sonderform der Alluvialebene ist der alluviale Schwemmfächer oder Schwemmkegel, dessen Oberfläche einem Fächer oder Kegelsegment gleicht, wobei die Spitze des Kegelsegments dort liegt, wo der Fluß aus dem Gebirge heraustritt (Abb. 4.18). Alluviale Schwemmfächer weisen höhere Neigungen auf als Schwemmebenen und sind aus gröberen Sedimenten aufgebaut. Auf dem Luftbild sind Schwemmfächer durch ihre Fächerform und ihre typische Lage am Gebirgsfuß, sowie die sich meist in mehrere Gerinne aufspaltenden Flußläufe zu erkennen. Selbst ältere, relikte Schwemmfächer zeigen noch die Fächerform; auch die verwilderten Gerinne sind anhand dunkler Linien auszumachen. Wenn auch Schwemmfächer in Trockengebieten ihre beste Entwicklung erfahren, so fehlen sie doch praktisch in keinem Klimabereich, wenn die Voraussetzungen der Schwemmfächerbildung – hohe Schuttlieferung im Gebirge und plötzliche Ausweitung des Flußlaufs beim Austritt aus dem Gebirge – erfüllt sind.

Alluvialebenen zeichnen sich durch ebenes Gelände und sehr geringes Gefälle aus, das im Stereobild kaum auszumachen ist. Die Einheitlichkeit der Ebenen wird lediglich durch die sie querenden Flußläufe mit ihren Mäanderbögen, Altwasserarmen, Sandbänken und Uferdämmen unterbrochen (Abb. 4.19). Das Vegetationsbild gibt oft Aufschluß über die verschiedenen Elemente der Alluvialebene, deren Bodenbeschaffenheit und Drainage. Uferdämme weisen oft aufgrund der besseren Drainage einen deutlich höheren Baumbestand auf als die etwas tiefer liegenden Ebenen. Innerhalb dieser Ebenen sind oft weitere Differenzierungen festzustellen.

Deltas sind Sonderformen der Alluvialebene. Sie treten dort auf, wo Flüsse in Seen oder ins Meer münden und genügend Sediment mit sich führen, um die Mündung seewärts zu verlagern. Deltas sind einfach zu identifizieren, da der unmittelbare Zusammenhang zwischen Form und Prozeß auf dem Luftbild direkt zu erkennen ist. Besonders eindrucksvolle Luftbildmuster bilden tropische Deltas mit ihren dichten, oft in deutlich erkennbare Sukzessionen gegliederten Mangrovenwäldern und den zahlreichen, stark anastomosierenden Flußarmen, die zum Meer hin trompetenförmig geöffnet sind (Abb. 4.20).

Oberflächenformen der äolischen Akkumulation können, soweit es sich um rezente Formen handelt, ebenfalls relativ einfach mit Hilfe des Luftbildes erfaßt werden; denn die unterschiedlichen Dünentypen bilden charakteristische Oberflächenmuster (Abb. 4.21). Aufgrund der schwierigen Zugänglichkeit von Dünengebieten bietet das Luftbild ein ausgezeichnetes Hilfsmittel, die Geomorphologie der Dünen, ihre Dynamik und Genese zu studieren, wie dies z.B. von BOBEK (1941, 1969) vorgeführt wurde.

Auch relikte Dünengebiete können auf Luftbildern gut identifiziert werden – nicht allein wegen ihrer charakteristischen Oberflächenformen, sondern auch wegen der typischen Vegetations- und Bodenbedingungen. Dünenkämme als trockene Stand-

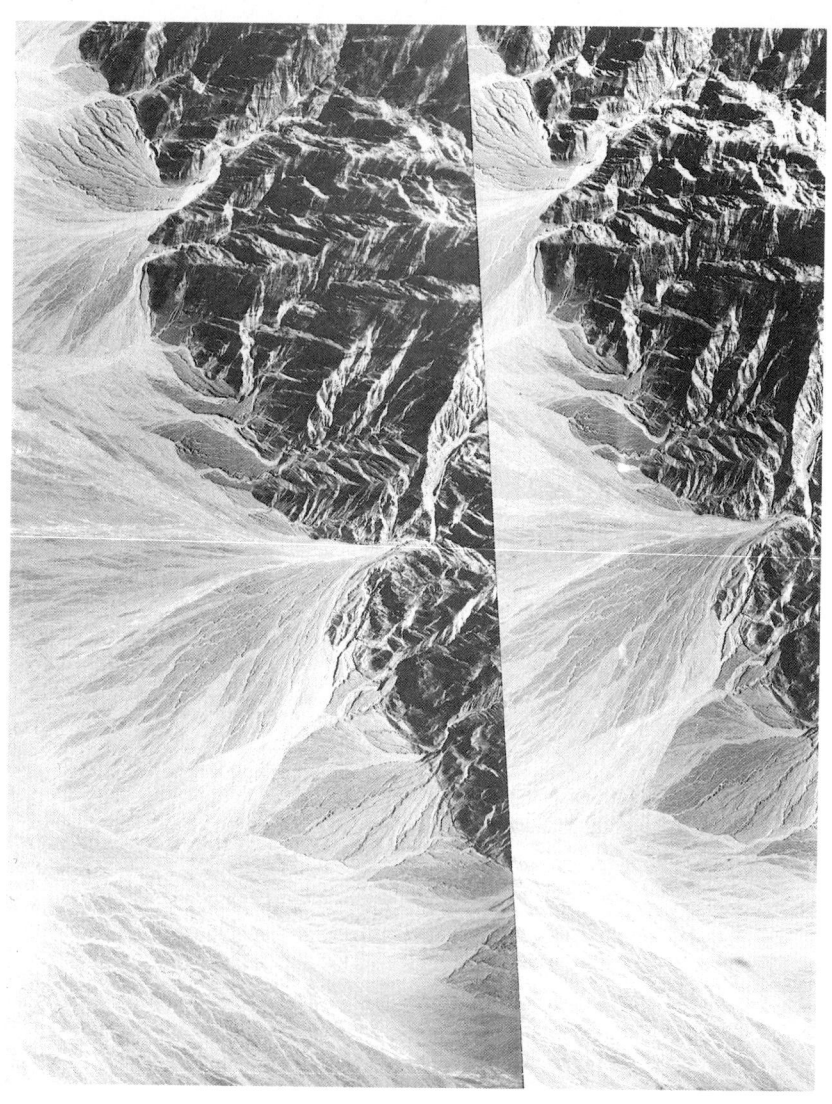

Abb. 4.18 Schwemmfächer sind typische Formen der alluvialen Aufschüttungen am Gebirgsfuß. Sie erfahren ihre beste Ausbildung in ariden und semiariden Gebieten wie hier im Death Valley von California, aber sie sind auch in anderen Klimazonen zu finden, wenn die Voraussetzungen der Schwemmfächerbildung, hohe Schuttlast und plötzliche Ausweitung des Flußlaufs, vorhanden sind. Auf Luftbildern sind der fächerartige Charakter dieser Oberflächenformen und die ständig wechselnden Gerinne besonders schön zu erkennen. (ung. Maßst. 1:65000)

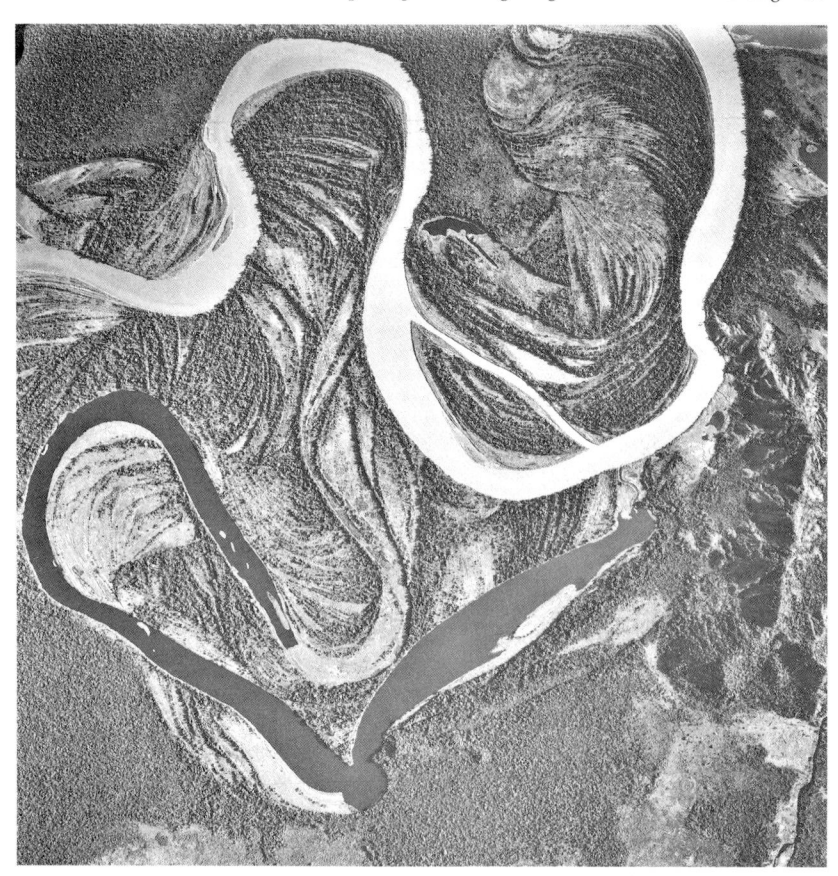

Abb. 4.19 Alluvialebene mit stark mäandrierendem Fluß mit hoher Schwebstoffführung. Das Bild zeigt den Sepik-River in Papua Neuguinea mit der typischen Abfolge von aktiven Mäandern, Altwasserarmen und -seen sowie reihenförmig aufeinanderfolgenden Sandbänken und niedrigen Dammufern. Da der zentrale Mäandergürtel durch die Aufschüttung etwas höher liegt, ist hier stellenweise Baumwuchs möglich, während die randliche Ebene durch Grassümpfe (ganz unten) gekennzeichnet ist. Der Flußlauf hat sich seit der ersten kartographischen Aufnahme durch die deutsche Sepik Expedition im Jahre 1913 erheblich verändert. (ung. Maßst. 1:60000)

Abb. 4.20 Typische Luftbildmuster einer Mangrovenküste, Mangrovenwald (1) ist leicht erkennbar an dem relativ dunklen Ton der Vegetation und den trompetenförmigen Kanälen, die auf den Gezeiteneinfluß hinweisen. Der Mangrovenwald liegt etwa 1 m über dem Mittelwasser und wird hauptsächlich aufgebaut von *Rhizophora* (erkenntlich an dem sehr dunkelgrauen, relativ glatten Kronendach) und *Brugiera* (deutlich heller als *Rhizophora* und unregelmäßig im Kronendach). Reine Bestände von *Avicennia* zeichnen sich durch sehr helles Grau aus und treten vor allem in der Verlandungszone als Pionierpflanzen auf. Gezeitensümpfe mit *Nypa*-Palmen (2) sind cha-

Abb. 4.21 Ausgedehnte Längsdünen im ariden Australien. Typisch das Y-förmige Zusammenlaufen der Dünenkämme. Hauptwindrichtung von Ost nach West entsprechend der Lage des Gebiets im nördlichen Bereich der großen Antizyklonen. (ung. Maßst. 1:75000)

Fortsetzung der Abbildungsunterschrift zu Abb. 4.20

rakteristisch für die Übergangszone von Mangrove zur Süßwasservegetation. Strandwälle und Strandrinnen bilden ein deutlich streifenförmiges Muster (3). Die Strandwälle sind z.T. von Kokospflanzungen bestanden, z.T. von Sekundärwald. *Nypa-* und *Pandanus*-Palmen wachsen in den dazwischenliegenden Strandrinnen, sind allerdings auf dem Luftbild nicht zu unterscheiden. Einheit 4 ist eine Alluvialebene mit sehr geringem Gefälle und neigt zu häufigen Überflutungen und Wechsel des Flußlaufs. Uferdämme sind nur schwach ausgebildet. Die Vegetation besteht aus offenem Tieflandregenwald mit großen Baumkronen. Der Wald in unmittelbarer Nähe des Flußlaufs ist offenbar etwas besser entwässert als der weiter entfernte, der langsam in Sumpfwald übergeht. Einheit 5 besteht aus permanenten Süßwassersümpfen außerhalb des Gezeitenbereichs. Sago-Palmen dominieren die Vegetation. Eng zergliederte Hügel, aus Grauwacke und Schieferton aufgebaut, bilden Einheit 6. Die Hänge sind mäßig steil und unregelmäßig im Detail wegen häufiger Rutschungen. Die Vegetation besteht aus mittelhohem Tieflandregenwald.

orte zeichnen sich durch helle Grautöne aus, während die feuchteren Depressionen zwischen den Dünen wesentlich dunklere Grautöne aufweisen.

Flugsand- und Lößgebiete sind schwieriger auf dem Luftbild zu erkennen, da sie keine auffallenden Formen aufbauen, sondern meist nur ein vorhandenes Relief überkleiden. Indirekte Hinweise, wie trockenresistente Vegetation auf Flugsanden oder intensive Landnutzung und Hohlwege auf Lößböden, können bei der Identifizierung und Abgrenzung derartiger Gebiete hilfreich sein.

Küstendünen und Strandwälle bilden oft leicht erkennbare streifige Muster entlang flacher Küsten (Abb. 4.1). Sie begrenzen oft Nehrungen und Lagunen oder bilden bei stärker fortgeschrittener Verlandung ausgedehnte Ebenen, die durch den ständigen Wechsel von trockenen, meist bewaldeten Dünen und Strandwällen und den feuchten, oft versumpften dazwischenliegenden Depressionen gekennzeichnet sind.

4.3.6 Vulkanische Oberflächenformen

Vulkanische Oberflächenformen gehören zu den am einfachsten erkennbaren Erscheinungen auf dem Luftbild, insbesondere wenn es sich um relativ junge Formen handelt. Gemischte Vulkane (Schicht- oder Stratovulkane), die aus wechsellagernden Laven und Lockermassen aufgebaut sind, bilden markante, oft erstaunlich ebenmäßige, unmittelbar aus dem Umland ansteigende Kegelberge (Abb. 4.22). Die Gipfelregion der Kegel wird durch tiefe, meist schmale Krater oder aber breite, oft mehrere Kilometer Durchmesser aufweisende Calderas modifiziert, wobei innerhalb der Calderas kleinere Vulkankegel auftreten können. Fehlt die Kraterbildung, so handelt es sich meist um Staukuppen. Kleine Adventiv- oder Parasitärvulkane modifizieren mitunter die Flanken größerer Stratovulkane.

Schildvulkane sind breite weitgespannte Erhebungen mit Basisdurchmesser in der Größenordnung von mehreren Zehn, ja sogar einigen Hundert Kilometern (Hawaii); Hangneigungen sind deutlich geringer (5 – 15°) als bei Stratovulkanen (30 – 35°). Auch ist die Hangform in der Regel leicht konvex im Gegensatz zu den deutlich konkaven Hanglängsprofilen der Stratovulkane. Schildvulkane sind wegen der großen Flächenausdehnung selten in ihrer Gesamtheit auf einem oder einigen wenigen Luftbildern zu erkennen, aber die einheitlichen Neigungsverhältnisse, das radiale Entwässerungsnetz, vielleicht auch markante Geländestufen, die zwischen einzelnen Lavalagen auftreten können, weisen auf den vulkanischen Charakter hin (Abb. 4.23).

Etwas schwieriger auf dem Luftbild anzusprechen sind vulkanische Decken oder Ergußdecken, die riesige Ebenheiten (Trappdecken, Dekkanplateau) aufbauen können. Luftbildindizien für derartige Decken sind, neben der auffallenden Flachheit, die meist sehr dunklen Grauwerte, die markanten Ränder, mit denen sich die Plateaus gegen das Umland abheben und der Mangel an Oberflächengewässern. Basaltplateaus sind leicht mit Plateaus auf flachlagernden Sedimentgesteinen (z.B. dunkler Sandstein) zu verwechseln (Abb. 4.24).

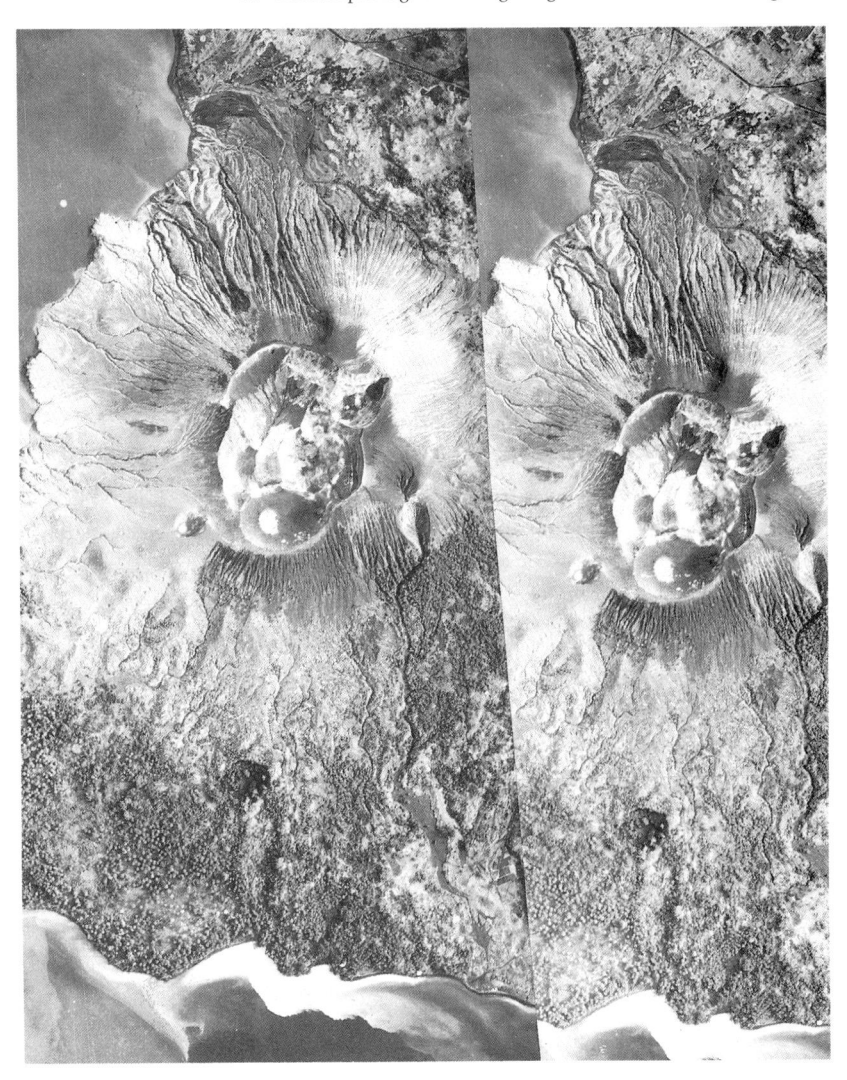

4.3 Geomorphologische und geologische Luftbildauswertung 141

Abb. 4.22 Vulkanische Oberflächenformen gehören zu den einfachsten und schönsten Luftbildbeispielen, da sie oft überaus regelmäßige und einfach erkennbare Formen aufbauen wie der hier gezeigte Stratovulkan des Mt Tavurvur auf Neu Britannien. Trotz der ständigen Gefahr, die von derartigen Vulkanen droht, sind sie aufgrund der hohen Bodenfruchtbarkeit meist dicht besiedelte und landwirtschaftlich produktive Gebiete. (ung. Maßst. 1:13000)

Abb. 4.23 Schildvulkane sind weitgespannte Erhebungen mit Hangneigung von 5–15°. Das radiale Entwässerungsnetz ist ein deutlicher Hinweis auf den vulkanischen Charakter. Bild zeigt den 4312 m hohen Mt Giluwe in Papua Neuguinea. Beachte die unterschiedlichen Texturen des Bergwaldes; Nothofagus und Podocarpus glatt und dunkel, Mischwald körnig und etwas heller. (ung. Maßst. 1:60000)

Bei älteren, stark abgetragenen Vulkanen weist das Gewässernetz (siehe 4.3.7) auf den vulkanischen Ursprung hin oder im Fall von Decken- und Flutbasalten der deutliche Unterschied im Relief, der Vegetation oder der Landnutzung zwischen den vulkanischen und nichtvulkanischen Gebieten. In der Regel ist die Vegetation auf vulkanischem Gestein üppiger und erreicht größere Wuchshöhe oder die Landnutzung ist intensiver als auf dem benachbarten nicht-vulkanischen Gestein. Das Auffüllen alter Täler mit Lavaströmen führt manchmal zu der Erscheinung einer Reliefumkehr. Erweist sich die vulkanische Füllung als morphologisch widerständiger als das umgebende nichtvulkanische Gestein, so wird im Laufe der Zeit der Lavastrom durch differentielle Abtragung herauspräpariert und erscheint auf dem Luftbild als breiter, flacher Rücken.

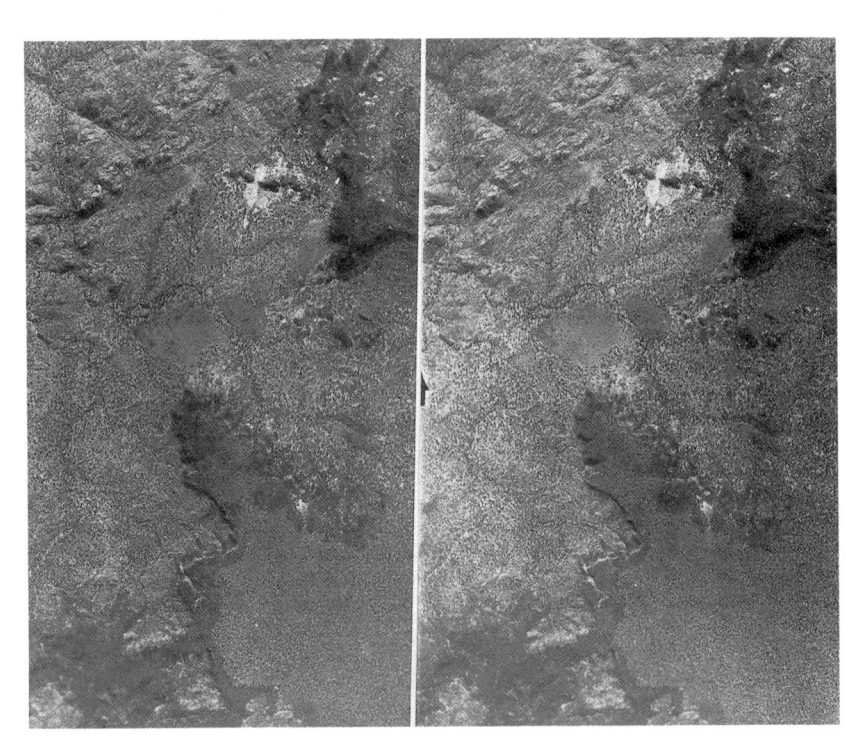

Abb. 4.24 Vulkanische Decken bauen oft ausgedehnte Flachlandschaften auf und sind daher mitunter mit Plateaus auf flachlagerndem Sedimentgestein zu verwechseln. Die meist dichtere Vegetation und der generell dunkle Grauton sind jedoch gute Indizien für das vulkanische Gestein. Im Bild überlagern tertiäre Basalte paläozoische Sedimente und Granite (oben links). Luftbild aus dem nordöstlichen Hochland Australiens. (ung. Maßst. 1:95000)

4.3.7 Das Gewässernetz

Neben den im Stereobild erkennbaren Oberflächenformen stellt das Gewässernetz das zweite wichtige und einfach erkennbare Element der geomorphologisch-geologischen Auswertung dar. Eine Analyse des Gewässernetzes läßt oft Schlüsse auf die Gesteinsgrundlage, die geologische Struktur und geomorphologische Entwicklungsgeschichte zu. Der enge Zusammenhang zwischen Gesteinsgrundlage, Oberflächenformen und Gewässernetz wurde bereits angesprochen. Hier sollen vor allem die wichtigsten Gewässernetztypen charakterisiert werden (Abb. 4.25).

Auf Oberflächenformen mit fehlender oder geringer Anlehnung an die Struktur bilden sich dendritische, d.h. verästelte Gewässernetze, aus, wobei die Dichte dieses Netzes vom Gestein abhängt (Abb. 4.5, 4.6, 4.8). Bei geringen Abweichungen von der dendritischen Form spricht man von subdendritisch. Derartige Abweichungen können z.b. durch tektonische Linien oder Gesteinsstrukturen verursacht werden. Parallele und subparallele Gewässernetze entstehen auf relativ einheitlich geneigtem Gelände, vornehmlich auf Strukturflächen, wo die Geländeneigung durch die Schichtneigung bestimmt wird. Radiale oder strahlenförmige Gewässernetze sind für vulkanische Oberflächenformen typisch, können aber auch im Zusammenhang mit strukturellen Erscheinungen, wie Domen, auftreten.

Bei deutlicher Abweichung von diesen weit verbreiteten Typen des Gewässernetzes sind fast immer strukturelle Einflüsse verantwortlich. Dies ist besonders auffallend in stark geklüfteten Kalken und Sandsteinen, wo winkelige oder gitterförmige Flußnetze entstehen können (Abb. 4.7). Das Vorherrschen einer Kluftrichtung spiegelt sich oft in einer mehr oder weniger parallelen Flußanordnung wider, während größere Störungen zu geradlinigen Flußstrecken führen.

In Niederungsgebieten treten vornehmlich drei Flußnetztypen auf: verwilderte, mäandrierende und parallele oder gerade Flüsse. Ein verwildertes oder geflochtenes Flußnetz besteht aus einer Vielzahl einzelner miteinander verbundener Rinnen, die unterschiedliche Wasserführung aufweisen und häufigen Verlagerungen unterworfen sind. Sie entwickeln sich bei hoher Schuttbelastung des Flusses und sind vor allem in den Oberläufen von Flüssen, in Trockengebieten und im Zusammenhang mit Schwemmfächern zu finden.

Die mäandrierenden Flüsse sind für die Mittelläufe von Flüssen kennzeichnend und bestehen oft aus einem zentralen, etwas höher gelegenen Mäandergürtel mit Altwasserarmen und Restseen sowie diskontinuierlichen Uferdämmen und seitlichen, etwas tiefer liegenden und daher oft feuchten, zum Teil versumpften Ebenen, was vor allem im Vegetationsbild zum Ausdruck kommt (Abb. 4.19).

Gerade und parallele Flüsse sind die charakteristische Form der Dammuferflüsse, die hauptsächlich im Flußunterlauf auftreten. Durch die Dammufer ist der Flußlauf fixiert und Nebenflüsse müssen oft eine gewisse Strecke parallel zum Hauptfluß fließen, bevor sie das Dammufer durchschneiden und münden können.

Eine gewisse Sonderstellung nehmen die Gewässer im Gezeitenbereich ein; denn sie werden nicht allein von der Fluß-, sondern auch von der Gezeitendynamik bestimmt. Derartige Flüsse bzw. Gezeitenarme sind durch auffallende Rechtwinkeligkeit der untereinander verbundenen Arme gekennzeichnet sowie durch die sich trompetenförmig zum Meer hin öffnenden Trichtermündungen (Abb. 4.20).

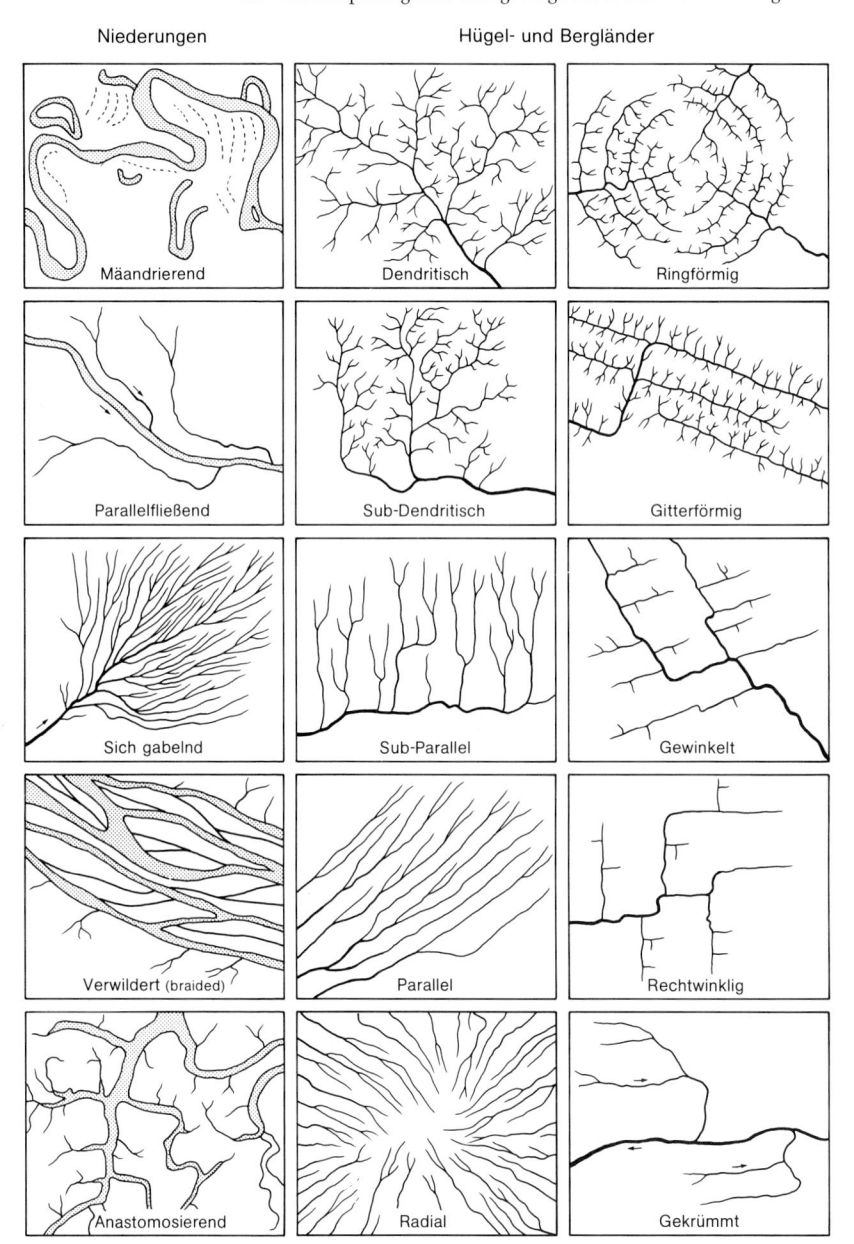

4.3 Geomorphologische und geologische Luftbildauswertung

Niederungen — **Hügel- und Bergländer**

Mäandrierend	Dendritisch	Ringförmig
Parallelfließend	Sub-Dendritisch	Gitterförmig
Sich gabelnd	Sub-Parallel	Gewinkelt
Verwildert (braided)	Parallel	Rechtwinklig
Anastomosierend	Radial	Gekrümmt

Abb. 4.25 Die wichtigsten Gewässernetztypen (nach SCHNEIDER 1974, etwas verändert)

4.4 Interpretation der Vegetation

Die Vegetation tritt im Luftbild als weiteres unmittelbar erkennbares Element auf, allerdings nicht in der gleichen Weise wie das Relief oder das Gewässernetz. Nur ausnahmsweise sind die einzelnen Bestandteile der Vegetation (Baum- oder Straucharten) zu erkennen; vielmehr erscheint die Vegetation in Form von Grautönen und Mustern. Die Interpretation der Vegetation kann sich daher nur in seltenen Fällen (großer Bildmaßstab, einfache Zusammensetzung der Vegetation) mit der Artenzusammensetzung einer bestimmten Einheit befassen. Vielmehr wird die Vegetation in ihrer Gesamtheit studiert, wobei vor allen Dingen die Struktur der Vegetation im Vordergrund steht.

Das Studium der Vegetation auf dem Luftbild kann zwei Ziele verfolgen: Zum einen kann es der Untersuchung der Vegetation selbst dienen, z.B. in Form einer Vegetationskartierung. Zum anderen aber kann das Vegetationsbild Hinweise auf andere Faktoren geben, die nicht unmittelbar auf dem Luftbild zu erkennen sind, aber in einem mehr oder weniger direkten Zusammenhang dazu stehen, wie etwa Gestein, Böden oder Grund- und Oberflächenwasserverhältnisse.

Für Vegetationskartierungen und Klassifizierungen stehen die Struktur der Vegetation und ihr Standort im Mittelpunkt der Betrachtung. Man wird von vornherein auf steilen Hanglagen einen anderen Vegetationstyp erwarten können als auf Ebenen oder entlang von Küstensäumen und daher zunächst einmal eine grobe Standortkartierung durchführen. Nach dieser auf geomorphologischen Kriterien aufgebauten Grobunterteilung werden zur feineren Unterteilung weitere Luftbildmerkmale hinzugezogen, wie relative Höhe der Vegetation, Grauton und Textur, Kronenschluß der Bäume, Kronengröße und Form, Regelmäßigkeit und Glattheit des Kronendaches, Häufigkeit und Merkmale von Bäumen, die über das allgemeine Niveau des Kronendaches aufragen und, falls erkennbar, Dichte des Unterwuchses. Im Offenland sind vor allem Grauton und Muster zu berücksichtigen, wobei der Grauton in der Regel in Abhängigkeit von der Standortfeuchte dunkler wird. Selbstverständlich beeinflussen auch phänologische Aspekte den Grauton, mit zunehmendem Wachstum und Dichte der Pflanzendecke wird der Grauton dunkler, – Gräsländer, Steppen und Savannen werden daher in der Hauptvegetationsperiode dunklere Grauwerte aufweisen als zu anderen Jahreszeiten.

Je einfacher die Zusammensetzung der Vegetation, desto einfacher in der Regel die Interpretation. So sind Wälder der gemäßigten und borealen Breiten wesentlich einfacher vom Luftbild aus zu studieren als tropische Wälder. In den USA und Kanada wird das Luftbild seit langem operationell bei der Inventarisierung und wissenschaftlichen Untersuchung der Wälder eingesetzt, wobei sowohl Holzarten wie auch Holzvolumen vom Luftbild aus bestimmt werden.

In tropischen Gebieten ist die Bestimmung von Baumarten nur in besonderen Fällen möglich (Beispiele wären das Erkennen von Araucarien, die als spitze Baumriesen deutlich über das allgemeine Kronendach aufragen oder die Identifikation von Nothofagus im tropischen Bergwald aufgrund der charakteristischen blumenkohlarti-

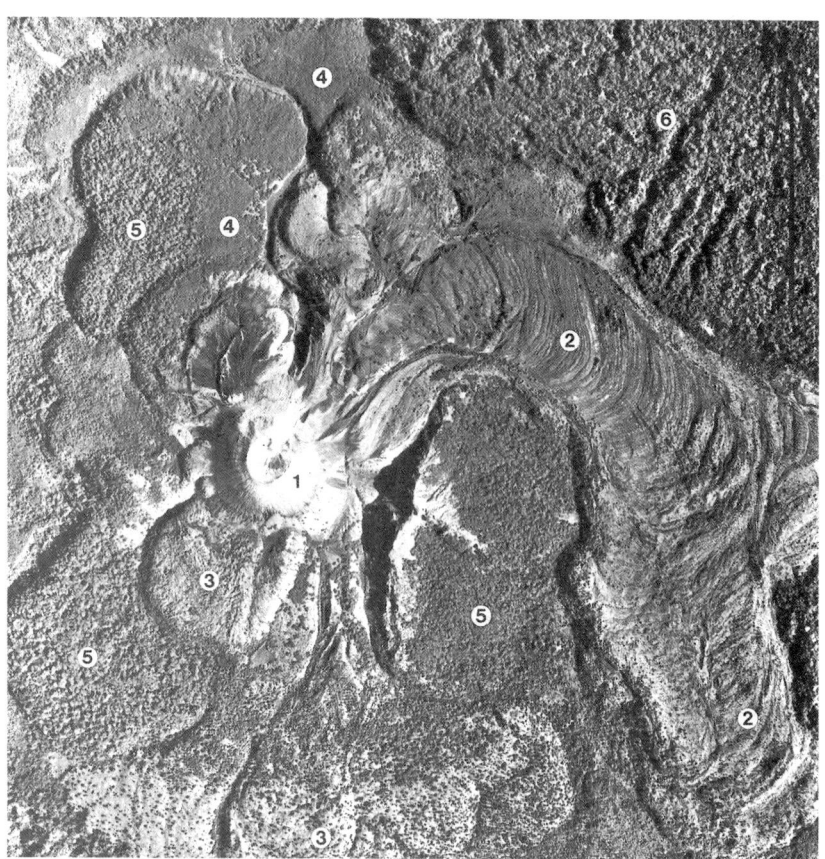

Abb. 4.26 Pflanzensukzessionen an einem jungen Vulkan auf der Insel Neubritannien. Der letzte Ausbruch des Vulkans fand 1914 – 1917 statt, als der zentrale Kegel und der lange zungenförmige Lavastrom entstanden. Ältere Lavaströme sind anhand ihrer lobaten Form und der unterschiedlichen Vegetationsbedeckung zu erkennen. 1. Vulkankegel, 2. Lavastrom des Ausbruchs 1914 – 17, Farndickicht und örtlich Baumbestand (*Casuarina papuana*). 3. Ältere Lavaströme mit Farndickicht und einzelnen Bäumen. 4. Ältere Lavaströme mit sehr dichtem schmalkronigem Baumbestand (v.a. *Timonius timon*). 5. Ältere Lavaströme mit Baumbestand mit breiten Kronen, unregelmäßigem Kronendach, *Albizia falcata* ragt über das allgemeine Kronendach hinaus. 6. Rand der Caldera mit breitkronigem Tieflandsregenwald, artenreich, *Albizia* und *Octomeles* als Baumriesen. (ung. Maßst. 1:55000)

gen Krone). Auch Mangrovenarten, Sago- und Nipapalmen, einige Dipterocarpusarten und Teak im Monsunwald oder Arten in Sumpfwäldern sind vom Luftbild aus zu bestimmen, da sie entweder typische Texturen, Grauwerte oder charakteristische Kronenformen (Abb. 4.20) aufweisen, oder/und sehr enge Standortbindungen besitzen. Sehr schön sind mitunter auch Pflanzensukzessionen, wie sie an jungen Vulkanen vorkommen, zu erfassen (Abb. 4.26). In den allermeisten Fällen ist lediglich eine Analyse der Baumkronenstruktur möglich, die allerdings durchaus Hinweise auf Baumgrößen, Holzvolumen und Waldtyp geben kann. So wird bei Landressourcen-Kartierungen das forstwirtschaftliche Potential eines Gebiets u.a. mit Hilfe von Messungen der Baumkronendurchmesser geschätzt.

Vegetationsschäden sind auf Schwarzweißluftbildern erst zu erkennen, wenn es sich bereits um unmittelbar sichtbare Schadensauswirkungen handelt, wie etwa Sturm-, Blitz- und Schneebruch, größerer Schädlingsbefall, Wurzelkrankheiten (z.B. durch Wurzelpilze wie Phytophtera), Zerstörung durch Feuer oder sonstige Schäden, die zu einer vollständigen oder doch weitgehenden Entlaubung geführt haben. Eine flächendeckende Bestandsaufnahme derartiger Schäden ist im Falle der ausgedehnten nordamerikanischen und russischen Wälder überhaupt nur mittels Luftbildauswertung möglich; dort wurde auch ein detaillierter Interpretationsschlüssel zur Erfassung von Waldschäden erstellt (z.B. MARTHA 1972, zit. in HELLER u. ULLIMANN 1983).

Farbluftbilder sind für diese Untersuchungen meist informativer als Schwarzweißbilder, aber als eines der besten Hilfsmittel hat sich das Infrarotfalschfarbenbild erwiesen, da es das Erkennen von Schäden bereits vor dem sichtbaren Erscheinen der Schadensauswirkung zuläßt (siehe 5.1.1).

4.5 Böden

Während die bisher besprochenen Erscheinungen mehr oder weniger direkt vom Stereobild oder Luftbildmuster zu erfassen sind, gilt dies für die bodenkundliche Luftbildinterpretation nicht mehr. Böden kann man auf dem Luftbild nicht sehen. Selbst in vegetationslosen Gebieten sieht man lediglich die Bodenoberfläche, aber nicht den Boden; denn dieser ist ein aus mineralischen und organischen Substanzen bestehender, mit Wasser, Luft und Lebewesen durchsetzter Körper mit einer bestimmten Horizontierung.

Es ist damit klar, daß die Luftbildauswertung keine Aussagen über Bodenprofile und damit auch keine direkte Kartierung von Bodeneinheiten zuläßt. Was die bodenkundliche Luftbildauswertung jedoch versucht, ist das Kartieren von bodengeographischen Einheiten, d.h. das Erkennen und Umgrenzen von physiogeographischen Einheiten, die in einer Beziehung zu Böden stehen und die schließlich auch mit gewissen Einschränkungen in Bodeneinheiten umgesetzt werden können. Der Bodenkundler kann daher in ähnlicher Weise wie der Geomorphologe oder Vegetationsgeograph das Luftbild anhand von Ton und Muster in Einheiten untergliedern und versuchen, diese mit Hilfe seiner Geländeuntersuchung in Bodeneinheiten umzusetzen (Soil Conservation Service 1966).

Von großer Wichtigkeit sind gerade für Bodenkartierungen Maßstab der Bilder und der herzustellenden Karten, Komplexität des Geländes sowie Dichte der Geländestichproben. Ein häufiger Fehler bei bodenkundlichen Aufnahmen, die stark auf Luftbildauswertung basieren, ist der Versuch, mit Hilfe relativ weniger, weit gestreuter punktueller Bodenaufnahmen detaillierte Aussagen über die Böden, deren Beschaffenheit und deren räumliche Verbreitung zu machen. Die Aussagen hängen sehr davon ab, inwieweit es gelingt, im Gelände einen Zusammenhang zwischen Oberflächenform, Vegetation und Böden herzustellen und wie stark dieser Zusammenhang ausgeprägt ist (Abb. 4.27). Dieser Grad der Korrelation ist je nach Geländekomplexität und Klimazone unterschiedlich.

In Trockengebieten ist meist ein deutlicherer und direkterer Zusammenhang zwischen Vegetations- und Bodengrenzen zu beobachten als in humiden Gebieten, ebenso in Flachlandschaften im Vergleich zu Gebirgslandschaften. In tropisch humiden Berg- und Gebirgslandschaften ist eine genauere Korrelation zwischen Oberflächenformen und Böden schwierig, mitunter überhaupt nicht zu erfassen (BLEEKER und SPEIGHT 1978, BLEEKER 1983). Daher erlaubt das Luftbild hier in der Regel nur allgemeine Aussagen über die Böden.

Wie DENT und YOUNG (1981) herausstellen, beruht die Luftbildinterpretation von Böden oft hauptsächlich oder gar vollständig auf der Erfassung der Oberflächenformen und der Vegetation, wobei im Falle von Erosionslandschaften vornehmlich die Oberflächenformen, bei Akkumulationslandschaften vor allem die Vegetation als Hauptindikatoren dienen. Hierbei wird der relative Wert der Luftbildauswertung im Vergleich zur Geländearbeit mit steigendem Maßstab sinken und damit auch der relative Wert der geomorphologischen bzw. vegetationskundlichen Kartierung.

Bei Übersichtsuntersuchungen können z.B. geomorphologische Einheiten wie Überschwemmungsebenen, alluviale Terrassen, verschiedene Formen des Abtragungsreliefs u. dgl. unterschieden und Bodeneinheiten zugeordnet werden, wobei selbstverständlich nicht zu erwarten ist, daß innerhalb einer kartierten Einheit nur eine Bodeneinheit auftritt. Vielmehr tritt innerhalb einer Kartierungseinheit meist eine Reihe von untereinander in Beziehung stehenden Böden, wie z.B. Catenasequenzen, auf. Diese Böden werden sich jedoch deutlich von den Böden anderer Kartierungseinheiten unterscheiden. Je größer der Maßstab der Untersuchung, desto größer die Bedeutung der Geländeuntersuchung und z.T. auch der Laborergebnisse; denn bei großmaßstäblicher Kartierung geht es um genaue Abgrenzung von einzelnen Bodentypen und -arten (soil series), wobei üblicherweise eine auf einem regelmäßigen Gitternetz basierende Geländeuntersuchung durchgeführt wird. Das Luftbild kann hierbei zur genaueren Grenzziehung und Interpolation der Bodengrenzen zwischen den einzelnen durch Bohrproben ermittelten Bodenprofilen des Gitternetzes verwendet werden. Es hat sich gezeigt, daß eine großmaßstäbliche Bodenkarte, bei der zusätzlich zu den Bohrprofilen auch Luftbilder herangezogen werden, eine rein auf Auswertung der Profile basierende Bodenkarte an Genauigkeit übertrifft (SCHNEIDER 1974).

Abb. 4.27 Unterschiedliche Bodeneinheiten lassen sich oft anhand der Oberflächenformen bzw. des Luftbildmusters und der Grautönung abgrenzen wie auf diesem Luftbild aus Nordostthailand.
Im nördlichen Abschnitt des Bildes fällt das Muster der Mäanderbögen, der zahlreichen Seen und der ehemaligen Flußläufe auf. Die gesamte Einheit wird durch Reisfelder unterteilt und besitzt einen insgesamt hellen Grauton. Die Böden sind junge tonreiche Alluvialböden. Relativ klar abgrenzbar im Süden anhand des dunkleren Grautons die ebenfalls durch das rechteckige Muster der Reisfelder untergliederte Ebene. Die Böden hier sind deutlich älter, es sind relativ undurchlässige Tone mit

4.6 Bodenzerstörung und Bodenverschlechterung

Die Bodenzerstörung im Sinne einer durch den Eingriff des Menschen verstärkten Bodenschädigung durch Wasser und Wind (RATHJENS 1979) gehört heute zu den schwerwiegendsten Folgen langjähriger Übernutzung und bedenkenloser Ausbeutung des Landes. Hinzu kommen Prozesse wie Bodenversalzung, Vernässung und Bodensenkung, meist im Zusammenhang mit ebenfalls vom Menschen verursachten Veränderungen im Grundwasser.

Entwaldung, Bodenverdichtung, unsachgemäße landwirtschaftliche Praktiken und Überweidung haben in vielen Gebieten der Erde zu einer Beschleunigung der oberflächlichen Abspülung, zu einer Verstärkung der linearen Einschneidung und zu einer Wiederbelebung der Winderosion geführt. Das Ausmaß der Bodenzerstörung, insbesondere durch das fließende Wasser, hat in den vergangenen Jahrzehnten weltweit zugenommen und die Bodenerneuerungsrate wird nahezu überall um ein Vielfaches vom Bodenabtrag übertroffen. Das Ausmaß und die Geschwindigkeit der Bodenzerstörung sind in Gebieten mit deutlich saisonaler Niederschlagsverteilung am größten; in manchen Gebieten Australiens sind 70 % der landwirtschaftlichen Nutzfläche von ernsthafter Bodenzerstörung betroffen, im Mittelmeerraum hat die Bodenzerstörung schon seit langem riesige Gebiete für die ackerbauliche Nutzung unbrauchbar gemacht.

Die Auswirkungen und Verbreitung der Bodenzerstörung, ihre räumliche und zeitliche Veränderung, können auf dem Luftbild in idealer Weise untersucht werden, da das Luftbild sowohl ein aktuelles Abbild des augenblicklichen Zustands liefert, als auch frühere Verhältnisse aufzeigt, sofern ältere Luftbilder zur Verfügung stehen. Erscheinungen der Bodenzerstörung sind meist ohne große Schwierigkeiten zu erkennen, da entblößte oder umgelagerte Böden, frische Rinnen, Gullies, Verwehungen und Sandakkumulationen sich durch relativ stark reflektierende Oberflächen und damit auffallend helle Grauwerte auf dem Luftbild auszeichnen. Frische Gullies bilden oft ein fischgrätenartiges Muster, Verwehungen zeichnen sich als langgestreckte Fahnen ab und reaktivierte Längsdünen als langgezogene helle Streifen.

In Deutschland haben v.a. STÜBNER (1955, 1965), HASSENPFLUG (1972) und RICHTER (1972) das Luftbild zur systematischen Erfassung der Bodenzerstörung eingesetzt. RICHTER zeigt anhand von Luftbildbeispielen aus dem süddeutschen Raum, wie sehr

Fortsetzung der Abbildungsunterschrift zu Abb. 4.27

deutlich abgegrenzten schluffig-sandigen Oberböden. Es handelt sich um salzhaltige Böden. Versalzungserscheinungen sind in der unteren Bildhälfte rechts als helle Flecken zu erkennen. Die dritte Bodeneinheit zeichnet sich durch den sehr hellen Grauton aus und es ist offensichtlich, daß es sich hier um sandige Böden handeln muß. Diese Sande sind wahrscheinlich äolischen Ursprungs. Auch die Sandböden werden teilweise zum Reisbau genutzt, es handelt sich jedoch um ausgesprochen marginale Anbauflächen, die nur bei überdurchschnittlich hohen Niederschlägen bestellt werden. (ung. Maßst. 1:25000)

die Neugliederung von Fluren im Zusammenhang mit Flurbereinigungsverfahren die abspülende Wirkung des Oberflächenwassers verstärken kann. Sowohl Rinnenspülung, Grabenreißen, Flutrinnenspülung als auch Flächenspülung sind vom Luftbild aus zu erkennen, lediglich Kleinformen der Rillenspülung und andere Mikroformen sind nicht auszumachen. Allerdings ist für das Erkennen der Formen ein günstiger Aufnahmetermin, und zwar das erosionsaktive Frühjahr, von Wichtigkeit. RICHTER weist auch darauf hin, daß das Luftbild gleichzeitig zur Planung wirkungsvoller Schutzmaßnahmen gegen die Bodenzerstörung eingesetzt werden kann.

Verwehungsformen sind aufgrund der sehr hohen Reflexion frischer Sand- und Schluffpartikel noch deutlicher als Abspülungsformen auf dem Luftbild zu erkennen. Die Bodenzerstörung durch Verwehung führt allerdings in den von HASSENPFLUG untersuchten Gebieten Schleswig-Holsteins nicht zu Dauerformen und zu einem Nettoverlust an Boden, sondern lediglich zu einer fortwährenden Bodenumlagerung.

Wesentlich weiter fortgeschritten, gebietsweise katastrophal, ist die Bodenzerstörung in Gebieten mit starker Saisonalität und langjähriger Landnutzung, wie vor allem im Mittelmeerraum, im Vorderen Orient, in Süd- und Südostasien und in Mittelamerika. Aber auch Gebiete, die erst relativ spät für eine intensivere Nutzung erschlossen wurden, wie die semiariden und semihumiden Teile Nordamerikas und Australiens, sind von ernsthafter Bodenzerstörung bedroht. Luftbildgestützte Untersuchungen können dazu dienen, Grad und Ausmaß der Bodenzerstörung kartenmäßig zu erfassen und helfen gezielte und wirkungsvolle Maßnahmen zu deren Reduzierung, Verhinderung oder Beseitigung zu ergreifen.

In welcher Art und Weise das Luftbild bei derartigen Studien eingesetzt werden kann, zeigt WILLIAMS (1981) in einer Untersuchung über die Gullyerosion in der Basilicata in Süditalien, wobei insbesondere das frühe Erkennen und die Voraussage der Erosionsanfälligkeit im Mittelpunkt stehen. Zwar befaßt sich WILLIAMS primär mit dem Problem der Gullyerosion (Grabenreißen), aber seine Vorgehensweise, die in etwas abgeänderter und verallgemeinerter Form auf Abb. 4.28 wiedergegeben ist, läßt sich auch auf andere Prozesse der Bodenzerstörung übertragen.

Die Bodenzerstörung ist nicht nur für die landwirtschaftliche Nutzung ein Problem, sondern kann auch die Funktionsfähigkeit und Lebensdauer von Staudämmen durch zu rasche Auffüllung des Staubeckens erheblich beeinflussen. Das Luftbild kann hierbei helfen, die stark erosionsgefährdeten Gebiete im Einzugsgebiet zu identifizieren und Maßnahmen zur Reduzierung der Sedimentzufuhr zu ergreifen. Ein Beispiel einer derartigen Kartierung der aktuellen Bodenzerstörung im Einzugsgebiet des Karaj-Dammes westlich von Teheran ist auf Abb. 4.29 dargestellt. Die Untersuchung beruhte auf einer dreimonatigen Luftbildauswertung und Geländeüberprüfung des Verfassers. Die geplanten und teilweise ergriffenen Maßnahmen zur Bekämpfung der Sedimentzufuhr waren der Bau von Sedimentauffangbecken in den Seitentälern mit der stärksten Sedimentlast, sowie Versuche, die Landnutzung zu modifizieren, wozu insbesondere eine Rekultivierung und eingeschränkte Beweidung der stark gefährdeten Hanglagen gehörte.

4.6 Bodenzerstörung und Bodenverschlechterung

Außer der Bodenzerstörung reduzieren Prozesse, die zu einer physikalischen und chemischen Veränderung der Bodeneigenschaften führen, die landwirtschaftliche Tragfähigkeit vieler Gebiete. Eines der schwerwiegendsten Probleme stellt hierbei die im Zusammenhang mit Bewässerung und Entwaldung semiarider und semihumider Gebiete auftretende Bodenversalzung dar, aber auch Bodenvernässung und Bodensenkung können örtlich zu Schäden führen.

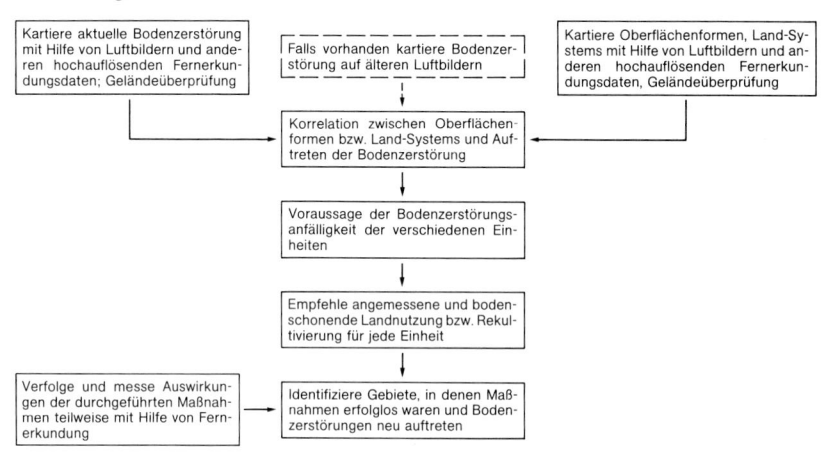

```
┌─────────────────────────┐   ┌─────────────────────────┐   ┌─────────────────────────┐
│ Kartiere aktuelle       │   │ Falls vorhanden kartiere│   │ Kartiere Oberflächen-   │
│ Bodenzerstörung mit     │   │ Bodenzerstörung auf     │   │ formen, Land-Systems    │
│ Hilfe von Luftbildern   │   │ älteren Luftbildern     │   │ mit Hilfe von Luft-     │
│ und anderen hochauf-    │   └───────────┬─────────────┘   │ bildern und anderen     │
│ lösenden Fernerkun-     │               │                 │ hochauflösenden Fern-   │
│ dungsdaten; Gelände-    │               ▼                 │ erkundungsdaten,        │
│ überprüfung             │   ┌─────────────────────────┐   │ Geländeüberprüfung      │
└─────────────┬───────────┘   │ Korrelation zwischen    │   └─────────────┬───────────┘
              └──────────────▶│ Oberflächenformen bzw.  │◀────────────────┘
                              │ Land-Systems und Auf-   │
                              │ treten der Bodenzer-    │
                              │ störung                 │
                              └───────────┬─────────────┘
                                          ▼
                              ┌─────────────────────────┐
                              │ Voraussage der Boden-   │
                              │ zerstörungsanfälligkeit │
                              │ der verschiedenen Ein-  │
                              │ heiten                  │
                              └───────────┬─────────────┘
                                          ▼
                              ┌─────────────────────────┐
                              │ Empfehle angemessene    │
                              │ und bodenschonende      │
                              │ Landnutzung bzw. Rekul- │
                              │ tivierung für jede Einh.│
                              └───────────┬─────────────┘
                                          ▼
┌─────────────────────────┐   ┌─────────────────────────┐
│ Verfolge und messe      │   │ Identifiziere Gebiete,  │
│ Auswirkungen der durch- │◀──│ in denen Maßnahmen      │
│ geführten Maßnahmen     │   │ erfolglos waren und     │
│ teilweise mit Hilfe von │   │ Bodenzerstörungen neu   │
│ Fernerkundung           │   │ auftreten               │
└─────────────────────────┘   └─────────────────────────┘
```

Abb. 4.28 Konzept der Erfassung der Bodenzerstörung (nach WILLIAMS 1981, etwas verändert).

Die Verbreitung der Bodenversalzung läßt sich meist direkt auf Luftbildern kartieren (Abb. 4.30). Wenn es sich um schwerwiegende Versalzungserscheinungen handelt und Salz an der Oberfläche angereichert ist, weisen die betroffenen Gebiete eine sehr hohe Reflexion auf, was auf dem Luftbild als nahezu weiße Flecken oder Flächen in Erscheinung tritt. Aber selbst weniger stark betroffene Areale, bei denen sich die Versalzung „nur" in einer Schädigung der Kulturpflanzen und in kahlen Stellen innerhalb der ansonsten mit Feldfrüchten bedeckten Felder zeigt, sind aufgrund der auffallend fleckenhaften, z.T. auch linienförmigen Verteilung heller Stellen auf dem Luftbild zu erkennen (Abb. 4.31). Allerdings ist hierbei zu beachten, daß eine starke Reflexion allein noch nicht ausreicht, um ein versalztes Gebiet eindeutig zu identifizieren. Gebiete, bei denen infolge starker Bodenerosion die Böden entblößt und vegetationslos sind, weisen sehr ähnliche Reflexionswerte auf. Sie können nur anhand der geomorphologischen Situation auf Hanglagen und Rücken von den tiefer liegenden versalzten Bereichen unterschieden werden (Abb. 4.31).

Das Luftbild kann neben der aktuellen Bestandsaufnahme von bereits betroffenen Gebieten auch wirkungsvoll und wirtschaftlich zur Überwachung der Bodenversalzung über längere Zeiträume eingesetzt werden sowie in Untersuchungen über die möglichen Zusammenhänge zwischen Oberflächenformen, Böden, Vegetation, Landnutzung und dem Auftreten der Versalzung. Das Luftbild stellt selbstverständlich auch hier lediglich ein Hilfsmittel der Geländearbeit dar.

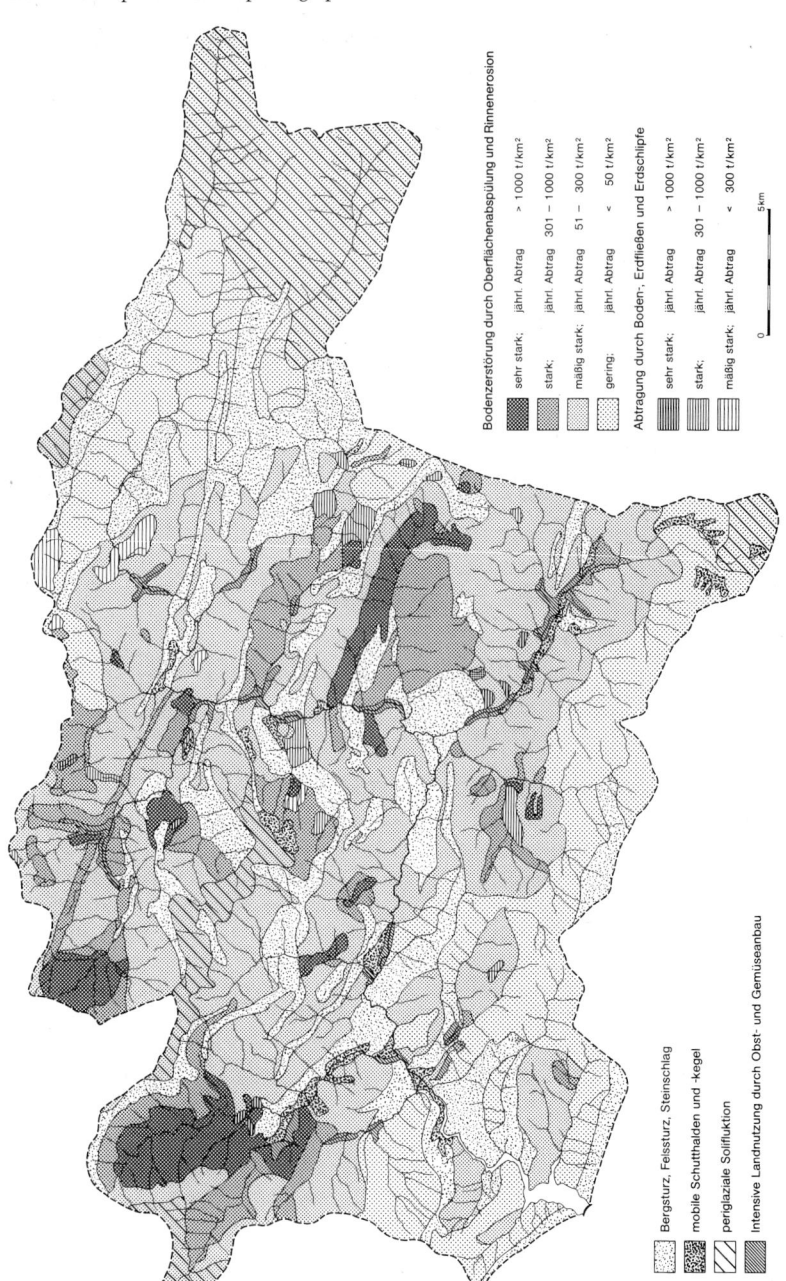

Abb. 4.29 Kartierung der aktuellen Bodenzerstörung im Einzugsgebiet des Karaj Dammes, Iran.

4.6 Bodenzerstörung und Bodenverschlechterung 155

Vernässungen im Zusammenhang mit unsachgemäßer Bewässerung und Abholzung sind auf Luftbildern etwas schwieriger zu erkennen, meist zeichnen sie sich als dunkle Flecken innerhalb der Felder ab, oder sind durch absterbende Bäume und Sträucher gekennzeichnet.

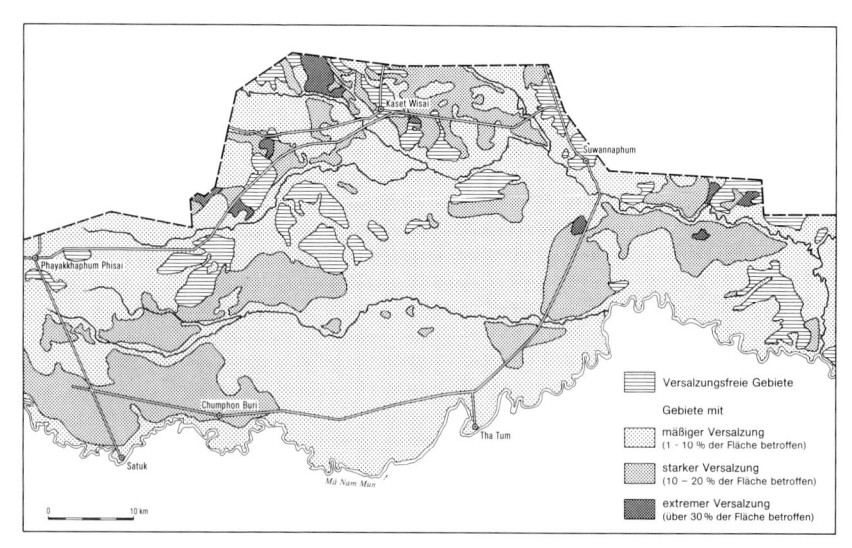

Abb. 4.30 Kartierung der Bodenversalzung im unteren Mun-River Becken, Nordostthailand.

Auch Bodensenkungen und Sackungen im Zusammenhang mit starker Grundwasserentnahme oder dem Entzug von Erdöl sind auf Luftbildern schwierig zu erkennen, da es sich meist um relativ geringe Senkungsbeträge handelt, die im Landschaftsbild nicht unmittelbar sichtbar sind. Aber mit Hilfe von Luftbildern kann z. B. die Ausdehnung der senkungsgefährdeten Gebiete und das Ausmaß der Überflutungsgefahr einzelner Bereiche abgeschätzt werden.

Abb. 4.31 Reisbaulandschaft im Mun-River Gebiet, Nordostthailand. Der Reisbau basiert hier auf dem Stau von Niederschlagswasser in den einzelnen, durch niedrige Wälle eingefaßten Reisfeldern (dünne helle Striche). Die unregelmäßig verteilten hellen Flekken innerhalb der Reisfelder zeigen versalzte Bereiche an. Bei den einheitlich hellen Reisfeldern handelt es sich allerdings nicht um Versalzungserscheinungen, es sind frisch bearbeitete Felder. Auch die hellen Bereiche, die das baumbestandene Dorf unmittelbar umgeben, sind keine Versalzungen sondern durch starke Bodenerosion entblößte Böden mit hohem Sandanteil. (1:20000)

4.7 Naturräumliche Gliederung, Landklassifizierung und Landressourcenkartierung

Zwar wurde in der deutschen Geographie „der entscheidende Schritt zum Konzept einer Landschaftsökologie und zur Methode naturräumlicher Gliederung der Erde auf ökologischer Grundlage durch systematische Auswertung von Luftbildern vor dem zweiten Weltkrieg getan" (SCHNEIDER et al. 1973, S. 7) – ein schönes Beispiel hierfür ist die noch aus der Kriegszeit stammende Untersuchung von MÜLLER-MINY (1952) über das Land an der mittleren Warthe – aber sie konnte in der Nachkriegszeit zunächst nicht weitergeführt werden. Daher auch die erstaunliche Tatsache, daß gerade in diesem Land eine Arbeit wie die 1943 begonnene, aber hauptsächlich in den fünfziger Jahren durchgeführte naturräumliche Gliederung Deutschlands (MEYNEN et al. 1953 – 1962), weitgehend ohne Zuhilfenahme von Luftbildern erstellt werden mußte, während in anderen Ländern das Luftbild verstärkt in landschaftsökologischen Untersuchungen und anderen Arbeiten über Landschaftsgliederungen, Landklassifikationen und Naturressourcenkartierungen eingesetzt wurde. Viele dieser Arbeiten wurden unter angewandten Aspekten durchgeführt, wie insbesondere Naturressourcenuntersuchungen in Australien, Kanada, Afrika und Neuguinea.

Da die für eine naturräumliche Gliederung wichtigsten Faktoren wie Oberflächenformen, Vegetation, Böden, Gewässer, Höhenlage und kulturlandschaftliche Erscheinungen direkt oder indirekt auf dem Luftbild erfaßt werden können, bietet es zweifellos ein ausgezeichnetes Hilfsmittel für das Festlegen naturräumlicher Grenzen und Einheiten und für die Erfassung einzelner Faktoren und landschaftsökologischer Zusammenhänge. Es dürfte klar sein, daß der Stellenwert der Luftbildauswertung und der Informationsgewinn in einem bereits gut erforschten, zugänglichen und kartenmäßig gut ausgestatteten Land wie Deutschland ein anderer ist als in wenig erforschten Gebieten. Das Luftbild wird daher hier nicht für Übersichtsuntersuchungen und grobe Klassifikationen herangezogen, sondern als Hilfsmittel der Detailkartierung. Einige eindrucksvolle Beispiele derartiger Detailerfassung sind in Heft 11 Schriftenfolge „Landeskundliche Luftbildauswertung im mitteleuropäischen Raum" (SCHNEIDER et al. 1973) zu finden.

Während die Luftbildauswertung in Deutschland für anwendungsbezogene Aufgaben in der Raumgliederung erst relativ spät eingesetzt wurde, stand sie im Ausland, vor allem im angelsächsischen Raum, hauptsächlich unter diesem Aspekt. Eine der bekanntesten Methoden zur Raumgliederung und zur Erfassung der natürlichen Ressourcen und für Landklassifizierungen ist das Landsystemkonzept, das in verschiedenen Varianten und Weiterentwicklungen auch in anderen Ländern, vor allem in Entwicklungsländern, eingesetzt wird. Die einzelnen Methoden wurden von RICHTER (1967) und SCHNEIDER (1970, 1974) besprochen und die verwendeten Gliederungs- und Ordnungsstufen tabellarisch zusammengestellt.

Das Landsystemkonzept geht davon aus, daß eine Landschaft in eine Anzahl von Raumeinheiten unterteilt werden kann, die eine Reihe von gemeinsamen Attributen aufweisen und sich systematisch von anderen Einheiten mit anderen Merkmalen abgrenzen. Damit soll die Vielfalt des natürlichen Terrains in sinnvolle und überschaubare und für eine Schätzung des Naturpotentials bzw. Landnutzungspotentials relevante Einheiten unterteilt werden. Ein Landsystem wird definiert als ein Areal oder mehrere Areale, die sich durch eine charakteristische Vergesellschaftung von Oberflächenformen, Vegetation und Böden auszeichnen. Das Landsystem stellt also kein einheitliches Landschaftselement dar, wie etwa ein Hang oder Grat, sondern die einzelnen, ein Landsystem aufbauenden Elemente treten in einem relativ einheitlichen räumlichen Muster und damit Luftbildmuster auf. Ein Beispiel wäre eine Berglandschaft mit einheitlichem Relief und relativ ähnlichen Hang- und Talformen, wobei durchaus deutliche Unterschiede in der Hangneigung zwischen Fußhang, Mittelhang und gratnahem Hang auftreten können, und daher auch entsprechende Unterschiede in der Bodencatena und der Vegetation ausgebildet sind. Entscheidend ist, daß es sich um ein regelmäßig wiederkehrendes Muster handelt (Abb. 4.32).

Dieses Muster findet in der Regel auf dem Luftbild als Luftbildmuster Ausdruck und kann daher auf diesem umgrenzt werden. Durch Geländestichproben werden die Luftbildauswertung überprüft und der Inhalt der umgrenzten Areale genauer bestimmt, vor allem was die Gesteinsgrundlage, Morphologie, Vegetation und Böden betrifft (LÖFFLER 1974).

Die Bausteine eines Landsystems sind die Land Units – Einzelformen, aus denen sich ein Landsystem zusammensetzt (z. B. ein Steilhang, eine Talaue, eine Terrasse). Es sind die kleinsten Einheiten einer Landschaft, sie sind auf einem Luftbild mittleren Maßstabs zwar zu erkennen, aber aufgrund ihrer Kleinheit und komplexen räumlichen Verteilung nicht einzeln zu kartieren. Der Begriff Land Unit wäre etwa dem Ökotopenkomplex TROLLS (1966) oder dem Ökotopgefüge NEEFS (1964) gleichzusetzen. Die Land Units werden mit Hilfe eines repräsentativen Blockdiagramms oder Luftbildpaars im Text der Survey-Berichte beschrieben (Abb. 4.32). Mit Hilfe der Landsystemkarte und der Geländeuntersuchung kann z. B. das landwirtschaftliche Potential eines Gebiets geschätzt werden, denn die für die landwirtschaftliche Tragfähigkeit eines Gebiets wichtigen Faktoren wie Hangneigung, Gefahr der Bodenerosion oder Überflutung, Drainage, Bodenqualität, Bodenversalzung können zumindest qualitativ und annähernd direkt oder indirekt (z. B. über die Vegetation) durch die Luftbildauswertung erfaßt und stichprobenhaft im Gelände verifiziert werden. Ein Beispiel einer derartigen Landressourcenkartierung und Schätzung des landwirtschaftlichen Potentials ist in LÖFFLER (1982) zu finden. Die Aussagegenauigkeit hängt vom Maßstab der Untersuchung und der verwendeten Luftbilder, der Dichte der Geländestichproben sowie der Erfahrung der Bearbeiter ab. Je größer das Untersuchungsgebiet, je geringer der zur Verfügung stehende Zeitaufwand und vor allem je weitmaschiger die Geländestichproben, desto stärker ist das Maß der Generalisierung. In der Regel werden derartige Landsystemkarten je nach Geländekomplexität im Maßstab von 1:100000 bis 1:1000000 angefertigt, sie setzen bei kleinen Maßstäben lediglich die physischen Rahmenbedingungen für eine großräumige Planung fest. Für detaillierte Planungen oder Implementierungen sind großmaßstäbliche Untersuchungen und Kartierungen (etwa Niveau der Land Units) notwendig.

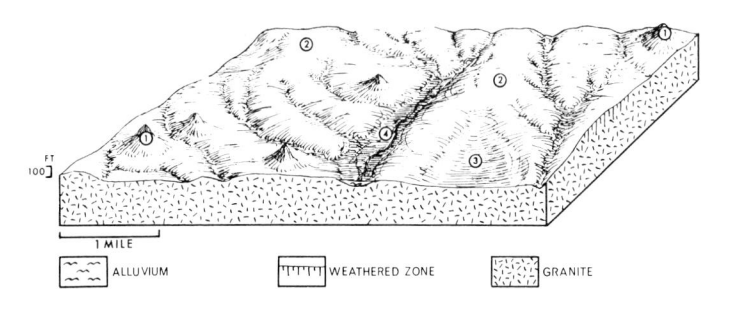

4.7 Naturräumliche Gliederung, Landklassifizierung und Landressourcenkartierung

Land Unit	Area and Distribution	Land Forms	Soils	Vegetation	Land Class
1	5% Sporadic, absent in north	Basalt cones and granite tors; steep, rugged, isolated rocky hills 20–1000 ft high; slopes up to 100%; minor gravelly clay aprons	Mainly shallow rocky soils, Rugby (Um1) and Shotover (Ucl), with extensive outcrop; minor areas of shallow texture-contrast soils, Southernwood (Dr2.12), near tors and cracking clay soils at base of cones, Arcturus (Ug5.12)	On basalt cones: *E. orgadophila* woodland and eastern mid-height grass (*Themeda australis*), depauperate softwood scrub (*Brachychiton australe*), narrow-leaved ironbark (*E. drepanophylla*), and eastern mid-height grass on lower slopes. *E. orgadophila* woodland on aprons. On tors: *E. drepanophylla* woodland and depauperate softwood scrub	VII–VIII t_{6-8}, r_5, d_3
2	80% Widespread	Rolling country and low hills; broad undulating interfluves up to a mile wide; slopes up to 10%; fairly narrow dendritic valleys 30–150 ft deep and with slopes up to 20%; surficial quartz gravel common; sheet erosion and gullying in steeper slopes	Mainly deep texture-contrast soils, generally with thin sandy or loamy surface and red neutral to strongly alkaline subsoils, Wyseby (Dr2.12) and Taurus (Dr2.13); shallow and more sandy soils on ridge crests, Southernwood (Dr2.12) and Broadmeadow (Dy2.43)	*E. melanophloia* woodland (*E. melanophloia*, *E. dichromophloia*); eastern mid-height grass (*Bothriochloa ewartiana*, *Heteropogon contortus*, *Aristida glumaris*)	IVe_3 $_1$, p$_{3\,4}$
3	10% Sporadic	Lowlands; gently undulating; up to 1 mile across; gravelly Tertiary clay and weathered granite; also a few broad interfluves on weathered granite with much secondary carbonate	Texture-contrast soils, Retro (Db1.13), and cracking clay soils, Rolleston (Ug5.24)	Brigalow scrub, with *Eremophila mitchellii* and *Terminalia oblongata* midstorey, rarely *T. oblongata* community alone; scrub grass (*Paspalidium* spp.); *E. populnea* woodland with argillicolous midstorey (*Eremophila mitchellii*, *Carissa ovata*) and eastern mid-height grass	IVp$_{3\,1}$, s$_3$ k$_2$ $_3$
4	5% Widespread	Alluvial flats; narrow with distinct levees; rather sandy; single channels up to 15 ft deep	No observations; probably texture-contrast soils mainly	Fringing forest (*Melaleuca bracteata*, *Callistemon viminalis* on small channels, *E. tereticornis*, *Casuarina cunninghamiana* as well, on larger); *E. populnea* woodland and eastern mid-height grass; limited frontage woodland (*E. polycarpa*) and frontage grass	IVp$_{3\,4}$

Abb. 4.32   Beispiel eines Landsystems aus Zentralaustralien

Es steht außer Frage, daß das Landsystemkonzept und ähnliche Methoden (vgl. OLLIER 1977) wissenschaftliche Schwächen aufweisen; dementsprechend wurden sie auch stark kritisiert (MOSS 1969). Die Definition des Landsystems ist vage und die Grenzziehung zwischen ähnlichen Landsystemen subjektiv; auch fehlen landschaftsdynamische Aspekte. Die starke Betonung der Geomorphologie bedingt mitunter Zirkelschlüsse und führt zu Korrelation zwischen einzelnen Faktoren, die wissenschaftlicher Überprüfung nicht immer standhalten. Es fehlt daher auch nicht an Versuchen, die Methode zu verbessern und vor allem stärker zu quantifizieren (SPEIGHT 1974). Aber alle diese Versuche erfordern einen unverhältnismäßig hohen Aufwand an Kosten und Zeit, oft auch das Vorhandensein von guten topographischen Karten, und sie sind daher in der praktischen Anwendung von begrenztem Wert.

4.8 Siedlungshistorische und archäologische Luftbildauswertung

Der Einsatz des Luftbilds in der siedlungshistorischen und archäologischen Forschung geht fast bis zu den Anfängen der Luftbildauswertung zurück, denn der Nutzen des Luftbilds für diese Forschungsrichtungen ist so offensichtlich wie für die Geomorphologie und Geologie. Hier kommt neben dem Vorteil des großen räumlichen Überblicks und der synoptischen Betrachtung vor allem die Tatsache zum Tragen, daß viele unter Kulturschutt verborgene Phänomene oder alte, nicht mehr intakte kulturelle Anlagen sich als erkennbare Muster auf dem Luftbild durchpausen. Siedlungsanlagen, alte Flursysteme, Bewässerungsanlagen oder Straßen zeichnen sich oft, auch wenn sie kaum oder überhaupt nicht an der heutigen Oberfläche auszumachen sind, aufgrund geringer Unterschiede in der Bodenzusammensetzung, Bodenfeuchte oder durch unterschiedliche Vegetationsbedeckung oder -dichte als mehr oder weniger regelmäßige geometrische und damit „unnatürliche" Muster im Grauton der Bilder ab. So wurden Luftbilder und neuerdings auch nicht-photographische Fernerkundungssysteme von SCOLLAR (1965, 1977) zur systematischen Kartierung von archäologischen Fundstätten im Rheinland verwendet, wobei sowohl keltische Hügelgräber als auch römische Siedlungs- und Straßenanlagen entdeckt wurden.

Bei der Erkundung archäologischer Fundstellen im Orient wird das Luftbild praktisch seit Anfang der Luftbildphotographie mit großem Erfolg eingesetzt (MARTIN 1968, 1971) (Abb. 4.33).

Auch viele höchst interessante Entdeckungen von alten Acker- und Flursystemen, Bewässerungsanlagen und Terrassensystemen aus mittelalterlicher, antiker, ja sogar prähistorischer Zeit sind dem Luftbild zu verdanken. Zu nennen wären hier vorgeschichtliche, mittelalterliche und spätmittelalterliche Flurrelikte und Hochäckerverbände im mitteleuropäischen Raum (BORN 1960, JÄGER 1960), auf römische Zeit zurückgehende Feldeinteilungen, Bewässerungs- und Terrassensysteme im Mittelmeergebiet und Vorderen Orient (SCHNEIDER 1974), prähistorische Ackersysteme mit hochäckerähnlichen streifenförmig angelegten Feldern (ridged fields) in Mittel- und Südamerika (EBERT und LYONS 1983). Auch aus dem Mekong-Delta und aus dem Hochland von Neuguinea sind prähistorische Feldeinteilungen durch Luftbilder entdeckt und anschließend im Gelände untersucht worden (siehe den mit eindrucksvollen Bildbeispielen ausgestatteten Abschnitt "Flurformen und Parzellengefüge" in SCHNEIDER 1974 und „Archaeological applications of remote sensing" in EBERT u. LYONS 1983).

4.8 Siedlungshistorische und archäologische Luftbildauswertung 161

Abb. 4.33 In der archäologischen Forschung spielt das Luftbild schon seit langem eine wichtige Rolle. Vor allem bei der Lokalisierung von Fundstätten und beim Erkennen von unter Kulturschutt verborgenen Anlagen leistet es wertvolle Dienste. Die Aufnahme zeigt die historische Anlage der Stadt Dur-Katlimmu am Unterlauf des Khabour in Nordostsyrien. Die an der Westflanke des mächtigen Siedlungshügels befindliche Grabungsstelle will Licht in das aus assyrischer Zeit (1300 bis 600 v. Chr.) stammende Erbe des heutigen Tell Schech Hamad bringen. Die kleinbäuerlich-private Bewässerungslandwirtschaft, die auf einem schmalen Streifen entlang des Flusses betrieben wird, ist jüngsten Datums. Seßhaft gewordene Nomaden bauen auf den kleingekammerten Überstauflächen Weizen, Gerste und Hirse für die Eigenversorgung sowie Baumwolle für den Markt an und benutzen die alte nördlich des Tells gelegene Stadtfläche als Grabstätte für ihre Verstorbenen. Das Bild wurde freundlicherweise von Prof. H. Kühne zur Verfügung gestellt. Genehmigung: siehe Bildquellen und Freigaben.

4.9 Landnutzung

Die Landnutzung gehört zusammen mit den Oberflächenformen und der Vegetation zu den am direktesten erkennbaren Erscheinungen auf dem Luftbild, und die Luftbildauswertung spielt daher in Untersuchungen über viele Aspekte der Landnutzung schon seit langem eine wichtige Rolle. Landnutzungskartierungen, die Beobachtungen von phänologischen Aspekten und Veränderungen, die Identifizierung von Feldfrüchten, Erntevoraussagen, Schädlingsbefall oder andere Ernteschäden und natürlich Flurformen und deren Veränderung in Raum und Zeit können mit Hilfe des Luftbilds durchgeführt und untersucht werden, wie dies in zahlreichen Untersuchungen (siehe ausführliches Literaturverzeichnis in SCHNEIDER 1974) demonstriert wurde, von denen hier nur beispielhaft die deutschsprachigen Arbeiten von SCHMIDT-KRAEPLIN und SCHNEIDER (1966), STEINER (1961), OBST (1960), DODT und van der ZEE (1974) angeführt werden sollen.

Flurbereinigungsmaßnahmen können mit Hilfe des Luftbilds sehr viel besser geplant werden als ohne; wichtige und erhaltenswerte landschaftsökologische Einheiten sind oft deutlicher in ihrer Gesamtzusammensetzung zu erkennen als im Gelände oder auf topographischen Karten. (Abb. 4.34). Auch hilft das Luftbild beim frühzeitigen Erkennen und Voraussagen von Gefahren der Bodenzerstörung (RICHTER 1972) und die Flurbereinigungsmaßnahmen können dementsprechend geplant und modifiziert werden. Das Luftbild ist gleichzeitig ein Hilfsmittel, die ökologischen Auswirkungen und Folgen der Flurbereinigung über längere Zeiträume zu verfolgen und etwaige Schäden frühzeitig zu erkennen. Mit der Durchführung einer Flurbereinigung wird das Luftbild auch zu einer wichtigen kulturhistorischen Quelle, denn nur das Luftbild kann genaue Auskunft über das Landschaftsbild vor der Flurbereinigung geben (Abb. 4.34).

Abb. 4.34   Auch bei der Planung und Durchführung von Flurbereinigungsverfahren ist das Luftbild von hohem Aussagewert. Vor allem aber lassen sich wichtige und erhaltenswerte landschaftsökologische Einheiten sehr gut im Zusammenhang erkennen. Das Bild zeigt einen Ausschnitt aus der Fränkischen Alb um die Ortschaft Tiefenpölz, Oberfranken, mit flurbereinigten (oben rechts und unten Mitte rechts) und nicht- flurbereinigten Feldern. Die nicht flurbereinigten Felder sind durch kleinparzellierte Ackerfluren, Hecken und Lesesteinwälle gekennzeichnet. Auf den flurbereinigten Feldern wurden die Hecken und Lesesteinstufen weitgehend beseitigt, nur an steileren Hanglagen und im Grünlandbereich sind sie noch erhalten. Die beseitigten Lesesteinstufen und das alte Wegenetz sind anhand heller Streifen noch zu erkennen. Die flächig hellen Flecken weisen auf verstärkte Abtragung durch Abspülung und Winderosion hin (ung. Maßst. 1:20000)

4.9 Landnutzung   163

Das Ausmaß und der Erfolg von Landgewinnung in Küstengebieten (Abb. 4.35), Trockenlegung von Sümpfen, Ausdehnung von Bewässerungsland und die damit verbundenen Gefahren der Bodenversalzung und Vernässung sowie das Ausmaß der Bodenzerstörung durch agrarische Übernutzung und Überweidung (siehe 4.6) lassen sich auf dem Luftbild relativ schnell und und zuverlässig abschätzen. Selbst Herdenzählungen können durchgeführt und Bestockungsdichten ermittelt werden (FRICKE 1965). Einige dieser Untersuchungen werden heute auch mit Hilfe von Satellitenbildern durchgeführt, wobei sich besonders dynamische Aspekte aufgrund des multitemporalen Charakters der Satellitenaufnahmen anbieten; aber für jede detaillierte Aussage ist das konventionelle Luftbild weiterhin unerläßlich.

Eine wichtige Rolle fällt dem Luftbild in der landwirtschaftlichen Planung in Ländern mit ausgedehnten, teilweise noch wenig erschlossenen agrarischen Ressourcen zu, zu denen viele Entwicklungsländer gehören. Es besitzt hier sowohl für die Erfas-

Abb. 4.35 Landgewinnung an der ostfriesischen Küste bei Greetsiel. Das Luftbild gibt einen ausgezeichneten Überblick über die Struktur der ostfriesischen Küstenlandschaft und die verschiedenen Stadien der Landgewinnung. Der etwa West-Ost verlaufende Hauptdeich in der oberen Bildmitte trennt ein älteres Stadium (erkennbar an der etwas unregelmäßigen Fluraufteilung) von dem regelmäßigen Schachbrettmuster der neueren Landgewinnung. Auch dieses Gebiet ist von einem Deich umgeben. Ein drittes jüngstes Stadium der Landgewinnung liegt außerhalb des Deichs, und ist durch den noch nicht abgeschlossenen Prozeß der Landgewinnung mit Hilfe von Lahnungen gekennzeichnet. Die streifige Textur rührt von seichten Entwässerungsgräben her, die im Laufe der Zeit immer stärker verlanden. Die streifige Textur ist daher auf den älteren Gebieten weniger deutlich ausgeprägt als in den jüngeren.

sung der natürlichen Ressourcen und des Landnutzungspotentials (siehe 4.7) wie auch für die Planung und Implementierung von Entwicklungsprojekten einen hohen Stellenwert (siehe z. B. Voss 1982). Auch für agrarische Strukturanalysen, für die Erfassung von Anbausystemen und Rotationszyklen in Wanderfeldbaugebieten ist das Luftbild ein oft unentbehrliches Hilfsmittel, da es sowohl die flächenhafte Verbreitung als auch die zeitliche und räumliche Veränderung der landwirtschaftlichen Aktivität aufzeigen kann. Gerade in Wanderfeldbaugebieten ist das Luftbild oft die einzige zuverlässige Quelle, die Auskunft darüber geben kann, wie stark der Zyklus der Landrotation in den vergangenen Jahren oder Jahrzehnten verkürzt werden mußte.

Bei der Planung von Bewässerungsprojekten ist der Einsatz von Luftbildern besonders wichtig. Das Luftbild kann hier eingesetzt werden, um das für die Bewässerung geeignete Land zu ermitteln und Gebiete, die zur Versalzung neigen (tief liegende, schlecht entwässerte Bereiche) zu eliminieren. Auch Gebiete, die eine hohe Infiltrationskapazität aufweisen (alte Dünenkämme und Sandvorkommen) und dadurch zu einem höheren Wasserverlust und einem schnellen Anstieg des Grundwassers beitragen, können bereits durch das Luftbild erkannt werden. Die günstigen Bewässerungslagen sind etwas höher gelegene Bereiche innerhalb von Ebenen, wie alte Dammuferbereiche, flache Schwemmfächer und ältere Abschnitte der Ebene. Alte Flußläufe und sonstige tief liegende Bereiche der Ebene sind als Bewässerungsland ungeeignet, bieten sich jedoch zur Anlage von Entwässerungskanälen an. All diese Faktoren sind mit Hilfe der geomorphologischen Luftbildinterpretation zumindest teilweise zu erfassen und können daher in der frühen Planung berücksichtigt werden.

4.10 Ländliche Siedlungen

In siedlungsgeographischen Untersuchungen kann das Luftbild zur Erfassung und Kartierung des Grundrisses von Siedlungen eingesetzt werden, es gibt Auskunft über den Zusammenhang der Siedlung mit umgebenden Fluren und der Landschaft, wie dies von UHLIG (1956, 1960) und SCHMIDT-KRAEPLIN und SCHNEIDER (1966) gezeigt wurde. Es läßt damit Schlüsse auf siedlungshistorische und genetische Aspekte zu, wie sie im mitteleuropäischen Raum für Haufendörfer, Wald-, Marsch- und Moorhufendörfer oder Straßendörfer gelten.

Im außereuropäischen Raum läßt die Siedlungsform und -struktur oft Rückschlüsse auf die ethnische Zusammensetzung und Differenzierung der Bevölkerung zu. So sind auf Neuguinea bestimmte Dorf- und Hausformen, wie Langhäuser, Reihendörfer, Runddörfer, Pfahlbau-Siedlungen und Streusiedlungen für einzelne Völker typisch (Abb. 4.36). Ähnliche Differenzierungen lassen sich auf Borneo zwischen den Siedlungen der altmalayischen Dayaks (Langhäuser) und den Reihendörfern und Pfahlbau-Siedlungen der Malayen machen, die sich ihrerseits wieder von den chinesischen Siedlungen unterscheiden.

Auch in afrikanischen Ländern sind derartige Differenzierungen oft vorhanden (FRICKE et al. 1980), allerdings hat die starke wirtschaftliche Veränderung vor allem durch den „cash crop"-Anbau sowie forcierte und freiwillige Umsiedlung eine Vereinheitlichung der Siedlungs- und Hausformen mit sich gebracht.

Das Luftbild hilft nicht nur bei der Typisierung, Klassifizierung, Beschreibung und Inventarisierung von Siedlungstypen, sondern es ist, sofern Aufnahmen unterschiedlicher Zeitpunkte vorliegen, auch ein wichtiges Hilfsmittel, die Veränderung von Siedlungen, deren Bauentwicklung und ihren Wandel im funktionalen Gefüge zu erfassen. Ein Beispiel wäre der Funktionswechsel einer Siedlung von einer vorwiegend ackerbautreibenden Gemeinde mit intakten Bauernhöfen zu einer Pendler-Wohngemeinde, deren Bevölkerung in nahegelegenen Industrieorten beschäftigt ist.

Abb. 4.36   Ausgeprägte Streusiedlung ist für die meisten Hochlandvölker Neuguineas typisch. Das Luftbild zeigt einen Ausschnitt aus dem dicht besiedelten Tari Becken mit zahlreichen eingezäunten Feldern, in denen meist auch Hütten stehen. Angebaut wird fast ausschließlich Süßkartoffel. (ung. Maßst. 1:55000)

Solche Veränderungen zeigen sich auf dem Luftbild z. B. in der starken Ausdehnung von reinen Wohngebäuden außerhalb des alten Dorfkerns, in baulichen Veränderungen der Bauernhäuser selbst oder auch im Auftreten von Aussiedlerhöfen. Das Zunehmen von Dauersiedlungen insbesondere von Straßendörfern in manchen Entwicklungsländern, die Auflösung alter Dorfstrukturen durch freiwillige oder erzwungene Umsiedlung oder Veränderungen in der Bautradition und damit die Aufgabe traditioneller Siedlungsformen durch wirtschaftliche Faktoren oder staatliche Maßnahmen können oft auf Luftbildern erfaßt und in ihrer zeitlichen Abfolge festgelegt werden.

Auch in der Orts- und Kommunalplanung läßt sich das Luftbild aufgrund seiner Aktualität und des guten und raschen Überblicks über siedlungsbildende Grundelemente und die Bebauungsstruktur als planerisches Hilfsmittel sehr gut einsetzen (SAUTER 1984, ARNAL 1984).

4.11 Städte

In der stadtgeographischen Forschung und der Stadtplanung findet das Luftbild vielfältige Anwendung; denn es vermittelt einen guten Überblick über den Grundriß – bei großmaßstäblichen Bildern auch den Aufriß – der Städte, über ihre topographische Lage und ihre Beziehung zum Umland, und es läßt oftmals auch das Abgrenzen historischer, funktionaler oder auch sozioökonomischer Einheiten zu, es gibt Aufschluß über Wohn- und Bevölkerungsdichte und Wohnqualität, es kann zur Schätzung der Verkehrsdichte herangezogen werden, und es erlaubt vor allem auch das Erfassen der Stadtentwicklung, wenn Aufnahmen unterschiedlicher Zeitpunkte vorhanden sind. Ein eindrucksvolles Beispiel wurde für diesen letzten Fall von RICHTER (1975) publiziert, der die unterschiedliche Entwicklung dreier phönizischer Hafenstädte zwischen 1918 (!) und 1970/71 mit Hilfe von Luftbildern aufzeigen konnte. Historische Elemente wie alter Stadtkern, ehemaliger Verlauf der Stadtmauer, verschiedene Phasen der Stadtentwicklung zeichnen sich oftmals direkt anhand des Straßenverlaufs und der Bebauung ab. Dies kann an zahlreichen Bildbeispielen deutscher Städte nachvollzogen werden (z. B. Luftbildatlas Bayern (FEHN 1973), Flug über Mittelfranken (BECK 1983) oder die Serie Luftbildinterpretation – Siedlungs- und Wirtschaftsstrukturen der Bundesrepublik Deutschland) (Abb. 4.37).

Die bauliche Entwicklung und Differenzierung mancher orientalischer Städte, besonders marokkanischer Städte, läßt sich meist sehr schön auf Luftbildern analysieren, da diese Städte weitgehend intakte und gut erhaltene Altstädte aufweisen, die sich sowohl räumlich als auch funktional deutlich von den Neustädten und den seit der Unabhängigkeit entstandenen Vierteln unterscheiden (EHLERS 1984) (Abb. 4.38). Ein großer Vorteil des Luftbilds für derartige Studien ist die Möglichkeit, auch unzugängliche Stadtgebiete zu kartieren.

Auch Haustypen, Baumaterial, Straßen- und Wegführung, Bebauungsdichte und räumliche Anordnung von Gebäuden in außereuropäischen Städten erlauben oft eine

Typisierung der Städte, wie dies von FREITAG (1970) für nigerianische Städte durchgeführt wurde.

Abb. 4.37 Historische Elemente wie alter Stadtkern, Verlauf der Stadtmauer und verschiedene Phasen der Stadterweiterung sind auf Luftbildern wie auf diesem Beispiel von Nördlingen unmittelbar zu erkennen. Das Luftbild liefert im Gegensatz zur Karte ein aktuelles Bild. (ung. Maßst. 1:26000)

Aber nicht nur die historische Entwicklung, sondern auch funktionale Aspekte sind erfaßbar, und man kann eine Abgrenzung städtischer Zonen durchführen. Geschäftsviertel, Industrie- und Gewerbegebiete sowie Wohnbezirke sind direkt zu erkennen, und oftmals ist auch eine Differenzierung der Wohngebiete nach sozioökonomischen Gesichtspunkten anhand der Dichte, der Qualität und des Zustands der Wohneinheiten möglich. So wurden z. B. von DAVIES et al. (1973) Luftbilder zur Erfassung von städtischen Slums und Armenvierteln herangezogen, BADEWITZ (1971) führte eine sozialräumliche Gliederung der Stadt Essen durch, und eine ähnliche Untersuchung wurde von DODT (1971) für die Stadt Dinslaken vorgelegt.

Auf Luftbildern sichtbare Kriterien zur Differenzierung von Wohngebieten einkommensschwacher Bevölkerungsgruppen von solchen mittleren Einkommens sind für Städte in den USA nach DAVIS et al. (1973) Haus- und Grundstücksgröße, Entfernung des Hauses von der Straße, Bebauungsdichte, Einheitlichkeit der Bebauung und damit Einheitlichkeit des Luftbildmusters, Vorhandensein von Garagen und Einfahrten, Zustand und Breite der Straßen, Qualität und Zustand der Gärten und Grünanlagen, Vorhandensein von Abfall und Schutt, die Orientierung der Häuser zur Straße sowie Nähe von Einkaufsmöglichkeiten und industriellen Betrieben. Diese Kriterien sind natürlich nicht ohne weiteres auf andere Länder übertragbar; aber sie zeigen, wie differenziert ein Luftbild ausgewertet werden kann.

Abb. 4.38 Die bauliche Differenzierung marokkanischer Städte läßt sich auf Luftbildern gut analysieren, da sie meist intakte und gut erhaltene Altstädte aufweisen, die sich sowohl räumlich wie funktional von den Neustädten absetzen, wie auf diesem Luftbild von Taza gut veranschaulicht wird. Beachte: Um einen korrekten Reliefeindruck zu vermitteln, wurde das Bild mit Süden nach oben ausgerichtet.

Auch Bevölkerungsschätzungen sind mit Hilfe von Luftbildern möglich, sofern gewisse Beziehungen zwischen Hausgröße und -qualität einerseits und der Wohndichte andererseits vorausgesetzt werden können. Derartige Schätzungen erscheinen besonders wertvoll in Ländern, wo Bevölkerungsdaten unzuverlässig oder überhaupt nicht vorhanden sind. Die am häufigsten angewandte, aber gleichzeitig auch arbeitsaufwendigste Methode stellt die Zahl der Wohneinheiten anhand der vorhandenen Haustypen (Einzelhäuser, Zwei- und Mehrfamilienhäuser, Wohnblocks, Hochhäuser) fest und multipliziert diese Zahl mit der durchschnittlichen Kopfzahl einer Familie. Die Zahl der Wohneinheiten pro Gebäude ist in der Regel bei kleineren Gebäuden leichter festzustellen als bei Wohnblocks; aber auch hier lassen Kriterien wie Anzahl der Stockwerke, Anzahl der Kamine oder Fernsehantennen, Gesamtgröße der Gebäude, Vorhandensein von Grünflächen, Garagen, Parkmöglichkeiten und dgl. auf die Zahl der Wohneinheiten schließen.

Entscheidend für die Genauigkeit der Schätzung ist die Eingabe der durchschnittlichen Familiengröße. Untersuchungen, die für alle Wohneinheiten die gleiche Eingabezahl verwenden, sind meist weniger genau als solche, die die Familiengröße nach Qualität und Lage der Wohneinheiten differenzieren, wie dies von Lo und Chan (1980) für Hong Kong und von Adeniyi (1983) für Lagos durchgeführt wurde.

Eine zweite, weniger arbeitsaufwendige Methode besteht darin, die Flächenausdehnung der wichtigsten Wohnhaustypen festzustellen und mit der durchschnittlichen Bevölkerungsdichte der einzelnen Typen, die mit Hilfe vorhandener Zählungen oder mittels Stichprobe ermittelt wurde, zu multiplizieren (Collins und El Beih 1971). Diese Methode dürfte allerdings nur bei relativ einheitlicher Bebauung über größere Flächen hinweg (wie etwa in den Wohnvororten nordamerikanischer oder australischer Städte) sinnvoll sein.

Eine dritte Methode, die nur für grobe Schätzungen anwendbar ist, basiert auf der einfachen Tatsache, daß die Flächenausdehnung von Städten einen guten – und zwar unter allen auf dem Luftbild erfaßbaren Variablen den besten – Indikator für die Bevölkerungszahl darstellt.

Ein weiterer Anwendungsbereich des Luftbilds besteht in Untersuchungen über den städtischen Straßenverkehr und über Parkplatzprobleme, Verkehrsaufkommen und die Belastung von Straßen und Plätzen durch parkende Autos. Selbst Differenzierungen zwischen ruhendem und fließendem Verkehr (fahrende Autos sind auf Stereopaaren nicht an denselben Stellen zu finden, daher auch kein Stereoeffekt) und Schätzungen von Fußgängerdichten sind auf großmaßstäblichen Bildern möglich.

Dank ihres hohen Aktualitätsgrads und ihrer Anschaulichkeit werden Luftbilder und auch Orthophotos immer stärker in der Stadtplanung eingesetzt (vgl. Schneider 1984). Sie erlauben das schnelle Aufstellen und Aktualisieren von Raumordnungsverfahren, schnelle und präzise Bestandsaufnahmen der Realnutzung und damit unmittelbar den Vergleich mit der geplanten Nutzung.

Auch Schrägluftbilder erfreuen sich in der Planung steigender Beliebtheit, da die Schrägsicht eine oft bessere Erfassung des Baubestandes, insbesondere der Fassaden, erlaubt und vor allem auch dem Planer als gutes Anschauungsmittel in der Öffentlichkeitsarbeit dienen kann. Schrägluftbilder vermitteln auch dem Laien ein für ihn unmittelbar erkennbares und verständliches Stadt- und Landschaftsbild und erleichtern damit die Kommunikation zwischen Planer und planungsbetroffenem Nutzer (WILKE 1984).

4.12 Industrie

Stadtbild und Stadtentwicklung werden oft stark vom Charakter und Standort industrieller Betriebe beeinflußt. Dies kommt selbstverständlich auf Luftbildern deutlich zum Ausdruck (vgl. z. B. die von ZIMMER (1981) zusammengestellte Serie von Luftbildern deutscher Industriestädte).

In industriebezogenen Untersuchungen kann das Luftbild bei sehr vielfältigen Aspekten eingesetzt werden. Es kann bei der Typisierung und Identifizierung von Betrieben hilfreich sein; Rohstoff gewinnende Industrien werden sich mit ihren Abbaugruben, Rohstoff- und Abraumhalden sowie ihren meist riesigen Maschinen deutlich von Rohstoff verarbeitenden Industrien absetzen, die sich durch besondere Anlagen wie Hochöfen, Kokereien, riesige Schornsteine, ausgedehnte Röhrensysteme, Kraftwerke und Umspannstationen auszeichnen (Abb. 4.39). Die verarbeitende Industrie wiederum gibt sich durch typische Fabrikgebäude, Werk- und Lagerhallen, durch vor den Hallen lagernde Fertigware oder Container zu erkennen, wobei es allerdings schwierig ist, eine differenzierte Aussage über die spezielle Art des Betriebs zu machen.

Im Bergbau wird das Luftbild zur Tagebauvermessung, zur Überwachung der fortschreitenden Arbeiten und Erfassung schwer zugänglicher Abbaubereiche und Messung von Bodensenkungen eingesetzt (REICHENBACH 1984). Auch Rekultivierungsmaßnahmen werden heute vielfach mit Hilfe von Luftbildern geplant und ihre Entwicklung überwacht.

Weitere Anwendungsbereiche bestehen in der Schätzung von Halden- und Lagervorräten für Produkte wie Kohle, Erz oder Holz und vor allem in der Untersuchung und Kontrolle von Umweltbelastungen und Verschmutzungen durch die Verbreitung von atmosphärischen oder flüssigen Schadstoffen. Allerdings werden gerade in Umweltuntersuchungen heute andere Fernerkundungssysteme eingesetzt. Sie können die jeweilige Belastung genauer und differenzierter ermitteln als das konventionelle Luftbild, dessen Anwendung auf deutlich sichtbare Verschmutzungen (Rauch, Staub, schmutzige und gefärbte Abwässer) begrenzt ist.

Selbstverständlich spielt das Luftbild auch im Bereich der Planung eine wichtige Rolle. Die Standortwahl neuer Industrieanlagen, Gewerbebetriebe oder auch Einkaufsmärkte, bei denen eine komplexe Kombination von wirtschaftlichen, verkehrs- und bevölkerungsgeographischen und ökologischen Faktoren eine Rolle spielt, kann durch das Luftbild mitgesteuert werden. Es erlaubt nicht nur eine synoptische Betrachtung der zur Wahl stehenden Standorte, sondern läßt auch Aussagen über Verkehrserschließung und -belastung, potentiellen Einzugsbereich der Beschäftigten oder Kunden, ihre augenblickliche sozioökonomische Situation und die voraussichtliche Umweltveränderung und Belastung zu.

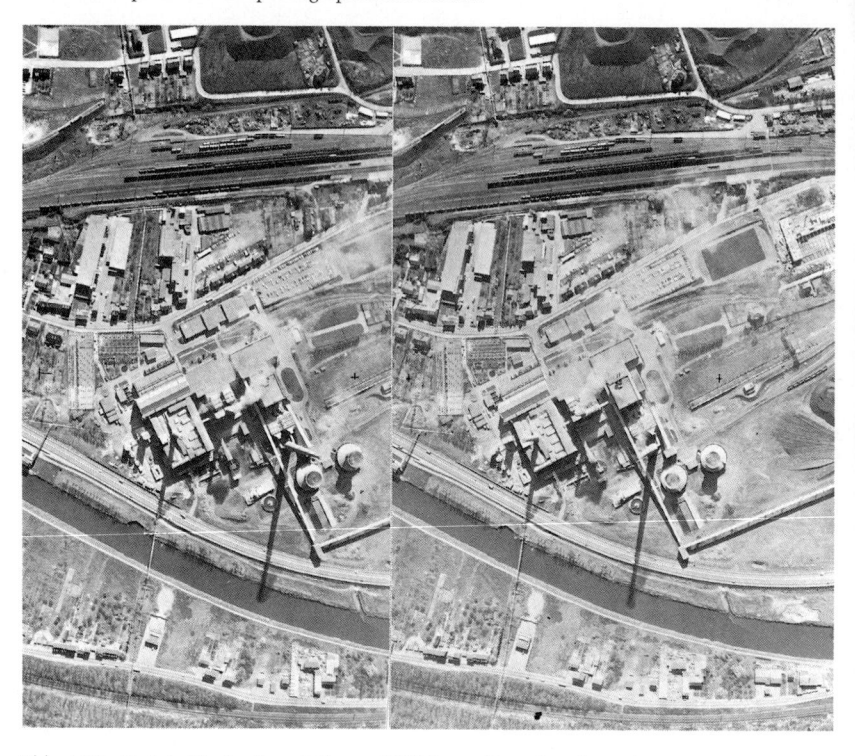

Abb. 4.39 Steinkohlenkraftwerk Fenne (Völklingen/Saar, Stand 1972)
Der Luftbildausschnitt zeigt einen der wichtigsten saarländischen Kraftwerksstandorte mit 538 MW installierter Gesamtleistung (1985). Er bildet – zusammen mit den außerhalb des Bildes gelegenen Anlagen von Gruben, Kokerei, Raffinerie, Technologiezentrum mit Pilotanlagen zur Kohlehydrierung und -vergasung – ein Verbundsystem seltener Konzentration. Deutlich zu erkennen sind die drei Ausbaustufen mit (von links) Fenne I (Inbetriebnahme 1927, heute nicht mehr zur Stromerzeugung eingesetzt), Fenne II (Inbetriebnahme 1967, zwei Blöcke mit 72,5 MW) und Fenne III (Inbetriebnahme 1967, ein Block mit 163 MW).
Augenfälligstes physiognomisches Merkmal der im Bild dokumentierten Industrie- und Technikgeschichte ist die zunehmende Bedeutung von Umweltschutzanlagen: Fenne II weist zwar auf dem Dach schon kleine Apparate zur Rauchgasentstaubung auf, ist aber – wie Fenne I – noch mit einer Durchlaufkühlung ausgestattet (Einlaufbauwerk und Kühlwasseraustritt deutlich am Ufer der Saar zu erkennen). Fenne III hingegen ist mit großen, auf den Boden gesetzten Elektrofiltern ausgestattet und zudem durch die beiden Kühltürme eines Rücklaufsystems gekennzeichnet, das eine weitere thermische Belastung des Vorfluters verhindert.

5 Interpretation von modernen Fernerkundungsdaten

Moderne Fernerkundungsdaten liegen in zwei Formen vor: in Bildprodukten oder in digitaler Form. Die Interpretation von festen Bildprodukten, denen der Schwerpunkt der Ausführungen zukommen soll, gleicht der Luftbildinterpretation am stärksten; denn auch hier steht das Erkennen und Differenzieren von Mustern, Texturen und Grau- und Farbtönen im Vordergrund, wenn diese auch nicht immer mit unserer gewohnten visuellen Wahrnehmung übereinstimmen.

Die Interpretation digitaler Daten erfordert dagegen einen hohen technologischen Aufwand und Kenntnisse über Möglichkeiten der elektronischen Datenverarbeitung und Datenmanipulation. Sie wird selten von einem einzelnen Wissenschaftler durchgeführt werden können. Aber auch die Interpretation dieser digitalen Daten beruht letzten Endes, wie die der Bildprodukte, auf dem Erkennen und Erfassen von Mustern und räumlichen Zusammenhängen und auf dem Inbezugsetzen von Fernerkundungsdaten und Gelände. Daher ist im Prinzip der Schritt vom herkömmlichen visuellen Interpretieren zum rechnergestützten Interpretieren nicht allzu groß.

5.1 Interpretation von Bildern aus dem reflektierten Infrarot

Wie bereits ausgeführt (siehe 2.1.5), umschreibt der Begriff Infrarot zwei grundsätzlich verschiedene Spektralbereiche. Dementsprechend haben wir es mit zwei völlig verschiedenen Bildprodukten zu tun. Das reflektierte Infrarot ist ein Teil des reflektierten Sonnenlichts und verhält sich ähnlich wie sichtbares Licht. Deshalb gibt es auch gewisse Ähnlichkeiten der Bildprodukte. Das mittlere und ferne Infrarot stellt die von der Erde ausgestrahlte Wärmeemission dar, und die daraus hervorgehenden Bilder zeichnen daher Temperaturverhältnisse auf. Sie sind also weder mit Bildern aus dem sichtbaren Bereich noch mit Abbildungen aus dem reflektierten Infrarot vergleichbar.

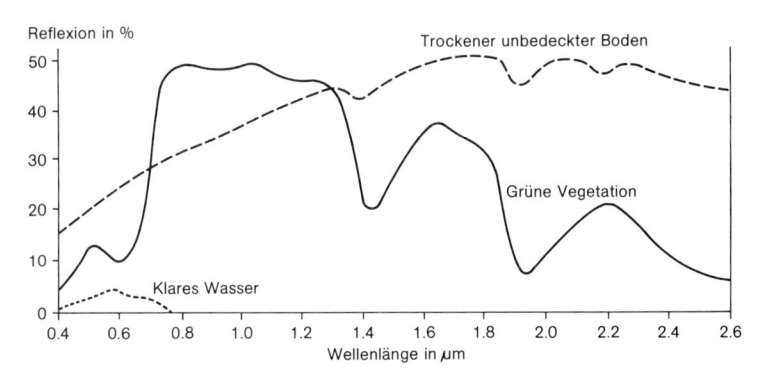

Abb. 5.1 Reflexion von Vegetation, Boden und Wasser im sichtbaren und nahen Infrarotbereich.

Unter Infrarotbildern werden im folgenden Bilder aus dem Bereich des reflektierten Sonnenlichts verstanden. In der Regel werden Infrarotbilder in Falschfarben dargestellt, seltener in Schwarzweiß, wobei für photographische Aufnahmen nur der Wellenlängenbereich 0,5 – 0,9 μm ausgenützt werden kann. Längere Wellenlängen können auf Filmmaterial nicht aufgenommen werden, hierzu müssen andere Sensoren, wie ein MSS, eingesetzt werden. Der Wellenlängenbereich zwischen 0,7 – 0,9 μm wird daher auch als photographisches Infrarot bezeichnet. Die bekannteste Art des Infrarotbildes ist das Infrarot-Falschfarbenbild, dessen auffallendstes Merkmal das Vorherrschen von roten Farben in Gebieten ist, die von grüner Vegetation bedeckt sind (siehe 2.3.1.5).

Der hohe Grad der Infrarotreflexion wird vor allem durch mehrfache interne Reflexion im Bereich des Mesophylls verursacht, nicht durch das Chlorophyll, wie mitunter zu lesen ist. Jeder Wasserverlust im Mesophyll setzt daher sofort den Refle-

Abb. 5.2 Vergleich eines panchromatischen (links) und infraroten (rechts) Luftbilds. Aufgrund ihrer starken und differenzierten Reflexion im Infrarotbereich sind Pflanzen auf Infrarotbildern oft leichter zu unterscheiden als auf konventionellen Schwarzweißbildern. Besonders deutlich ist die Unterscheidung von Nadelbäumen (dunkel auf dem IR Bild) und Laubbäumen (hell). Auch innerhalb des Laubbaumbestands lassen sich weitere Differenzierungen durchführen. Trotz der ausgezeichneten Qualität des panchromatischen Bildes erscheint das IR Bild schärfer. (ung. Maßst. 1:10000)

xionsgrad herab. Außerdem ist für Pflanzen die Breite der Reflexionswerte im reflektierten Infrarotbereich wesentlich größer als im grünen Bereich (Abb. 5.1); es ist daher einfacher, verschiedene Pflanzenarten oder bei kleinerem Bildmaßstab Vegetationstypen zu unterscheiden (Abb. 5.2). Der bei Krankheit oder akutem Wassermangel auftretende Verlust an Infrarotreflexion wird als präsichtbares Symptom (previsual symptom) bezeichnet. Er tritt oftmals bereits Tage oder gar Wochen vor dem Welken und Austrocknen und damit der sichtbaren Veränderung der Blattfarbe ein. Infrarotaufnahmen werden daher zur frühen Abschätzung von Ernteschäden, Erkennen von Baumkrankheiten und anderen Vegetationsschäden eingesetzt. Eine frühe Verwendung fanden Infrarotaufnahmen im militärischen Bereich als ein Mittel, durch Vegetation getarnte Objekte auszumachen. Daher auch der mitunter gebräuchliche Name „camouflage detection film". Der Infrarotfilm eignet sich auch gut für die genaue Abgrenzung von Wasserflächen; denn Wasser absorbiert selbst bei sehr geringer Tiefe das photographische Infrarot stark und erscheint daher auf den Bildern als dunkles Blau oder fast schwarz.

Ein weiterer Vorteil des Infrarotbildes ist die auf dem Herausfiltern der Blaustrahlung beruhende geringe oder völlig fehlende Beeinflussung durch Dunst und dünne Wolkenschleier (Abb. 5.3). Infrarotbilder erscheinen daher meist schärfer als konventionelle Farbbilder, was allerdings auf Kosten der Ausleuchtung von beschatteten Flächen geht, denn die Streuung ist im reflektierten Infrarotbereich gering und das blaue Streulicht ist gänzlich ausgeschaltet.

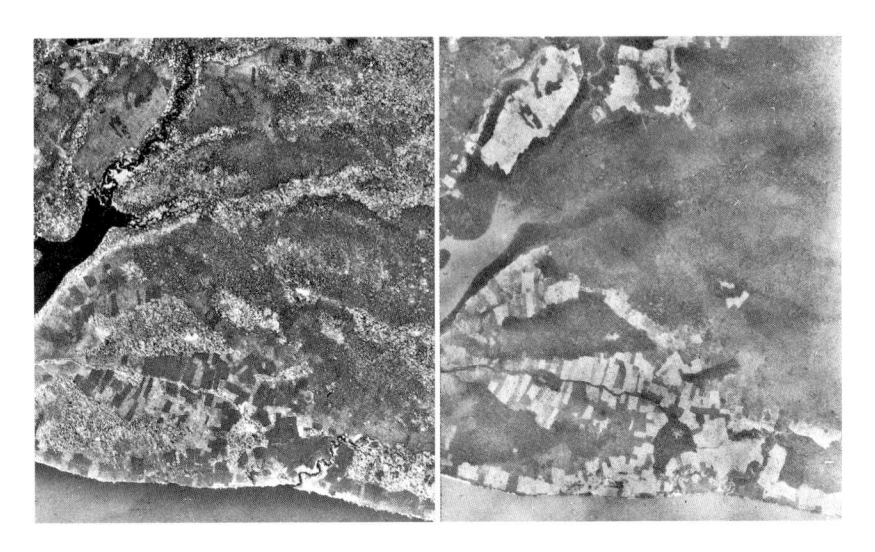

Abb. 5.3 Der Infrarotfilm ist besonders bei schlechter Sicht, wie sie in den Tropen durch häufige Dunstbildung oft vorhanden ist, von Vorteil und erlaubt eine wesentlich bessere Interpretation der Vegetation und Landnutzung. Auch Wasserkörper treten sehr klar hervor. Infrarotbild links. (ung. Maßst. 1:30000)

5.1.1 Anwendung

Die Infraroterkundung eignet sich aufgrund der oben dargestellten Faktoren besonders gut zur Feststellung und Kartierung von Pflanzenschädigungen, da diese sehr viel deutlicher als auf konventionellen Luftbildern in Erscheinung treten und oft schon vor dem sichtbaren Auftreten der Schäden erkannt werden können.

Waldschadenskartierungen mit Hilfe von Infrarotluftbildern werden daher heute in fast allen Ländern der Bundesrepublik Deutschland und in zahlreichen anderen Staaten durchgeführt. Als erstes Bundesland führte Baden-Württemberg 1983 eine weitgehend auf der Auswertung von Infrarotluftbildern basierende, landesweite Inventur des Waldzustandes durch.

Je nach Größe des Untersuchungsgebiets und Aufgabenstellung wird bei derartigen Untersuchungen der Vitalitätsgrad der Bäume über eine Totalerhebung oder ein Stichprobenraster ermittelt. In der Schadenskartierung in Baden-Württemberg wurden z.B. die dem Rasterpunkt nächstgelegenen 20 Bäume erfaßt und je nach Zustand in vier Vitalitätsgrade von gesund bis zu abgestorben eingestuft (HILDEBRAND 1984).

Stufe 0 Die Krone zeigt keinerlei Schaderscheinung (kräftiges Rot auf dem IR-Bild)

Stufe 1 Die Krone zeigt geringfügige Schaderscheinung: leichte Farbveränderung der ganzen Krone oder einzelner Kronenteile, Anzeichen von veränderter Kronenstruktur (abgeschwächte IR-Reflexion, Farben etwas blasser Rot)

Stufe 2 Kronen zeigen deutliche Schaderscheinungen; erhebliche Farbveränderungen der Krone oder von Kronenteilen, Marmorierung, deutlich veränderte Kronenstruktur (geringe IR-Reflexion hellbräunliche und graue Farbtöne)

Stufe 3 Kronen stark geschädigt, Farbe und Kronenstruktur sehr stark verändert, Auflösungserscheinungen und Absterben (fast keine IR-Reflexion, graue bis weißliche Farbtöne).

Die verschiedenen Schadensklassen können auf ein Stichprobenraster eingetragen und Durchschnittswerte der Vitalitätsstufen ermittelt werden. Bei Totalerhebungen werden die einzelnen Bäume lagetreu nach Koordinaten im Luftbild kartiert, mit Nummern versehen und ins Baumkataster eingetragen.

In ähnlicher Weise ermittelten KRAUSE et al. (1984) Vegetationsschäden durch die Emission von Aluminiumhütten in Nordrhein-Westfalen. Die durch detaillierte Geländeuntersuchungen mit Blattprobenentnahme und Schadstoffanalyse verbundene Untersuchung zeigte eine deutliche Abhängigkeit der Baum- und Strauchschädigung durch die Emission der Hüttenwerke. Der Schädigungsgrad und die Häufigkeit nahmen in allen untersuchten Fällen eindeutig mit größerer Annäherung an die Hüttenwerke zu, wobei die in der vorherrschenden Windrichtung (NO und SW) gelegenen Gebiete die stärksten Schäden aufwiesen.

Weitere Anwendungsmöglichkeiten von IR-Luftbildern liegen im Bereich der Erstellung von städtischen Baumkatastern und Schadenserhebungen, wie überhaupt in der schnellen Erfassung des städtischen Grünlandes und seines Vitalitätsgrades.

Das IR-Luftbild hat sich auch in Untersuchungen über die Rotationszyklen von Wanderfeldbauern im tropischen Regenwald Neuguineas bewährt. Die einzelnen

Felder und die Entwicklungsstadien der Sekundärvegetation sind auf IR-Luftbildern wesentlich deutlicher festzustellen als auf panchromatischen Luftbildern. Hinzu kommt gerade im tropischen Bereich die geringe Dunstempfindlichkeit des IR-Filmes. Ein Nachteil des IR-Films für tropische Gebiete ist seine hohe Temperaturempfindlichkeit.

5.2 Thermale Infrarotbilder

Der thermale Infrarotbereich erstreckt sich von etwa 3 μm bis etwa 1000 μm. Für die Fernerkundung sind jedoch nur die Bereiche zwischen 3 und 5 μm und 8 und 14 μm interessant, die mit atmosphärischen Fenstern zusammenfallen (Abb. 2.1). Da die reflektierte solare Strahlung nicht abrupt bei 3 μm endet, sondern noch etwas in den Bereich der thermalen Emission hineinreicht (bis etwa 4 μm), kommt es am Tage zu einer Überlagerung der Strahlungen, und Messungen des thermalen Infrarot im Bereich 3 – 5 μm werden daher hauptsächlich nachts durchgeführt. Im Bereich 8 – 14 μm dagegen spielt die reflektierte Sonnenstrahlung keine Rolle mehr.

Die Interpretation von thermalen Infrarotbildern ist wesentlich schwieriger als die der solaren Infrarotbilder; denn auf dem Bild werden Temperaturzustände bzw. Temperaturunterschiede dargestellt.

Zu unterscheiden sind zunächst die räumliche und die thermale Auflösung der Aufnahme (2.3.14). Die räumliche Auflösung wird durch das momentane Gesichtsfeld bzw. den Öffnungswinkel (IFOV) des Abtasters bestimmt, welcher seinerseits von den Parabolspiegelwerten des Abtasters und der Flughöhe abhängt. Die thermale Auflösung hängt von der Empfindlichkeit des Detektors ab. Gute räumliche und thermale Auflösung schließen sich zu einem gewissen Grad aus, da großflächige, empfindliche Detektoren zwar ein gutes thermales Auflösungsvermögen besitzen, aber ein schlechtes räumliches, wohingegen kleine Detektoren ein gutes räumliches, aber schlechtes thermales Auflösungsvermögen aufweisen. Man wird daher je nach Aufgabenstellung über die Geräteauswahl entscheiden (ITTEN 1973).

Thermale Infrarotabbildungen werden oft als Schwarzweißbilder dargestellt, wobei die verschiedenen Grauwerte unterschiedliche Temperaturverhältnisse aufzeigen. Hierbei werden relativ warme Objekte als hell, kalte als dunkel erscheinen, und die Bilder ähneln daher Negativen von panchromatischen Aufnahmen. Eine Wasserfläche oder ein Waldgebiet wird auf einer thermalen Infrarotaufnahme während eines Nachtflugs relativ helle, Wiesen und Ackerflächen dagegen dunkle Grauwerte aufweisen. Im einzelnen sind die Verhältnisse allerdings kompliziert; denn sowohl meteorologische Verhältnisse (Wolkenbildung, Wind) und Reifegrad der Pflanzen als auch der Emissionsgrad der verschiedenen Objekte beeinflussen die Strahlungswerte (ITTEN 1973).

Die Darstellung von Wärmestrahlung mit Hilfe von Grauwerten gibt zwar einen guten Überblick über die Strahlungsverhältnisse; sie hat aber den Nachteil, daß es schwierig ist, die Werte über eine größere Bildfläche hin zu vergleichen und festzu-

178 5 Interpretation von modernen Fernerkundungsdaten

stellen, ob ein Grauton in einem Bereich des Bildes genau dem in einem anderen Bereich entspricht. Es ist daher meist informativer, die Strahlungsverhältnisse in Farbabstufungen (Farbäquidensiten) darzustellen, eine Methode, die auch als „density slicing" bekannt ist.

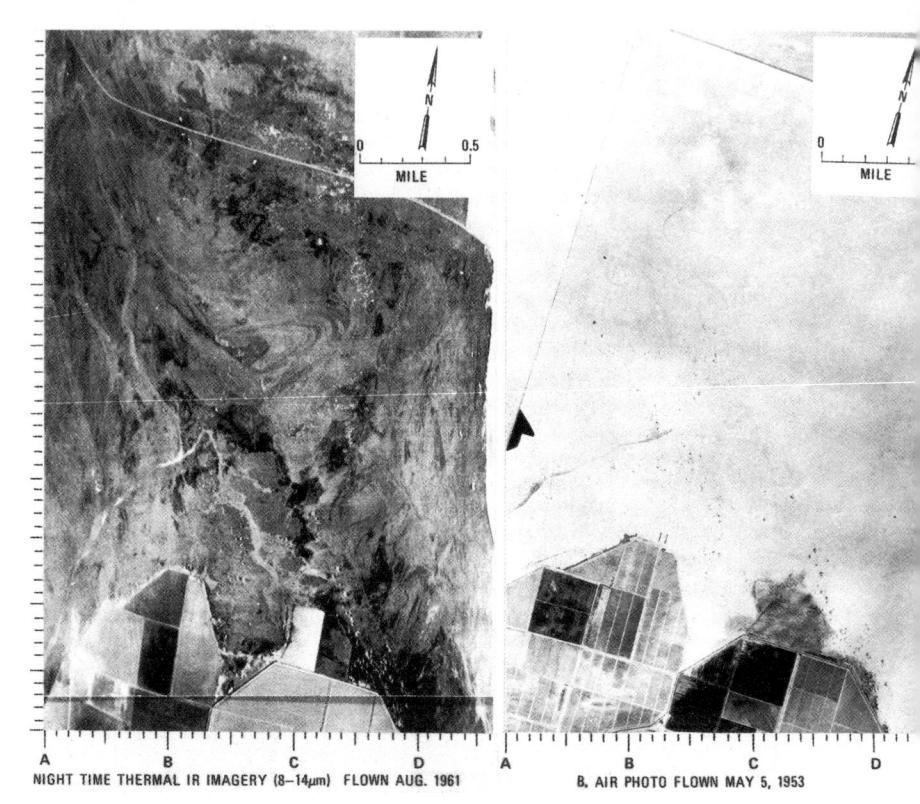

Abb. 5.4 Thermale Infrarotaufnahme (Nacht) (links) und konventionelles Luftbild (rechts). Auch wenn die Zeitpunkte der Aufnahmen nicht übereinstimmen, so wird doch deutlich, daß geologische Strukturen und Gesteinsunterschiede auf der Thermalinfrarotaufnahme deutlich in Erscheinung treten, während sie auf dem Luftbild nicht zu erkennen sind. (Die Bilder wurden freundlicherweise von Dr. F.F. Sabins Jr. zur Verfügung gestellt). Quelle: Geological Society of America Bull. 80 (1969).

5.2 Thermale Infrarotbilder

Die Gewinnung von TIR-Aufnahmen ist teuer – im Vergleich zur konventionellen Luftbildbefliegung etwa das dreifache – und die Auswertung mit relativ hohem technischem Aufwand verbunden. Die Anwendung war daher bis in die sechziger Jahre dem militärischen Bereich und einigen wenigen Spezialuntersuchungen vorbehalten. Ende der sechziger und vor allem dann im Laufe der siebziger Jahre wurde TIR-Erkundung stärker im zivilen Bereich eingesetzt, zumal auch die Aufnahmesysteme wesentlich verbessert worden waren.

Von geowissenschaftlichem Interesse sind besonders die Anwendungsmöglichkeiten in geomorphologischen, geologischen und bodenkundlichen Untersuchungen (SABINS 1978), auf dem Gebiet der Gewässerüberwachung (SCHNEIDER et al. 1974, 1977, 1984) und der Stadt- und Geländeklimatologie (FEZER 1975, ENDLICHER 1980,

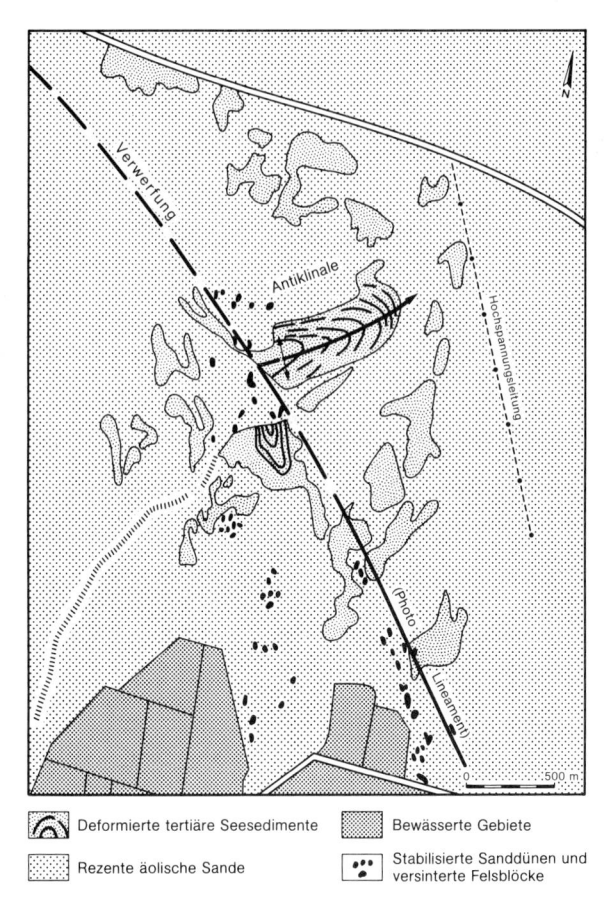

Abb. 5.5   Interpretationsskizze zu Abb. 5.4 (nach SABINS 1978).

GOSSMANN 1977). Einen starken Impuls erhielt die TIR-Erkundung dann Ende der siebziger Jahre durch satellitengebundene Thermalinfrarotabtaster und Radiometer, insbesondere durch die Heat Capacity Mapping Mission, aber auch durch die Landsat 3, NOAA und Nimbus Flüge. Durch den Einsatz eines thermalen Infrarotbandes im Thematic Mapper von Landsat 4/5 wurde die Entwicklung weitergeführt und erstmals hochauflösende Satelliten-Thermalinfrarotbilder der Öffentlichkeit zugänglich gemacht (GOSSMANN 1983, 1984 b).

Die unterschiedliche Wärmeträgheit (thermal inertia) verschieden dichter Gesteine (hierbei ist besonders die ausgeprägte Wärmeträgheit erzführender Gesteine wichtig), die unterschiedliche thermale Signatur feuchter und trockener Böden, Wärmeanomalien entlang von Verwerfungen und Temperaturunterschiede in vulkanischen Gesteinen stellen in der Geologie, Geomorphologie und Bodenkunde wichtige Kennzeichen für die Identifizierung und Kartierung unterschiedlicher Einheiten dar.

Nach SABINS (1969, 1978) liefert das TIR-Bild in Gebieten mit einheitlichen Reflexionswerten im sichtbaren Bereich und damit geringer Grautondifferenzierung auf panchromatischen Luftbildern, wie sie z. B. bei einer relativ einheitlichen Ebene gegeben sind, oftmals erstaunlich detaillierte Information über die Struktur des unterlagernden Gesteins (Abb. 5.4, 5.5). Die auf dem TIR-Bild deutlich zu erkennende Antiklinalstruktur und die Differenzierung einzelner Gesteinsschichten sind auf dem Luftbild überhaupt nicht zu erkennen. Der Grund für die klare Gesteinsdifferenzierung liegt in der unterschiedlichen Temperatur des feinkörnigen, dichten Tonsteins (kühl, daher dunkel) und des Sandsteins (warm, daher hell). Die günstige Aufnahmezeit für die geologische Interpretation ist nach SABINS (1978) die Zeit vor dem Sonnenaufgang, da nach dem Sonnenaufgang die durch die Hangexposition bedingte unterschiedliche Erwärmung der Hänge die thermalen Eigenschaften überdeckt. Schiefertone und Tonsteine haben auf Nachtaufnahmen kalte Signaturen (dunkel), Basalte, Sandsteine und Konglomerate relativ warme (helle), während nach Sonnenaufgang die Verhältnisse umgekehrt sind, dann allerdings durch die unterschiedliche Hangexposition „verfälscht" werden können. Es muß jedoch betont werden, daß die Ergebnisse von SABINS zunächst nur für weitgehend vegetationsfreie Gebiete zutreffen, bei dichter Waldbedeckung sind die Emissionsverhältnisse kompliziert.

In Deutschland wurden TIR-Systeme zusammen mit Farb- und Farbinfrarotluftbildern erstmals durch S. SCHNEIDER und Mitarbeiter (1974, 1977) in Untersuchungen über die Belastung der Saar und des mittleren Oberrheins durch aufgeheizte Industrie- und Kraftwerksabwässer eingesetzt. Die Arbeiten, die zunächst der Entwicklung von Methoden der rationellen Gewässerüberwachung mit Hilfe von Fernerkundungsdaten galten, zeigten in überzeugender Weise, daß die Fernerkundung und insbesondere die thermale Infraroterkundung ein zuverlässiges Hilfsmittel darstellt, die Gewässerbelastung und -verschmutzung zu erfassen und zu überwachen. „Der entscheidende Vorteil der Anwendbarkeit von Fernerkundungsverfahren gegenüber der konventionellen Überwachung durch einzelne „punktuelle" Meßergebnisse oder sporadische Bootsmessungen und Interpolation ist die flächendeckende, synchrone und synoptische Übersicht über einen größeren Abschnitt, die multispektrale und thermale Erfassung von Belastung und Schäden zum

5.2 Thermale Infrarotbilder 181

Zeitpunkt der Überfliegung, sowie die Dokumentation des Beweismaterials als Bild oder Magnetband" (gesperrt vom Verf.) (SCHNEIDER 1984, S. 168).

Mit Hilfe der Thermalaufnahmen und der zusätzlichen Radiometermessungen in der mittleren Saar konnten 51 der 60 vorhandenen Einleiter identifiziert werden. Es zeigte sich, daß die thermalen Abwässer eine starke Erhöhung der Wassertemperatur um 12 °C auf knapp 30 km Flußstrecke bewirken (Abb. 5.6), die zu einer Erhöhung der Verdunstung und damit einem Ansteigen der Nebelhäufigkeit weit über den unmittelbaren Flußbereich hinaus, einer Verminderung der Löslichkeit des Sauerstoffs im Wasser, einer Beschleunigung der chemischen und biochemischen Prozesse und damit zu einer Gefährdung des gesamten Flußökosystems und einer hygienisch bedenklichen Vermehrung von Krankheitskeimen führt.

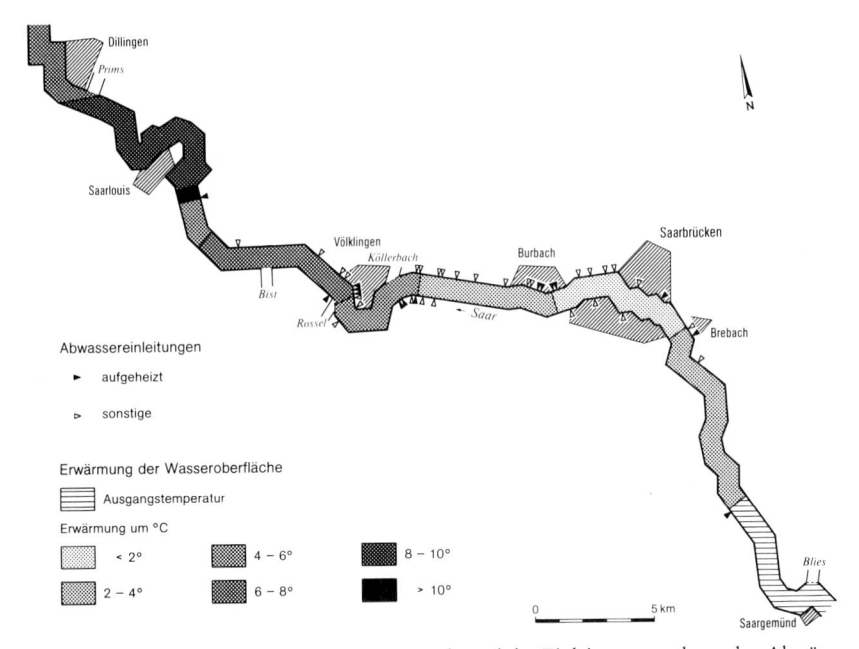

Abb. 5.6 Temperaturveränderung in der Saar aufgrund der Einleitung von thermalen Abwässern (nach SCHNEIDER et al. 1973).

Die in der Saaruntersuchung angewandten Methoden lassen sich mit großer Wahrscheinlichkeit auch auf andere Flüsse ähnlicher Größenordnung übertragen, aber Flüsse, die wesentlich höhere Wasserführung und größere Wasserfläche aufweisen, sind wesentlich komplexer in ihrer Zusammensetzung hinsichtlich der Temperaturverhältnisse. Während im Falle der Saar je ein Hin- und Rückflug parallel zu den Uferpartien genügte, um mit Hilfe des Strahlungsthermometers ein mittleres Temperaturprofil des Flusses zu ermitteln und mit den durch den Abtaster ermittelten qualitativen Grautonabstufungen in Beziehung zu setzen, erforderte die Untersuchung im Oberrheingebiet zusätzliche Messungen mit Radiometern quer zur Flußrichtung. Es zeigte sich hierbei, daß die Temperaturverteilung über die Flußbreite des Rheins sehr stark variieren kann (Abb. 5.7) und daß besonders die ufernahen Bereiche unter starker thermischer Belastung leiden, denn das aufgeheizte Abwasser zieht sich als langgestreckte „Warmwasserfahne" über Entfernungen von 20 – 30 km in Ufernähe flußabwärts, während die zentralen Flußbereiche relativ wenig aufgeheizt werden (SCHNEIDER et al. 1977).

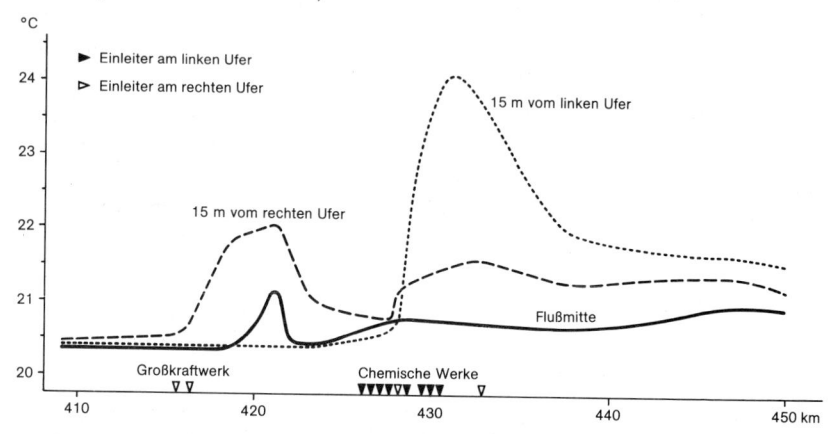

Abb. 5.7 Temperaturverteilung über die Flußbreite des Oberrheins (nach SCHNEIDER et al. 1977).

Der Einsatz der TIR-Erkundung in geländeklimatologischen und damit verbundenen geoökologischen Fragestellungen wurde in mehreren Arbeiten, die aus der Universität Freiburg (Institut für Physische Geographie) hervorgingen, untersucht (ENDLICHER 1977, 1980 a, 1980 b, 1984; GOSSMANN 1977).

ENDLICHER untersuchte am Kaiserstuhl die Veränderungen des Geländeklimas, die durch die weitgehende Umgestaltung der Rebfluren von der traditionellen Kleinterrassierung zur Großterrassierung im Zuge von Flurbereinigungsmaßnahmen verursacht wurden. Durch vergleichbare synchrone Messungen der Extremwerte der Oberflächen- und Lufttemperaturen der Klein- und Großterrassen konnte ENDLICHER nachweisen, daß sowohl die Tages- als auch die Nachttemperaturen auf den Großterrassen wesentlich ungünstiger für den Weinbau sind als auf den Kleinterrassen.

Die großflächige "Einebnung", der unter traditioneller Kleinterrassierung strahlungsbegünstigten südwest- bis südostexponierten Hänge, bedingt bei sommerlichem Strahlungswetter eine Erniedrigung der Temperaturen in der Größenordnung von 5 – 10 °C (Abb. 5.8); dies dürfte sich in den für die Weinqualität besonders wichtigen Herbstmonaten mit noch stärkerer Einstrahlungsdifferenz (die Untersuchungen wurden im Sommer durchgeführt) verschärfen. Die Minimaltemperaturen lagen auf den Großterrassen fast überall 1 – 2°, im Extremfall bis 4 °C unter denen vergleichbarer kleinterrassierter Hänge. Damit steigt die Gefahr der Schadfröste, mit deren Auftreten bisher mit 0 – 8%iger Wahrscheinlichkeit (weniger als ein Schadfrost pro Dekade) zu rechnen war, auf 20 – 25 % an (2 – 5 Schadfröste pro Dekade).

Abb. 5.8 Kontrastverstärktes Thermalbild der Großterrassen am Fohrenberg aufgenommen am 16.7.1973 um 14h MEZ. Die dunklen Grautöne zeigen relativ niedrige Temperaturen an, die hellen relativ hohe. Es zeigt sich deutlich, daß Oberflächen der Großterrassen sich durch relativ niedrige Oberflächentemperaturen auszeichnen, insbesondere im Vergleich zu den sehr warmen (hellen) Steilböschungen in Süd- bis Westauslage. Ebenfalls ersichtlich ist, daß die Temperaturen auf den kleinterrassierten Hängen im oberen linken Bildrand deutlich höher sind als auf den Großterrassen. (Die Aufnahme wurde freundlicherweise von Dr. W. Endlicher zur Verfügung gestellt und mit seiner Genehmigung hier veröffentlicht).

In der Stadtklimatologie dienen thermale Infrarotbilder bzw. -daten zur Schätzung der Wärmeverteilung innerhalb einer Stadt, zur Feststellung von Wärmeinseln, der Durchlüftung und damit auch zur Erstellung von Klimafunktionsdaten, die eine Bewertung der Wohnqualität zulassen (FEZER 1975; STOCK 1984).

Bei großmaßstäblichen Aufnahmen ist auch eine Differenzierung verschieden strukturierter Baukörper und deren Temperaturverhalten möglich, wie dies von GERKE (1978), GERKE und STOCK (1982) und WEISCHET (1984) gezeigt wurde. So lassen sich nach WEISCHET (1984) Tagesgänge der Oberflächentemperatur von Dachform, Exposition oder Gebäudehöhe erfassen, oder das Temperaturverhalten von Wandflächen in Abhängigkeit von Baumaterial, vom Abstand benachbarter Gebäude oder aber auch das thermische Verhalten von Vegetationsflächen in Abhängigkeit von der Art der Vegetation und der Lage in Bezug auf die Gebäude.

Das sehr grobe Auflösungsvermögen der zunächst auf Wettersatelliten (z. B. NOAA) eingesetzten Satelliten-Thermal-Infrarotbilder erlaubte nur eine begrenzte Auswertung und Anwendung für geowissenschaftliche Fragestellungen. Die über Landsat 3 gelieferten thermalen Infrarotbilder besitzen zwar ein besseres Auflösungsvermögen, sie sind aber aufgrund von Funktionsstörungen im thermalen Infrarotband (Band 8) des MSS von schlechter Qualität und werden daher wenig verwendet (LONGLAY 1982).

Der etwa einen Monat nach Landsat 3 gestartete und zwei Jahre funktionierende HCMM-Satellit lieferte dagegen erstmals zuverlässig relativ hochauflösende TIR-Daten (600 x 600 m im Nadir), die eine wesentlich breitere Anwendung vor allem auch in Deutschland fanden (Abb.5.9 a, b). Für die geologisch-geomorphologische Interpretation ist ein von HAYDN (1982) entwickeltes Verfahren der Überlagerung von HCMM-Daten über Landsat-Daten zur Herstellung von Stereobildern von besonderem Interesse. Durch diese Überlagerung entsteht ein stereoskopischer Eindruck, der jedoch das natürliche Relief in sehr guter Annäherung wiedergibt.

In mehreren Arbeiten hat GOSSMANN (zuletzt 1984 b) über die Auswertung von HCMM-Bildern berichtet. Im wesentlichen beschäftigte sich GOSSMANN mit folgenden Fragestellungen:

1. Welche Information und Aussagen können aus HCMM-Daten für stadt- und geländeklimatologische Aufgaben und Fragestellungen abgeleitet werden,
2. wie sind Satelliten-Thermalinfrarotaufnahmen im Vergleich zu flugzeuggebundenen Aufnahmen,
3. welche Probleme treten speziell bei der Auswertung der Satellitenthermaldaten auf und wie können sie bewältigt werden?

Die Untersuchungen von GOSSMANN zeigten, daß bei Verwendung digitaler Bildverarbeitungsmethoden, inklusive digitaler Entzerrung und Vergrößerung, eine gute Aussage über die Strahlungsverhältnisse einzelner Teilflächen, Höhenstufen und Raumeinheiten bis hin zu Stadtgebieten möglich ist. Allerdings sind hierbei, wie bei allen Thermalaufnahmen, Verfälschungen der Meßwerte durch den Einfluß der Atmosphäre zu berücksichtigen. Diese sind generell nachts geringer als am Tage. Besonders deutlich und der der Arbeit beiliegenden Karte sehr schön zu entnehmen, spiegeln sich die Einflüsse von Höhenlage, Relief und städtischer und industrieller Bebauungsdichte, aber auch der Einfluß von Exposition zur Rheinebene in den nächtlichen Strahlungs- bzw. Oberflächentemperaturen wider (Abb. 5.9 b). Aus der räumlichen Verteilung der Temperaturen lassen sich einige wichtige Erkenntnisse über geländeklimatologische Zusammenhänge ableiten, wie z. B. die überraschende Erkenntnis, daß die Wälder auf den Hochflächen der Ostseite des Schwarzwaldes etwa 10 °C kälter waren als die Wälder in gleicher Höhenlage, ähnlicher Zusammensetzung und Wuchshöhe auf dem stark zerschnittenen Westrand des Schwarzwaldes. Nach GOSSMANN (1984 b) läßt sich dieses Phänomen auf das völlig andere Strömungsverhalten der Luft in den Beständen zurückführen; stagnierende Kaltluft auf der Hochfläche, dagegen rasch abfließende und durch noch nicht abgekühlte Luft aus der Atmosphäre dauernd ersetzte Luft in den stärker zergliederten Gebieten. Interessante Ergebnisse brachte auch der Versuch, die naturräumlichen Einheiten des Untersuchungsgebiets durch Überlagerung der Grenzen mit dem thermalen Muster der HCMM-Daten zu vergleichen. Es zeigte sich, daß die wichtigsten Naturraumeinheiten eine erstaunliche thermale Homogenität aufweisen, und die Naturraumgrenzen weitgehend mit thermalen Grenzen zusammenfallen. Wo dies nicht der Fall ist, handelt es sich meist um komplex aufgebaute Einheiten oder um differenzierte Landnutzungen, die zu sehr heterogenen thermalen Signaturen führen.

Der Erfolg der Arbeiten von GOSSMANN war Anlaß, die Aussagemöglichkeiten von HCMM-Daten auch für einen industriellen Ballungsraum zu untersuchen (GOSSMANN et al. 1981). Auch hier erlaubten die Daten eine gute gelände- bzw. stadtklimatologische Differenzierung des Untersuchungsgebiets (Ruhrgebiet), allerdings war verständlicherweise das thermale Muster sehr stark von der städtischen und industriellen Überbauung geprägt, und der Einfluß des Reliefs und der Waldverteilung trat stark zurück.

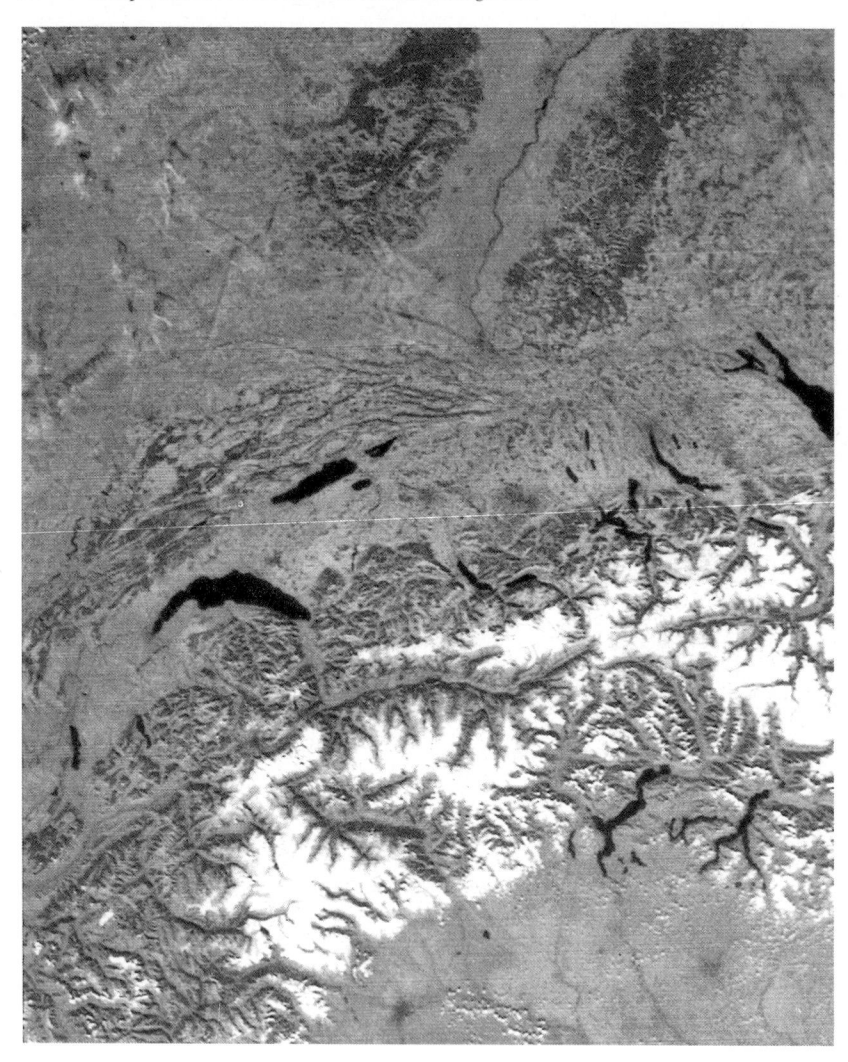

Abb. 5.9 a Tag-HCMM-Aufnahme der Alpen und des Oberrheingebiets vom 27.9.1979 13^{20}h MEZ. Das Bild ist eine Breitbandaufnahme aus dem solaren Spektrum (sichtbarer bis naher Infrarotbereich 0,55 – 1,1 μm) und entspricht einem photographischen Satellitenbild mit einem hyperpanchromatischen Film; auch einem Landsatbild ist die Aufnahme ähnlich. Schneebedeckte Flächen und Wolken erscheinen weiß, Wasserflächen schwarz, Wälder dunkelgrau (Schwarzwald, Vogesen, Alpen). Der Reliefeindruck wird durch die Schattenwirkung betont. Deutlich ist auch die Faltenstruktur des Schweizer Jura auszumachen.

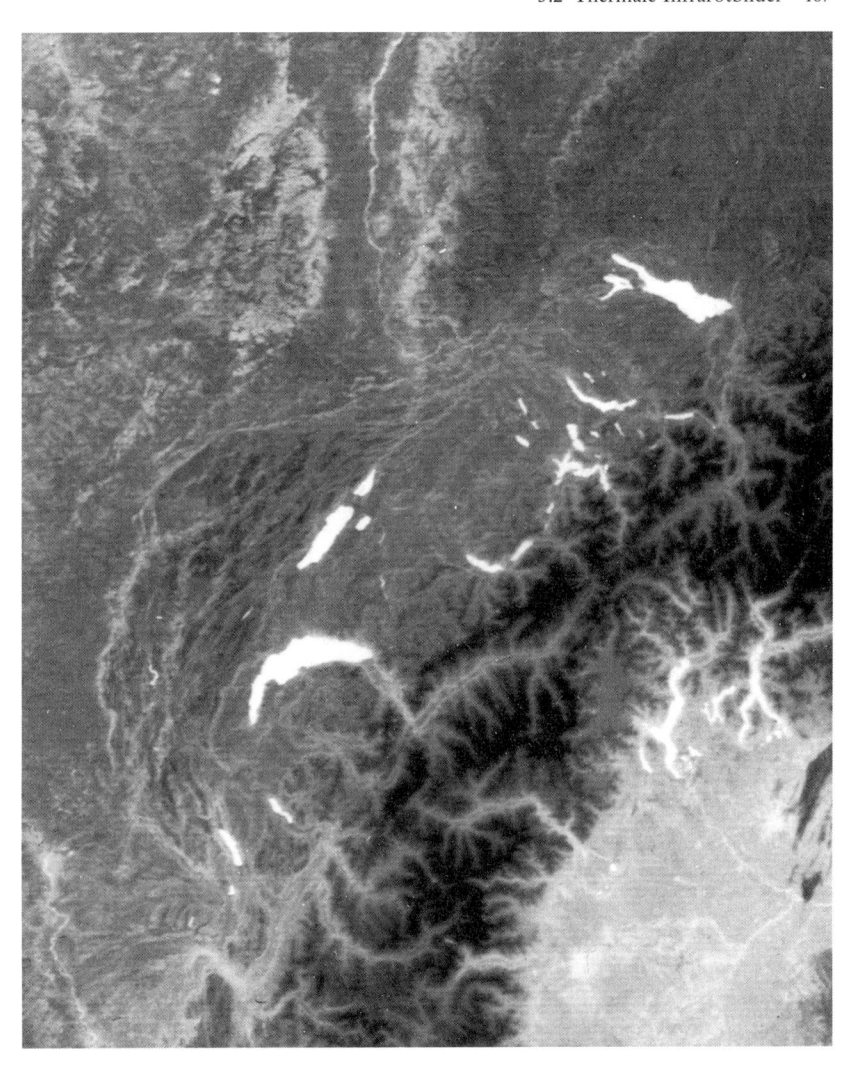

Abb. 5.9 b Nacht-HCMM-Aufnahme vom 27.9.1979, 2^{20}h MEZ. aus dem thermalen Infrarotbereich (10,5 – 12,5 μm). Die Aufnahme ähnelt einem Negativ der Tag-Aufnahme, denn alle auf dem Tag-Bild dunklen Bereiche erscheinen nun als hell, alle hellen als dunkel. Die dunkelsten Flächen sind die schneebedeckten Gipfelregionen der Alpen, die hellsten die Seen und größere Flußläufe (v.a. der Rhein). Auch die Täler zeichnen sich durch eine helle Signatur ab. Im Schwarzwald ist auch die von GOSSMANN herausgestellte Differenzierung in dem wärmeren westlichen und dem kälteren östlichen Teil zu erkennen.

5.3 Die Interpretation von Landsat-MSS-Bildern

Die Interpretation von Satellitenbildern unterscheidet sich zunächst nicht grundsätzlich von der Interpretation von Bildprodukten oder Daten, die mit Hilfe anderer Plattformen hergestellt werden. Wesentlich wichtiger hingegen ist das Sensorensystem, mit dem die Strahlung aufgezeichnet wird. Eine aus dem Raumschiff aufgenommene Photographie läßt sich in gleicher Weise wie ein aus dem Flugzeug aufgenommenes Luftbild interpretieren, lediglich der Maßstab und das räumliche Auflösungsvermögen sind kleiner; ähnliches gilt für Infrarot- und Radaraufnahmen. Es ist daher nicht notwendig, nochmals auf die einzelnen Methoden der Interpretation dieser Systeme einzugehen. Die folgenden Ausführungen beschränken sich auf die Methoden der Interpretation von Landsat-MSS-Produkten, die die am weitest verbreiteten und am besten zugänglichen Satelliten-Daten darstellen und auf absehbare Zeit auch bleiben dürften, wenn auch neuere Systeme im Bereich des thermalen Infrarot, des Radar und des TM inzwischen vorliegen und in Kürze die hochauflösenden SPOT- und MOMS-Bilder zu erwarten sind.

Bei der Interpretation von Landsat-MSS-Daten sind grundsätzlich zwei Methoden zu unterscheiden:

1. Eine rein v i s u e l l e Interpretation von Bildprodukten in Schwarzweiß oder in Falschfarben. Das Bildmaterial kann hierbei in verschiedener Form als Papierabzug oder Transparent, in verschiedenen Maßstäben, unterschiedlichem Grad der Bildverbesserung und bei Farbabzügen in unterschiedlicher Farbkombination (z. B. Grün- oder Rot-Version der Falschfarbenbilder) vorliegen. Die Bilder können aber auch über einen Computer auf einem Bildschirm dargestellt werden, was ein wesentlich flexibleres Darstellen der Daten erlaubt. Auch wird dadurch der Verlust an Auflösungsvermögen vermieden, der mit der Umsetzung der Daten in photoähnliche Produkte verbunden ist.

2. Eine a u t o m a t i s c h e Klassifizierung der Daten mit Hilfe verschiedener rechnergestützter Verfahren.

5.3.1 Die visuelle Interpretation

Die visuelle Interpretation von Bildprodukten befaßt sich mit Grau- und Farbtönen, Mustern und Texturen der Bilder, in ähnlicher Weise wie dies bei der Interpretation von konventionellen Luftbildern geschieht. Allerdings muß der Interpret sich bewußt sein, daß das Bild keine Photographie darstellt, sondern eine in Grau- oder Farbtöne umgewandelte zweidimensionale bzw. mehrdimensionale Zahlenmatrix, und daß zudem die Helligkeitswerte der einzelnen Bänder oder des Farbenkomposits nicht mit den vom menschlichen Auge empfundenen Helligkeitswerten übereinstimmen. Helligkeitswerte werden je nach Reflexionscharakteristika innerhalb der einzelnen Wellenlängenbereiche schwanken, so daß ein Schwarzweißbild aus dem Bereich des sichtbaren Grün (Band 4) anders aussieht als ein Schwarzweißbild aus dem Infrarot (Bänder 6 und 7) (Abb. 5.10). Dennoch sind die Methoden der konventio-

5.3 Die Interpretation von Landsat-MSS-Bildern 189

nellen Interpretation durchaus anzuwenden; denn es geht bei der Interpretation zunächst um das Feststellen und Abgrenzen von Arealen und Erscheinungen unterschiedlicher Merkmale.

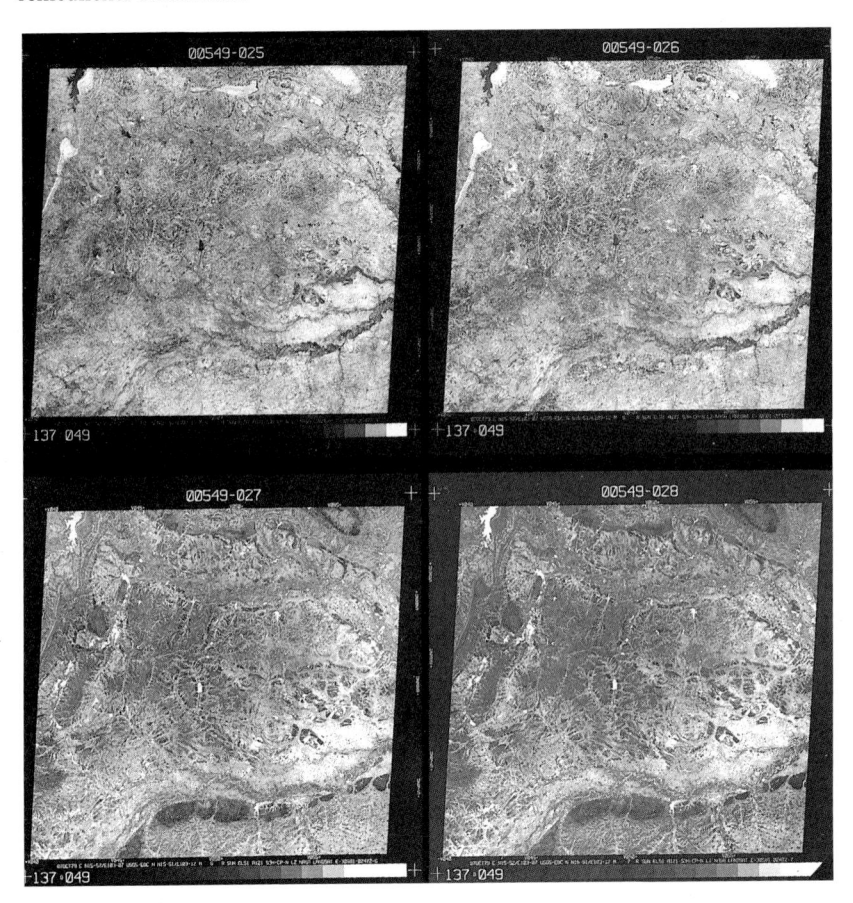

Abb. 5.10   Landsat MSS-Bilder aus Nordostthailand (Khorat Plateau). Schwarzweißbilder aus dem sichtbaren Bereich, Bänder 4 und 5 (oben) und dem nahen Infrarotbereich, Bänder 6 und 7 (unten), unterscheiden sich besonders deutlich. Für die Vegetation und Landnutzung sind die Bilder aus dem sichtbaren Spektrum meist aussagekräftiger, Oberflächenformen dagegen treten meist auf den Infrarotbildern deutlicher in Erscheinung.

Die großen Vorteile der visuellen Interpretation liegen in der Schnelligkeit der Bearbeitung und in der großen räumlichen Dimension, die mit einem Bild bzw. einer Szene erfaßt wird. Ein Gebiet von 185 x 185 km kann auf einem Bild, dessen Maßstab am besten zwischen 1:1000000 und 1:250000 liegt, überblickt und bearbeitet werden. Weitere Vorteile sind die bei kleinem Maßstab praktisch unverzerrte Wiedergabe, die multispektrale Auflösung sowie der multitemporale Aspekt, d. h. Möglichkeiten wiederholter Aufnahmen derselben Gebiete unter verschiedenen jahreszeitlichen Bedingungen oder nach besonderen Ereignissen, wie Überflutungen, Dürre, Feuer, Erdbeben oder vulkanischen Ausbrüchen.

Der entscheidende Nachteil der festen Bildprodukte liegt in den begrenzten Möglichkeiten, die Daten in Grau- oder Farbtönen wiederzugeben, und damit dem starken Verlust an radiometrischer Auflösung, im Informationsverlust durch wiederholte photographische Prozesse bei der Bildherstellung und in der oft sehr unterschiedlichen Qualität der Bilder. Bilder, die keine oder nur eine unwesentliche digitale Verbesserung erfuhren, sind für eine ernsthafte Interpretation wertlos.

Durch Einschalten eines interaktiven Computersystems können einige dieser Nachteile beseitigt werden, allerdings auf Kosten des großen räumlichen Überblicks; denn aufgrund der begrenzten Datenkapazität der Bildschirme kann meist nur ein sehr kleiner Ausschnitt aus einer Szene (etwa 1/30) betrachtet und bearbeitet werden. Ein entscheidender Vorteil der Bilddarstellung auf dem Bildschirm ist die große Flexibilität der Datenwiedergabe. Durch Änderung der Farbzuordnung und Farbintensität, durch verschiedene Dehnungs-, Glättungs- oder Ratioverfahren kann eine Vielzahl von Farbabstufungen und Farbkombinationen erzeugt werden, wobei gewisse Aspekte einer Landschaft hervorgehoben oder auch unterdrückt werden können. Der Interpret kann hierdurch seine Interpretationsmöglichkeiten optimieren. Die eigentliche Interpretation erfolgt visuell; in der Regel wird die günstigste Bilddarstellung vom Bildschirm abfotografiert.

5.3.2 Beispiele der visuellen Interpretation von MSS-Daten

Der große räumliche Überblick und die Möglichkeit, große Gebiete flächendeckend zu kartieren und zu interpretieren, gilt (neben dem multispektralen und multitemporalen Aspekt) als ein allgemein anerkannter und in Arbeiten immer wieder herausgestellter Vorteil des Landsatbildes. Dies wurde auch in zahlreichen Publikationen anhand von Szenenbeispielen aufgezeigt, für die stellvertretend die mit eindrucksvollen Farb- und Schwarzweißaufnahmen ausgestatteten Satellitenbildbände von BODECHTEL und GIERLOFF-EMDEN (1974), WILLIAMS und CARTER (1976), SHORT et al. (1976), MCCRACKEN und ASTLEY-BODEN (1982) oder verschiedene Ausgaben der Geographischen Rundschau (9/81 und 9/82) stehen sollen.

Es ist jedoch erstaunlich, daß es nur wenige Untersuchungen gibt, die in der tatsächlichen Erforschung und Kartierung ausgedehnter Gebiete von diesem Vorteil operativ Gebrauch machen und weit gespannte, sich über mehrere Szenen hinwegziehende Gebiete bearbeiten. Die überwiegende Mehrzahl der Untersuchungen beschränkt sich auf eine oder mehrere beispielhaft ausgewählte Landsatszenen und es wird versucht, die Aussagemöglichkeiten aufzuzeigen und zu testen. Als Beispiel für den operativen Einsatz von Landsatbildern als Kartierungs- und Interpretationsgrundlage zur systematischen Erfassung der Landressourcen eines großen Gebiets soll der „Ecological Survey of Australia" angeführt werden (LAUT et al. 1977).

Das Gebiet umfaßte den gesamten Staat Süd-Australien mit einer Fläche von über 1 Mio. km². Hierzu mußten über 70 Landsatszenen bearbeitet werden. Ziel der Untersuchung war eine systematische Kartierung und Beschreibung der verschiedenen Landschaften Südaustraliens, um mit Hilfe dieser Inventarisierung eine Grundlage für die Planung und die Einrichtung von Naturschutzgebieten zu schaffen.

Obwohl bereits zahlreiche Untersuchungen in einzelnen Gebieten und über verschiedene Aspekte der natürlichen Ressourcen vorlagen, fehlte es an einer systematischen, flächendeckenden Untersuchung. Es war daher zum einen notwendig, die vorhandenen Informationen zusammenzufassen, zum anderen große Gebiete, vor allem im ariden Norden, erstmals systematisch zu kartieren. Die Landsatbilder er-

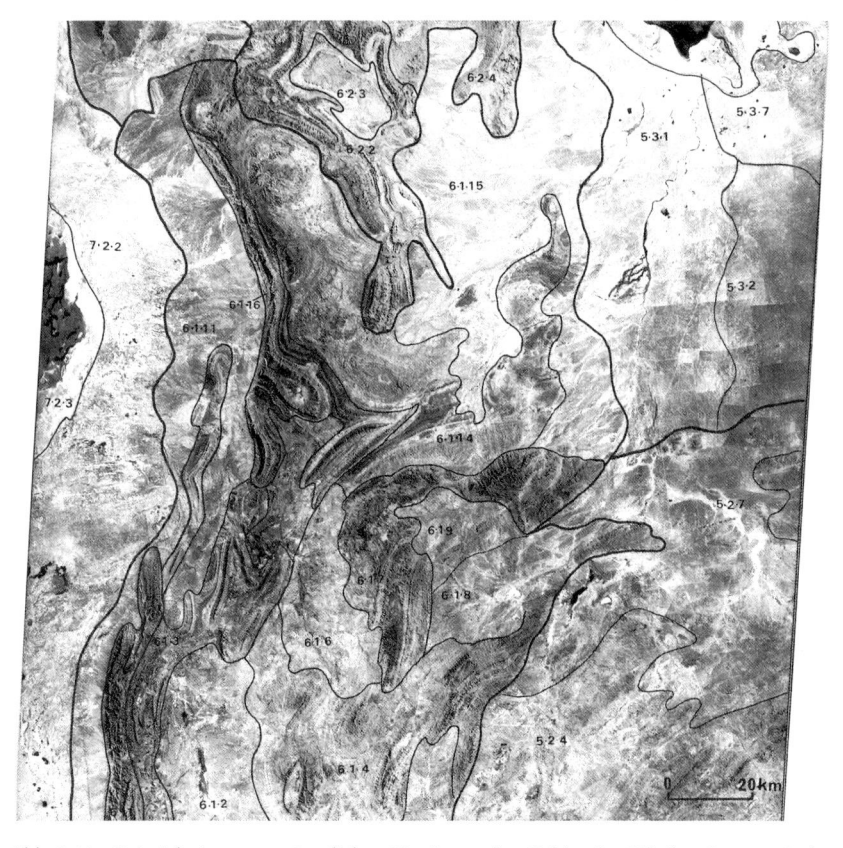

Abb. 5.11 Beispiel einer naturräumlichen Kartierung im Gebiet der Flinders Ranges, Südaustralien. Einzelheiten im Text.

192 5 Interpretation von modernen Fernerkundungsdaten

wiesen sich hierbei als ein geeignetes Hilfsmittel; denn sie konnten einerseits als Kartengrundlage verwendet werden, auf die die aus bereits vorhandenen Kartierungen übernommenen Grenzen eingezeichnet, ergänzt oder generalisiert wurden; andererseits dienten sie als Grundlage einer Neukartierung.

Die zur Kartierung angewandte Methode ähnelt der Landsystem-Methode (siehe 4.7); die visuelle Auswertung der Landsatbilder basierte auf dem gleichen Prinzip, welches man auch bei der Luftbildauswertung heranzieht. Ein Gebiet, das sich durch eine relativ einheitliche, wiederkehrende Vergesellschaftung der Faktoren Oberflächenformen, Vegetation und Böden auszeichnet, bildet ein bestimmtes umgrenzbares Bildmuster. Es hat sich gezeigt, daß derartige Muster in ähnlicher Weise auch auf Landsatbildern zu erkennen sind, wenn auch die spektralen Signaturen im einzelnen verschieden sind.

Die Auswertung der Landsatbilder beruhte daher auf dem Erkennen von charakteristischen Mustern und Grenzen; die Schwierigkeiten, die bei dieser Interpretation auftraten, waren denjenigen sehr ähnlich, die von der Luftbildauswertung her bekannt sind, wie vor allem das Erfassen unscharfer Grenzen und breiter Übergangszonen, die Notwendigkeit der Generalisierung, die begrenzten Möglichkeiten der Geländeüberprüfung und der unterschiedliche Zeitpunkt von Aufnahme und Geländeuntersuchung. Probleme, die direkt mit dem Landsatbild zusammenhängen, sind das Fehlen der echten Stereoskopie und damit die Schwierigkeiten, Reliefunterschiede oder Hangneigungen festzustellen, das geringe Auflösungsvermögen und der kleine Maßstab. Die Interpretation ackerbaulich genutzter Gebiete war in der Regel wesentlich schwieriger als die Auswertung der Gebiete, die als Weideland genutzt werden oder die gar noch unter natürlicher Vegetationsbedeckung stehen; denn das schachbrettartige Muster der Ackerflächen mit meist stark unterschiedlichen Signalwerten verdeckt Hinweise auf natürliche Grenzen.

Das auf Abb. 5.11 gezeigte Beispiel stellt einen Ausschnitt aus den nördlichen Flinders Ranges im semiariden bis ariden Bereich Südaustraliens dar. Die Unterteilung der Landschaft erfolgt in meist klimatisch definierte Provinzen (erste Zahl ; dicke Grenzlinien), Regionen (zweite Zahl) und Assoziationen (dritte Zahl). Einzelheiten der der Einteilung zugrundeliegenden Methodik sind in LAUT et al. 1977 und LAUT 1979 zu finden.

Grenzen sind in diesem Gebiet meist deutlich ausgebildet. Dennoch gibt es auch Übergangszonen und breite Grenzräume, besonders im Bereich der Ebenen. Eindrucksvoll sind die nordwärts streichenden Quarzitschichtkämme der Flinders Ranges (6.1.1, 6.3.1, 6.1.16). Die Abgrenzung von 6.3.1 und 6.1.1 und 6.1.16 beruht vor allem auf dem Vorkommen von schmalen intramontanen Ebenen, die zum Teil für Weizenanbau (Nordgrenze des Weizenanbaus) genutzt werden (in Einheit 6.1.3 ganz unten rechts ist das schachbrettartige Muster zu erkennen). Assoziation 6.1.2 stellt eine breite intramontane Ebene dar, auf die randlich einige Schwemmfächer münden. Landnutzung besteht aus Weide mit einigen wenigen Getreidefeldern in Rotation mit Weide. Die Einheit 6.1.4 stellt eine relativ komplexe Einheit dar mit dicht geschachtelten intramontanen Ebenen, getrennt durch niedrige nördlich bis nordöstlich streichende, aus Quarzit und Tonschiefer aufgebauten Rücken. Die grasbestandenen Ebenen und die stark degenerierten offenen Wälder (open woodlands) auf den Rücken werden als Weideland genutzt.

5.3 Die Interpretation von Landsat-MSS-Bildern 193

Gebiete unter natürlicher Vegetation sind an dem dunklen Grau zu erkennen, wie z.B. in 6.1.7 und vor allem in den steileren Schichtkämmen am Westrand der Flinders Ranges. Im Westen und Osten wird die Flinders Range Provinz von Ebenen der Provinzen 5 und 7 umgeben, wobei ausgedehnte Schwemmfächer (6.1.11 und 6.1.15) einen klaren Übergang vom Gebirge zum Tiefland bilden. Die verschiedenen auf dem Bild gezeigten Assoziationen der Provinz 5 stellen unterschiedliche geomorphologische Einheiten dar. 5.3.1 ist eine breite Alluvialebene (Fluß zur Zeit der Aufnahme wasserführend) mit einigen wenigen östlich streichenden Dünen. Landnutzung besteht aus extensiver Schafweide; der unterschiedliche Grad der Überweidung kommt auf dem Bild durch den unterschiedlichen Grauton der einzelnen westnordwestlich streichenden Längsdünen zum Ausdruck, die von hier aus bis zum Lake Eyre ein ununterbrochenes Dünenfeld bilden. Einheit 5.3.2 ist eine flache, ausdruckslose flußlose Ebene mit einigen Sanddünen. Die Grenze zwischen 5.3.2 und 5.3.1 ist nicht deutlich zu erkennen, die Grenzziehung beruht vor allem auf dem Vorkommen von calcrete (sekundäre Kalkkrustenbildungen) in 5.3.2.

Einheit 5.3.7 bildet einen Übergangsraum zwischen den Ebenen im Norden und dem niedrigen von den Flinders Ranges nach Osten abzweigenden Hügelland im Süden (5.2.4). Es handelt sich um eine Ebene mit unruhigem Relief und einigen niedrigen granitischen Inselbergen. Dazwischen liegen breite, wadiartige Flußläufe. 5.2.4 stellt eine Serie nordöstlich streichender niedriger Rücken dar, die aus Quarzit und Sandstein aufgebaut sind. Zwischen den einzelnen Rücken liegen schmale intramontane Becken, die randlich aus Pedimenten bestehen. Die westlich der Flinders Ranges liegende Ebene ist die Niederung des Lake Torrens (7.2.3). Der Salzsee ist normalerweise vollständig von einer dünnen Salzkruste überdeckt, aber zur Zeit der Aufnahme wird der Seeboden teilweise von einer dünnen Wasserschicht eingenommen (links) und nur randlich hat sich die Salzkruste wieder gebildet. Eine klar abgrenzbare Einheit bildet das Dünenfeld zwischen See und Flinders Ranges. Die Dünen sind etwa 10 – 15 m hoch und streichen fast genau in östliche Richtung, die vorherrschende Windrichtung heute und wahrscheinlich auch während des Pleistozäns. Die Dünen sind heute nur noch stellenweise aktiv. Auch dieses Gebiet wird als extensive Schafweide genutzt.

Der große räumliche Überblick solcher Arbeiten ermöglicht jedoch nicht nur die relativ rasche Kartierung von Naturräumen und natürlichen Ressourcen, sondern er kann auch für die Erforschung von geographischen Erscheinungen von großem Nutzen sein. Insbesondere kann der große Überblick dazu verhelfen, neue Arbeitshypothesen zu entwickeln und sie gezielt zu überprüfen, wie dies z.B. von WIENECKE und RUST (1972) in SW Afrika oder von LÖFFLER und SULLIVAN (1979) in Australien demonstriert wurde. Das Studium von Satellitenbildern der zentralaustralischen Wüstengebiete um die großen Salzseen Lake Eyre bis Lake Frome zeigte ein regelmäßiges Muster der Ton- und Salzpfannen, welches als Ausdruck eines allmählich schwindenden Riesensees (Lake Dieri) gedeutet wurde (LÖFFLER und SULLIVAN 1979).

Insbesondere geomorphologische und geologische Zusammenhänge, die sich als großräumliches Muster abzeichnen, sind oftmals weder im Gelände noch auf konventionellen Luftbildern zu erkennen. Sie wurden erst durch den Blick aus dem Weltraum „sichtbar" und damit letztlich auch auf der Erde erfaßbar gemacht. Hierzu gehören u.a. geomorphologisch-tektonische Phänomene; denn langgestreckte Lineamente und Strukturen, Kluft- und Störungsnetze lassen sich auf dem Landsatbild oft rasch und relativ zuverlässig kartieren (z.B. HELMCKE et al. 1976, KRONBERG 1974, 1976; WILLIAMS 1983). Auch der großräumige strukturelle Bau von Gebirgen läßt sich auf Landsatbildern oftmals leichter und schneller erkennen als auf konventionel-

194   5 Interpretation von modernen Fernerkundungsdaten

len Luftbildern (Abb. 5.12). Dies trifft selbstverständlich besonders für Gebiete zu, die schwer zugänglich und daher bislang wenig erforscht sind und sehr heterogenes Luftbildmaterial aufweisen. Ein Beispiel einer derartigen morphostrukturellen Kartierung ist auf Abb. 5.13 zu sehen.

Wie ein Vergleich der Abb. 5.11 und 5.12 zeigt, ist eine visuelle Interpretation von Landsatbildern in Trockengebieten einfacher als in humiden Gebieten, insbesondere in tropisch humiden Gebieten. Während in Trockengebieten die Reflexion stark von Gesteins- und Bodenfarbe gesteuert wird, fehlt dies in humiden Gebieten völlig. Dort wird die Reflexion hauptsächlich von Vegetation und Art der Landnutzung beeinflußt.

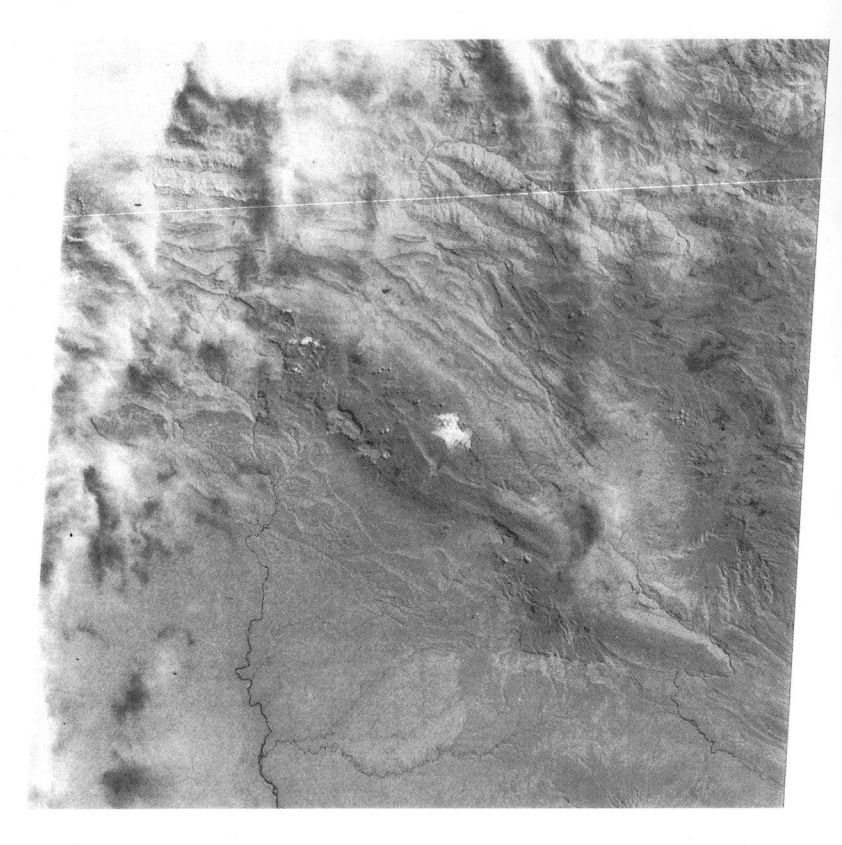

Abb. 5.12   Der großräumige Überblick erlaubt oft das unmittelbare Erkennen des strukturellen und morphologischen Aufbaus eines Gebirges insbesondere wenn, wie in diesem Fall, das Luftbildmaterial lückenhaft ist. Aufnahme aus dem westlichen Papua Neuguinea. Vergleiche mit der SLAR-Aufnahme und Interpretationsskizze von Abb. 5.15.

5.3 Die Interpretation von Landsat-MSS-Bildern   195

Neben dem großen Überblick spielt oftmals auch der multitemporale und multispektrale Aspekt der Bilder für das Erkennen von wichtigen Zusammenhängen eine Rolle. So sind z.B. die auf Abb. 6.1 zu sehenden kleinen Tonpfannen nur wegen der dem Aufnahmetag vorangegangenen heftigen Niederschläge und der damit verbundenen Durchfeuchtung bzw. teilweisen Auffüllung der Tonpfannen so deutlich zu

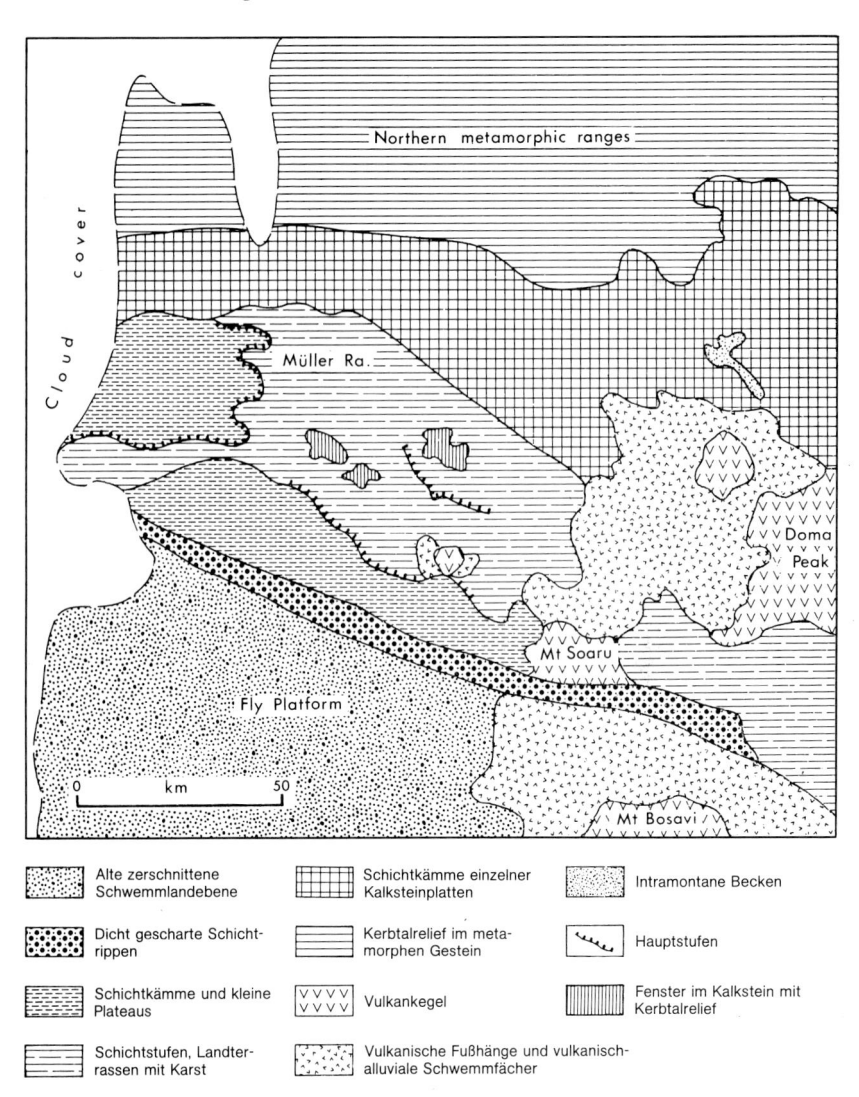

Abb. 5.13   Interpretationsskizze zu 5.12

erkennen – und dies lediglich auf den Bildern der Infrarot-Kanäle 6 und 7. Das Muster der Tonpfannen ist auf den Bildern der Kanäle 4 und 5 kaum auszumachen, ebensowenig wie auf konventionellen Luftbildern oder auf Landsatbildern, die in Zeiten fehlender Niederschläge aufgenommen wurden.

Jahreszeitliche Unterschiede in der Bodendeckung und Bodenfeuchte führen auf Frühjahrs- und Frühsommeraufnahmen meist zu einer deutlicheren spektralen Differenzierung unterschiedlicher Böden, als dies auf Aufnahmen im Hochsommer der Fall ist. Ein eindrucksvolles Beispiel hierfür ist in der Arbeit von MYERS (1983, Fig. 33 – 16) zu finden. Die Landsataufnahme vom 30. Mai erlaubt eine deutliche Abgrenzung der tiefen Lößböden (dunkle Signatur) auf einem niedrigen zerschnittenen Plateau von den wesentlich seichteren von Geschiebelehmen unterlagerten Lößböden auf einer nahezu unzerschnittenen Ebene.

Auch der jahreszeitlich unterschiedliche Winkel der Beleuchtung kann in außertropischen Gebieten das Erkennen bestimmter Erscheinungen beeinflussen. Bei niedrigem Sonnenstand treten aufgrund der deutlicheren Schatten geomorphologische und geologische Phänomene klarer hervor als bei hohem Sonnenstand, während für die Vegetation oder Landnutzung die Situation meist umgekehrt ist, wie dies JUSTICE und TOWNSHEND (1981) für das Mittelmeergebiet demonstrieren konnten.

Eine lohnende Methode der visuellen Interpretation liegt im Einsatz von Falschfarbenkompositen, wobei besonders die Verwendung eines Farbmischprojektors zu guten Ergebnissen führen kann, da dieses Gerät eine flexible Wahl der Farbzuordnung und der Durchleuchtungsintensität zuläßt. Hierbei können gewisse Aspekte einer Landschaft hervorgehoben, andere unterdrückt werden, so daß die für die Aufgabenstellung optimale Farbverteilung und Farbdifferenzierung gewählt werden kann.

Für jegliche Verwendung von Bildprodukten in Form von Papierabzügen oder Transparenten gilt jedoch, daß die Möglichkeiten der Grautonabstufung und Farbabstufung begrenzt sind, selbst wenn digital verbesserte Produkte (s. 2.3.8.5) verwendet werden. In keinem Fall kann die tatsächliche radiometrische Auflösung des MSS-Systems ausgenützt werden.

Wie bereits kurz erwähnt, erfordert die Ausnützung der tatsächlich vorhandenen spektralen Information die Einschaltung eines interaktiven Bildverarbeitungssystems. Zwar geht hierbei der große räumliche Überblick verloren, aber der Gewinn an radiometrischer Differenzierung ist groß. Im einfachsten Fall wird man das über den Bildschirm gelieferte Falschfarbenbild in ähnlicher Weise wie Papierabzüge oder Transparente visuell interpretieren. Die Aussagemöglichkeiten sind durch verschiedene Datenmanipulationen (2.3.8.5), insbesondere Dehnungsverfahren, wesentlich erhöht. Dehnungsverfahren erlauben vor allem in Gebieten mit relativ einheitlichen spektralen Signaturen eine Auflösung, wie sie bei Papierabzügen selten möglich ist.

Die Frage, ob die dadurch erhaltene Differenzierung im Gelände tatsächlich feststellbaren und für die Aufgabenstellung relevanten Unterschieden entspricht, muß jedoch immer wieder überprüft werden. In der Literatur wird fast ausschließlich von Untersuchungen berichtet, bei denen derartige Verfahren erfolgreich angewendet wurden: Mißerfolge sind weniger publikationswürdig. So war es z.b. in einem Testgebiet in Südaustralien nicht möglich, einen signifikanten Unterschied in der Vegetationsbedeckung und -zusammensetzung zweier benachbarter Areale festzustellen, obwohl sie sich in den Signaturen relativ deutlich voneinander unterschieden (LÖFFLER 1981).

Ohne Zweifel stellt jedoch die visuelle Interpretation von digital aufgearbeiteten Bildprodukten eine der erfolgversprechendsten Möglichkeiten in der Auswertung von Landsatdaten für den Geographen dar; denn die Daten können in ihrer spektralen und radiometrischen Breite gezeigt werden. Der Verlust an spektraler und radiometrischer Information ist gering, und das Landschaftsbild bleibt in seinem Aufbau und seiner Komplexität sichtbar, was bei klassifizierten Daten nicht mehr der Fall ist.

5.3.3 Automatische Klassifizierungen

Bei automatischen Klassifizierungen wird die Tatsache ausgenutzt, daß die Daten in digitaler Form vorliegen und entsprechend mit Hilfe von statistischen Verfahren in einzelne Klassen unterteilt werden können. Grundsätzlich sind zwei Arten von Klassifizierungen zu unterscheiden: eine überwachte Klassifizierung (supervised classification), bei der von bekannten Erscheinungen ausgegangen und das Bild schrittweise klassifiziert wird, und eine nicht-überwachte Klassifizierung (unsupervised classification), bei der das Bild allein aufgrund statistischer Verfahren in unterschiedliche Klassen unterteilt wird.

Die Einzelheiten der Klassifizierungsverfahren können hier nicht besprochen werden (s. BÄHR 1985, ITTEN 1980). Sie gehören in den Bereich der technischen Wissenschaften. Eine Kenntnis der den Klassifizierungen zugrundeliegenden Prinzipien ist jedoch für jeden notwendig, der die Möglichkeiten der multispektralen Daten für seine Untersuchungen ausnützen will.

Alle Klassifizierungen basieren auf Verfahren, die versuchen, die in digitaler Form vorhandene Information miteinander zu vergleichen, zu korrelieren um je nach Ähnlichkeit der Datengruppen zu Kartierungseinheiten zu kommen. Hierzu sei nochmals daran erinnert, daß ein MSS-Bild aus einer mehrdimensionalen Matrix aus Zahlen besteht, die in den meisten Fällen zwischen 0 und 127 liegen. Die Dimension der Matrix hängt von der Anzahl der verwendeten Kanäle ab, im Falle der Landsataufnahmen haben wir eine vierdimensionale Matrix vor uns. Jedes Bildelement ist also durch 4 Zahlenwerte charakterisiert, wobei allerdings die Werte der beiden Infrarot-Kanäle nahezu identisch sind (man spricht dann von Datenredundanz), so daß meist nur einer der Kanäle zur Verarbeitung herangezogen wird.

In der überwachten Klassifizierung ist es notwendig, daß der Bildinterpret eine Anzahl von Erscheinungen identifizieren kann, wobei diese Erscheinungen relativ homogene Signaturen aufweisen sollten (z.B. ein Laubwald, Weizenfeld, Feuchtwiese). Diese Erscheinungen sind die Übungs- oder Trainingsgebiete (training areas), und ihre Daten dienen sozusagen als Interpretationsschlüssel. Es ist wichtig, daß diese Übungsgebiete weder zu klein noch zu groß gewählt werden, um eine möglichst repräsentative Probe zu erhalten. Mit dem Übungsgebiet werden die spektralen und radiometrischen Parameter der Erscheinungen erfaßt. Der nächste Schritt besteht in einem Vergleich der durch das Übungsgebiet festgelegten Daten mit den Daten aller anderen Bildelemente des Szenenausschnitts und damit der Überprüfung, ob auch andere Bildelemente in ihrer Datenzusammensetzung dem Trainingsgebiet gleichen.

Durch eine Anzahl solcher Schritte kann ein Bildausschnitt schließlich in mehrere deutlich getrennte Kartierungseinheiten unterteilt werden, bis auf einen nicht erfaßbaren Rest, der keinem der ausgewählten Trainingsgebiete entspricht und daher nicht klassifizierbar ist. In der Praxis wird man natürlich nicht in derartigen Schritten vorgehen, sondern man erfaßt zunächst alle Trainingsgebiete und führt dann in einer Verarbeitung die Klassifizierung durch. Der Erfolg der Klassifizierung und die Genauigkeit, mit der die jeweiligen Bildelemente ihren zugehörigen Klassen zugeordnet werden, hängen von einer Reihe von Faktoren ab. Wichtig ist vor allem die Qualität der Trainingsgebiete, d.h. *sie müssen repräsentativ für ihre jeweilige Klasse sein, möglichst homogen in ihrer spektralen Zusammensetzung sein und sich klar von anderen Klassen unterscheiden.*

Während die überwachte Klassifizierung mit Hilfe von Erscheinungen, die dem Interpreten bekannt sind und deren spektrale Merkmale sich bereits optisch klar trennen lassen, eine Unterteilung des Szenenausschnitts in festgelegte spektrale Klassen vornimmt, übernimmt bei der nicht überwachten Klassifizierung ein bestimmtes Computerprogramm die Einteilung der Klassen. Eine vorherige Kenntnis des Geländes ist nicht notwendig; die Einteilung der verschiedenen Klassen erfolgt allein durch die Rechenoperationen, die durch das gewählte statistische Verfahren (meist eine Häufungsanalyse) festgelegt sind.

Der Erfolg einer Klassifizierung wird also davon abhängen, wie deutlich die spektralen Merkmale einzelner Erscheinungen sich unterscheiden (man spricht von spektraler Trennbarkeit), und wie weit es bei anschließenden Geländeuntersuchungen möglich ist, die festgelegten Klassen mit eindeutig erkennbaren Geländeerscheinungen in Verbindung zu bringen. Nicht immer wird eine Korrelation eindeutig zu erstellen sein; denn die Klassifizierung stellt ja ein rein statistisches Verfahren dar und die Klassen sind daher nichts anderes als mathematisch festgelegte Häufungen von Zahlenwerten. Übergänge, Mischsignaturen und lokale Variationen (z.B. Schatten- und Sonnenseiten von Hängen) können bei diesen Verfahren meist nicht berücksichtigt werden und zu „Fehlinterpretationen" führen.

Automatische Klassifizierungen, ob überwacht oder nicht überwacht, sind vor allem in Gebieten mit relativ großflächigen, reliefarmen Agrarlandschaften oder einheitlichen Wald- und Forstbeständen geeignet und erlauben meist nur eine Unterscheidung grober Einheiten (z.B. Wald, Grasland, Offenland, Wasser). Je komplexer eine Landschaft aufgebaut ist und je stärker der Grad des kleinräumigen Wechsels, desto größer die Schwierigkeiten der automatischen Klassifizierungen. Komplexe Naturlandschaften sind daher für derartige Klassifizierungen weniger geeignet.

Eigene Untersuchungen im ariden Raum Australiens zeigten, daß automatische Klassifizierungen für die detaillierte Erfassung der Vegetation nicht geeignet waren; denn es gelang weder die relativ einfache, aber in ihrer Artenzusammensetzung lokal stark schwankende Vegetation noch deren Deckungsgrad zu erfassen. Bildelemente gleicher Signalwerte können durchaus unterschiedliche Artenzusammensetzung aufweisen und sogar unterschiedlichen Deckungsgrad, während umgekehrt Bildelemente unterschiedlicher Signalwerte gleichen Artenaufbau und Deckungsgrad zeigen können (LÖFFLER 1981). Umgekehrt waren BAUMGART und QUIEL (1981) bei einer Landnutzungsklassifizierung im Raum Mannheim/Heidelberg relativ erfolgreich. Sie konnten zeigen, daß bei einer überwachten Klassifizierung die Auswahl der Trainingsgebiete von wesentlich größerem Einfluß auf den Erfolg der Klassifizierung ist als die Wahl der Klassifizierungsmethode. Allerdings stellen die erhaltenen Klassen nur sehr grobe Landnutzungseinheiten dar.

Die graphische Darstellung der klassifizierten Daten geschieht in der Regel auf einem Bildschirm, und die einzelnen Klassen werden in unterschiedlichen Farbabstufungen dargestellt. Zur weiteren Bearbeitung der Daten ist jedoch ein festes transportierbares Bildprodukt notwendig. Dies erhält man entweder durch einfaches Fotografieren der auf dem Bildschirm dargestellten Abbildung oder über einen Farbfilmaufzeichner, einen Zeilendrucker oder Farbdrucker.

Die über den Farbfilmaufzeichner erzeugten Produkte sind qualitativ die besten; jedoch sind die dazu notwendigen Geräte kostenaufwendig. Wesentlich günstiger sind Zeilendrucker und Farbdrucker; allerdings sind die Produkte des Zeilendruckers nicht sehr übersichtlich, besonders wenn die Klassifikation viele Einheiten enthält. Bei einfachem Abfotografieren des Bildschirms sind Farbdarstellung und Auflösung in der Regel gut, aber es treten oft Maßstabsprobleme und Verzerrungen auf. Andere Möglichkeiten, Klassifizierungen darzustellen, sind Tabellen, Statistiken oder digitale „data files".

Bei allen Arten der Klassifizierung sollte man im Auge behalten, daß es sich hier um Vereinfachungen komplexer Sachverhalte handelt, und *daß es keine allein richtige oder immer anwendbare Klassifizierungsmethode gibt.* Welche Methode im einzelnen Fall eingesetzt wird, hängt von den vorhandenen technischen Einrichtungen, dem Untersuchungsgebiet und dessen Komplexität, von dem Untersuchungsziel, dem Zeitaufwand und dem vorhandenen Kenntnisstand ab. Genausowenig ersetzt eine automatische Klassifizierung die visuelle Interpretation.

Automatische Klassifizierungen werden oft als quantitative Interpretation den visuellen, qualitativen Interpretationen gegenübergestellt. Diese Gegenüberstellung erweckt den Eindruck als seien automatische Klassifizierungen genauer als visuelle. Zwar ist die Datenmanipulation bei automatischen Klassifizierungen ohne weiteres nachvollziehbar und geschieht nach mathematischen Gesetzen, die Aussagen jedoch über die im Gelände herrschenden Bedingungen sind qualitativ. *Letzten Endes sind alle Methoden der Interpretation qualitativ; denn sie beruhen auf einer nicht ohne weiteres, auf jeden Fall nicht eindeutig quantifizierbaren Aussage über Zusammenhänge zwischen Strahlungswerten und Geländeerscheinungen.*

Man sollte daher nicht von quantitativen und qualitativen Interpretationen sprechen, sondern von automatischen oder rechnergestützten und visuellen Interpretationen.

5.3.4 Beispiele für automatische Klassifizierungen

Die Anzahl von Beispielen für die Anwendung automatischer Klassifizierungsmethoden bei der Interpretation von Landsat-MSS-Daten ist unüberschaubar geworden, und es fällt schwer, aus dieser Masse einige repräsentative Fälle herauszugreifen. Logischerweise wurden die Methoden der automatischen Klassifizierung in den USA am frühesten entwickelt und eingesetzt; auch heute sind die gut ausgestatteten Forschungsinstitute und einige Universitäten auf diesem Gebiet führend. Allerdings gibt es auch in Europa in mehreren Zentren gut ausgestattete Bildverarbeitungsanlagen, so daß auch hier derartige Methoden seit einiger Zeit angewandt werden.

Der Schwerpunkt bisheriger Untersuchungen liegt bei der Gewinnung von Land- und Flächennutzungsdaten, Identifizierung von Feldfrüchten und Erntevorhersagen, wobei vor allem die beiden in den USA durchgeführten Projekte CITARS (Crop Identification Technology Assessment for Remote Sensing) und LACIE (Large Area Crop Inventory Experiment) zu nennen sind.

Die Aufgabe von CITARS bestand darin, die Anwendbarkeit und Aussagemöglichkeiten verschiedener rechnergestützter Klassifizierungsmethoden bei der Identifizierung von Feldfrüchten (insbesondere Mais und Sojabohnen) unter unterschiedlichen Wachstumsbedingungen, naturräumlichen Gegebenheiten, Anbaupraktiken und Parzellengrößen zu untersuchen. Außerdem sollte festgestellt werden, inwieweit die spektralen Merkmale von Klassen bzw. Trainingsgebieten innerhalb eines Testgebiets auf Gebiete außerhalb des Testgebiets übertragen werden können. Es zeigte sich, daß die Wahrscheinlichkeit der korrekten Klassifizierung zur Zeit maximaler Bodendeckung, d.h. während der Reifezeit, gut (75 – 80 %), davor jedoch deutlich schlechter (50 – 60 %) war. Die Genauigkeit der Schätzungen des Flächenanteils der verschiedenen Feldfrüchte nahm deutlich mit der Feldgröße zu, eine Erscheinung, die durch das räumliche Auflösungsvermögen bestimmt wird, denn bei einheitlich bestellten großen Feldern tritt der Anteil der Pixel, die Mischsignaturen aus unterschiedlichen Feldfrüchten enthalten, deutlich zurück.

Das Ziel von LACIE war, auf den Ergebnissen von CITARS aufbauend die Möglichkeiten des Einsatzes von Landsatdaten für eine zuverlässige Erntevorhersage zu untersuchen, wobei aus wirtschaftlichen Gründen besonders die Weizenernte der UdSSR von Interesse war. Die Einzelheiten des Experiments können hier nicht erläutert werden (s. NASA 1978, MYERS 1983). Das Prinzip der Untersuchung lag darin, den Anteil der Weizenflächen anhand ausgewählter repräsentativer Stichproben (in den USA 601 Flächen von rund 100 km^2) in den verschiedenen Klimazonen und Naturräumen abzuschätzen. Mit Hilfe von meteorologischen Daten bzw. eines agrometeorologischen Modells, welches frühere Ernteerträge und monatliche Temperatur- und Niederschlagsdaten berücksichtigt, wurde dann eine Erntevorhersage in den einzelnen Zonen getroffen. Für die Jahre 1975 – 1977 lagen die Ernteschätzungen von LACIE für die USA und die UdSSR innerhalb der 10 %-Fehlergrenze, teilweise auch wesentlich besser. Allerdings geht dieser Erfolg nicht allein und wahrscheinlich nicht einmal primär auf die Flächenschätzungen zurück (die ausgewählten Stichproben stellen 2 % der Fläche dar), sondern vornehmlich auf das agrometeorologische Modell und die aktuellen meteorologischen Daten.

Auch stellte der Sommerweizen die Auswerter vor größere Probleme, da er kaum von anderen Feldfrüchten wie Sommergerste zu unterscheiden ist, und die in den USA und Kanada angewandte Methode des „strip farming" (streifenförmiger Wechsel von Getreideanbau und Brache) zu schwer klassifizierbaren Mischsignaturen führt. Inwieweit die Ergebnisse von LACIE auch in anderen Regionen der Erde anwendbar sind und ob der Aufwand sinnvoll ist, bleibt abzuwarten. Auf jeden Fall wird das größere Auflösungsvermögen des TM die Identifizierung der Feldfrüchte wesentlich erleichtern.

Verursacht das geringe Auflösungsvermögen des MSS-Systems bereits Probleme bei der automatischen Klassifizierung von Landnutzungsdaten in den USA, so muß man bei den wesentlich geringeren Größen landwirtschaftlicher Nutzflächen im mitteleuropäischen Raum mit noch größeren Schwierigkeiten rechnen. Eine vom Bundesministerium für Raumordnung, Bauwesen und Städtebau in Auftrag gegebene und veröffentlichte Untersuchung über die Möglichkeiten der Auswertung von Satellitenaufnahmen zur Gewinnung von Flächennutzungsdaten zeigte, daß eine vollautomatische Auswertung derzeit noch nicht möglich und eine visuelle Interpretation z.Z. einer rechnergestützten Klassifizierung überlegen ist (HABERÄCKER et al. 1979). Selbstverständlich war die vorgenommene Klassifizierung der einzelnen Landnutzungsklassen sowohl bei der visuellen als auch bei der automatischen Klassifizierung recht grob (insgesamt 8 Klassen; Lockere Bebauung, dichte Bebauung, Acker, Grünland, Weinbau, Laubwald, Nadelwald und Gewässer) und genügt sicherlich noch nicht dem von der praktischen Planung geforderten Detail.

Auch die Untersuchungen von GÖTTING (1982) im Raum Tübingen zeigten, daß die durch die automatische Auswertung erhaltene Differenzierung der Landnutzung in Siedlungen, Grünland, Ackerland, Laubwald, Nadelwald und Gewässer zu grob ist. Die Genauigkeit der Klassifizierung ist zu gering (nur die Klassen Laub- und Nadelwald erreichten 82 bzw. 75 % Genauigkeit, alle anderen lagen unter 50 %), um zur Zeit für die Raumplanung operativ eingesetzt werden zu können. Der Grund hierfür liegt in der kleinparzellierten Struktur der Landnutzung; „die Datenaufnahmetechnik des Landsat-Systems mit Bildelementgrößen von 79 x 56 m wird diesem Nutzungsmosaik nicht gerecht" (GÖTTING 1982).

Eine deutliche Verbesserung der Aussagegenauigkeit bzw. der Trennbarkeit verschiedener Landnutzungseinheiten konnte von LICHTENEGGER und SEIDL (1980) durch Verwendung multitemporaler Daten, d.h. digitaler Daten mehrerer Überflüge zu unterschiedlichen Zeiten während der Vegetationsperiode erreicht werden. Für ein 2000 ha großes Testgebiet wurden die Aufnahmen von fünf Monaten (Mai – September) bildpunktgenau zur Deckung gebracht, so daß ein aus 20 Kanälen (5 Aufnahmen mit jeweils 4 Kanälen) bestehendes Bild bzw. Datensatz entstand. Die eigentliche Interpretation wurde durch eine überwachte Klassifikation durchgeführt. Es zeigte sich, daß bei Verwendung der multitemporalen Daten durchweg eine wesentliche Verbesserung der Genauigkeit im Vergleich zu den monotemporalen Daten erzielt werden konnte, besonders bei Einheiten, die generell schwer klassifizierbar sind, wie Gerste, Roggen und Kartoffeln. In keinem Fall lag die Genauigkeit unter 75 %, in den meisten Klassen bewegte sie sich um 80 %. Fehlklassifikationen beruhten auf inhomogenen Bodenverhältnissen, die natürlich besonders bei unvollständiger Bodenbedeckung Einfluß auf die spektrale Signatur haben.

Eine für küstenmorphologische Fragestellungen interessante Arbeit wurde von DENNERT-MÖLLER (1982) im nordfriesischen Wattgebiet durchgeführt. Mit Hilfe einer überwachten Klassifizierung (Maximum Likelihood Verfahren) gelang eine relativ genaue Klassifizierung der Wattgebiete bzw. Sedimenttypen in Sandwatt, Schlickwatt, trockene Außensände, Vorland, Wasser und Land, wobei die Klassifizierungsgenauigkeit um und über 90 % lag. Die relativ einheitliche Reflexion der Sedimenttypen und das Fehlen von Vegetation erleichtert natürlich die Klassifizierung im Vergleich zu den wesentlich komplexeren Verhältnissen auf dem Land. Dennoch ergaben sich einige auffallende Fehlklassifizierungen, wie z.B. das Auftreten von Land und Vorland an unwahrscheinlichen oder sogar unmöglichen Stellen außerhalb der Außensände oder völlig losgelöst von der Küste mitten im Watt (HASSENPFLUG 1983). Eine rein visuelle Interpretation erlaubt eine gute Differenzierung des Watts (SCHROEDER-LANZ 1978) und vermeidet derartige Fehlinterpretationen.

5.4 Seitensichtradaraufnahmen und ihre Interpretation

Seitensichtradaraufnahmen (SLAR) eignen sich vor allem für großräumliche Untersuchungen; denn das Auflösungsvermögen übersteigt aufgrund systemgebundener Faktoren (siehe 2.3.10) selten 10 x 10 m und die Bildmaßstäbe bewegen sich in der Größenordnung von 1:100000 bis 1:400000. Eine weitere photographische Vergrößerung bringt meist keinen wesentlichen Vorteil.

Das auffallendste Merkmal der Radarbilder ist die Ähnlichkeit mit schrägen Luftbildern, und in der Tat ist die schräge „Beleuchtung" eines Geländeabschnitts durch Radarstrahlen einer konventionellen Schrägaufnahme durchaus verwandt. Mittels dieser schrägen „Beleuchtung" durch den Radarstrahl wird ein starker räumlicher Eindruck vermittelt, der nicht nur die Reliefmerkmale hervorhebt, sondern oft auch das Erkennen von geologischen Strukturen und strukturabhängigen Oberflächenformen erleichtert, besonders wenn diese sich über große Entfernungen erstrecken und nicht in Seitensichtrichtung verlaufen. Das geringe Auflösungsvermögen wirkt sich hierbei vorteilhaft aus; denn dadurch werden Details, die oftmals den Blick für wesentliche Zusammenhänge verschleiern, unterdrückt.

5.4.1 Faktoren, die das Radarecho beeinflussen

Da das Radarbild eine in Grautönen wiedergegebene Aufzeichnung des Radarechos darstellt, ist für die Interpretation eine Kenntnis des Strahlungsverhaltens wichtig.

5.4 Seitensichtradaraufnahmen und ihre Interpretation 203

Entscheidend für die Stärke des Radarechos und damit für den Helligkeitswert des Bildes sind die Lage eines Geländeabschnitts in Bezug auf den Radarstrahl, dessen Wellenlänge, die Oberflächenmerkmale des Geländes, wie Hangneigung, Relief, Gestein, Bodenfeuchtigkeit und Vegetationsbedeckung sowie die elektrische Leitfähigkeit (Dielektrizitätskonstante) des angestrahlten Materials. Steile, dem Radarstrahl zugeneigte Hänge werfen ein stärkeres Echo zurück, erscheinen also heller als flachere Hänge oder gar Ebenen, die nur ein geringes Echo erzeugen und daher relativ dunkel erscheinen. Dem Strahl abgewandte Hänge reflektieren je nach Neigung entweder sehr wenig oder überhaupt keine Strahlung. Der Extremfall des fehlenden Radarechos tritt ein, wenn die Hangneigung größer ist als der Winkel des einfallenden Radarstrahls. Der Hang liegt dann im R a d a r s c h a t t e n und erscheint auf dem Bild schwarz (Abb. 5.14). Hierbei ist der Schatten umso länger, je flacher der Einfallswinkel des Radarstrahles und je höher die Erscheinung ist. Damit ist auch klar, daß die Schattenlänge in der Seitensichtrichtung (quer zur Flugrichtung) von der nahen Reichweite zur fernen Reichweite zunimmt (Abb. 5.14, 5.16).

Der Radarschatten ist in zweierlei Hinsicht von Bedeutung. Zum einen akzentuiert er den Reliefeindruck eines Gebiets und ermöglicht damit oft das Erkennen von Strukturen in reliefarmen Gebieten; zum anderen wirkt er in reliefstarken Gebieten

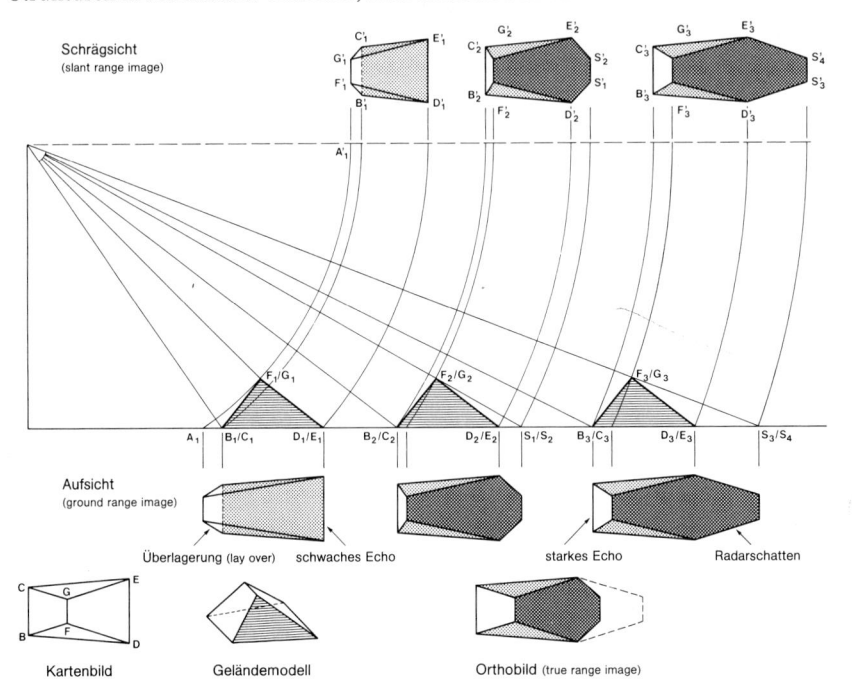

Abb. 5.14 Prinzip der Reliefdarstellung in den verschiedenen Abbildungsmöglichkeiten (slant range, ground range, true range).

hinderlich, da die Schattenseiten der Hänge nicht einzusehen sind. Durch größere Flughöhe und Versteilung des Radarstrahls kann die Auswirkung des Schattens jedoch bis zu einem gewissen Grad kontrolliert werden. Man wird daher reliefarme Gebiete mit flacherem Radarstrahl und aus geringerer Flughöhe aufnehmen als Gebirge. Außerdem kann der im Radarschatten gelegene Bereich aus entgegengesetzter Flugrichtung und damit aus entgegengesetztem Sichtwinkel aufgenommen werden.

Während Einfallswinkel und Makrorelief die großräumige Bildzusammensetzung bestimmen, sind für das Detail Oberflächenrauhigkeit, Wellenlänge und elektrische Leitfähigkeit des angestrahlten Materials entscheidend.

Unter Oberflächenrauhigkeit versteht man das Maß der Unregelmäßigkeit einer Oberfläche. Sie stellt jedoch kein absolutes Maß dar, sondern hängt von der Wellenlänge der auftretenden Strahlen ab. Erscheinungen, deren Oberflächenrauhigkeit geringere Amplituden aufweist als die Wellenlänge, erscheinen als spiegelnde Flächen (specular surfaces) und reflektieren alle Strahlung; ist die Rauhigkeit größer als die Wellenlänge, wird die Strahlung diffus reflektiert. Ebenfalls wie Spiegel wirken Erscheinungen mit sehr hoher elektrischer Leitfähigkeit, wie metallische Gegenstände (Brücken, Bahngleise). Auch Wasser und feuchter Boden reflektieren stark, während schlechte Leiter wie Schnee, Sand und trockener Boden schwach reflektieren.

Man sollte daher erwarten, daß metallische Gegenstände und glatte Oberflächen auf dem Radarbild hell, Sand und Schnee dunkel erscheinen. Dies ist jedoch in der Regel nicht der Fall; denn die schräg einfallenden Radarstrahlen werden von einer stark reflektierenden Fläche im Winkel des Einfalls und nicht zum Aufnahmegerät reflektiert, es sei denn, der Gegenstand ist so orientiert, daß die Radarstrahlen praktisch senkrecht auf ihn treffen.

Eine weitere offensichtliche und für die Auswertung von Radarbildern wichtige Erscheinung ist die seitliche Verzerrung. Besonders der Bereich in der nahen Reichweite erscheint stark verzerrt. Störend ist dies vor allem in Gebirgslandschaften, wo die zum Flugzeug hin geneigten Hänge stark verkürzt, sogar überhängend erscheinen, da die reflektierten Signale von einem geneigten Hang oftmals gleichzeitig vom Gipfel und Hangfuß eintreffen. Bei einer Steilwand eilen die Signale der Gipfelregion dem Echo des Hangfußes voraus, so daß es zu einem sog. „Überhängen" (lay over) kommt (Abb. 5.16). Werden die Radarbilder ohne Korrektur dieser Verzerrung hergestellt, spricht man von Schrägsichtaufnahmen (slant range images) (Abb. 5.14).

Mit Hilfe einer Einrichtung, die die Laufzeitunterschiede der Signale während der photographischen Aufzeichnung korrigiert, können entzerrte Bilder hergestellt werden, die etwa einer Orthogonalprojektion entsprechen. Man spricht dann von Aufsichtaufnahmen (ground range images). Für echte orthographische Abbildungen (true range images) ist die Zugrundelegung eines digitalen Geländemodells notwendig (vgl. GOSSMANN 1983).

Zur Interpretation müssen Radaraufnahmen zunächst so ausgerichtet werden, daß ein für den Beobachter korrekter Reliefeindruck entsteht. In der Regel erhält man dies, indem man die Schattenseite zum Betrachter hin wendet, d.h. der Radarstrahl „beleuchtet" das Bild von oben. Entsteht ein umgekehrtes Relief, so dreht man die Aufnahmen um 180°.

Sind Aufnahmen aus unterschiedlicher Sichtrichtung vorhanden, können sie auch stereoskopisch betrachtet werden. Allerdings wird dadurch die Auswertemöglichkeit nur geringfügig verbessert.

5.4.2 Interpretation von Beispielen

Durch seine Wetterunabhängigkeit hat sich das SLAR-System vor allem für Gebiete mit nahezu ständiger Wolkenbedeckung angeboten und wurde hauptsächlich auch dort eingesetzt. Zu nennen sind vor allem das große brasilianische Projekt RADAM (Radar Amazon), ein multidisziplinäres Forschungsprojekt, welches die natürlichen Ressourcen des Amazonas Beckens mit Hilfe von Radaraufnahmen untersuchte und kartierte. Eine Reihe eindrucksvoller Beispiele der verwendeten Radarbilder sind in einem Aufsatz von TRICART (1975) zu finden. Ebenfalls zur Landressourcenkartierung wurden SLAR-Bilder in Panama und Papua Neuguinea eingesetzt, und einige Beispiele aus dem zuletzt genannten Gebiet sollen die Interpretationsmöglichkeiten aufzeigen.

Der auf Abb. 5.15 gezeigte Ausschnitt stellt einen rund 20 km breiten Streifen des südwestlichen Teils des Zentralgebirges von Papua Neuguinea dar. Das gesamte Gebiet ist von dichtem Regenwald bedeckt und die Niederschläge liegen in der Größenordnung von 5 m und mehr, d.h. die konventionelle Luftbildüberdeckung des Gebiets ist lückenhaft und durch Wolken stark beeinträchtigt.

Der Ausschnitt zeigt in eindrucksvoller Weise den strukturellen Aufbau und den Zusammenhang von Oberflächenformen und Struktur. Rechts im Bild die relativ einheitliche Oberfläche einer älteren Schwemmlandebene, in die sich die rezenten Flüsse etwas eingeschnitten haben. Mit markanter Bruchstufe setzt sich das zunächst noch niedrige Bergland gegen die Ebene ab. Dieses Bergland wird von einer eng gefalteten, etwas asymmetrisch nach rechts verkippten Antiklinale aufgebaut, deren steil einfallende Schichten deutlich auszumachen sind.

Klar zu erkennen sind auch die dreieckförmigen Hänge, die von der nach links einfallenden Schichtserie aufgebaut werden, und die ähnlich wie die „flatirons" oder „chevrons" schichtflächennahe Hangabschnitte darstellen.

Die darauffolgende, von einem größeren Fluß durchzogene Synklinalzone weist keine strukturellen Merkmale in der Form und Ausrichtung der Hänge auf. Der Aufstieg zur darauffolgenden Antiklinale ist ebenfalls wenig deutlich ausgeprägt, vor allem deshalb, weil die Richtung der Strukturen mit der Seitensichtrichtung übereinstimmt. Es folgt nach links fortschreitend eine wesentlich breitere Synklinalzone, in der hauptsächlich die plateauartigen Erhebungen auffallen, die aus den jüngsten Gesteinen der Sedimentserie aufgebaut sind. Über eine Serie von eng gestaffelten Schichtkämmen gelangt man schließlich auf eine ausgedehnte, relativ einheitliche, von einer mächtigen Kalksteinserie aufgebaute Landoberfläche, die allmählich nach rechts hin zu einer weiteren Antiklinale ansteigt.

Abb. 5.16 stellt einen Ausschnitt aus dem südlichen Zentralgebirge Ostneuguineas dar und zeigt einen mächtigen pleistozänen Vulkan, Mt Karimui, der die gefalteten miozänen Kalksteine teilweise überlagert.

206 5 Interpretation von modernen Fernerkundungsdaten

Die plateauartigen und durch Kegelkarst in ein wabennetzartiges Muster aufgelösten Kalksteinrücken stellen strukturell gering gefaltete Synklinalen dar (besonders deutlich das als Depression auf dem Plateau erkennbare Zentrum der Synklinale ganz links). Die wesentlich enger gefalteten Antiklinalen wurden bereits abgetragen und die Flüsse haben sich in die darunter liegenden weicheren Schichten eingeschnitten.

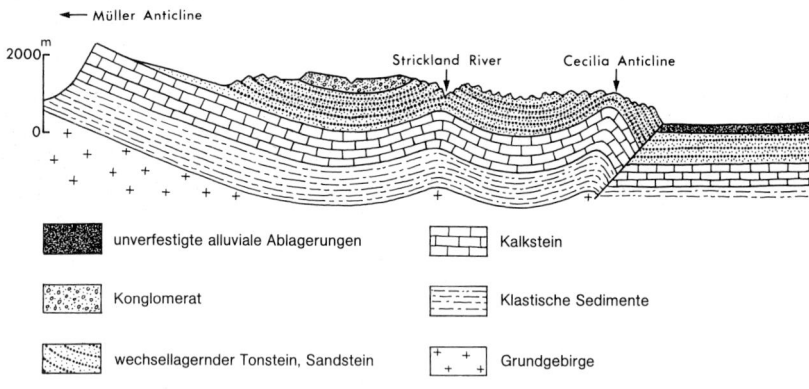

Abb. 5.15 SLAR-Aufnahme (slant range) aus dem westlichen Papua Neuguinea und Interpretationsskizze. Vergleiche Bildmitte von MSS Bild Abb. 5.12. Genauere Erläuterungen zum Bildinhalt im Text. (Maßstab 1:400 000)

Besonders eindrucksvoll ist die nahezu symmetrische Synklinalstruktur in der unteren Bildmitte. Diese Synklinale besteht aus drei übereinanderlagernden, gleichaltrigen Kalksteinschichtpaketen, wobei die beiden oberen Kalksteinschichten von der basalen Schicht getrennt, und

5.4 Seitensichtradaraufnahmen und ihre Interpretation 207

durch Gravitationsgleiten übereinander- und über die basale Schicht geschoben wurden. Die Synklinalstruktur entstand durch anschließende Faltung der gesamten Schichtserie.

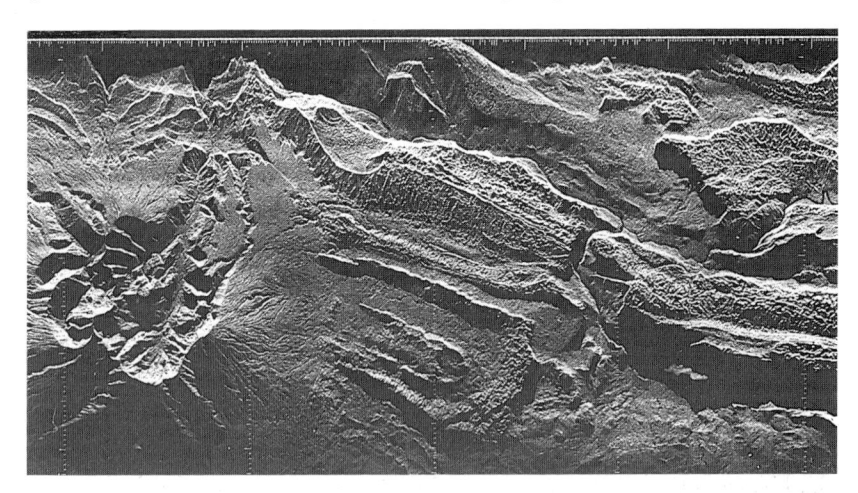

Abb. 5.16 SLAR-Aufnahme aus dem südlichen Zentralgebirge von Papua Neuguinea. Erläuterung des Bildinhalts im Text. Beachte den Effekt des Überhängens (lay-over) an den zum oberen Bildrand gerichteten Hängen und des Radarschattens an den zum unteren Bildrand weisenden Hängen. Die Länge des Radarschattens nimmt deutlich von der nahen (oben) zur fernen Reichweite (unten) zu. Um den korrekten Reliefeindruck zu vermitteln, wurde das Bild mit Norden nach unten orientiert. (Maßstab 1:400000)

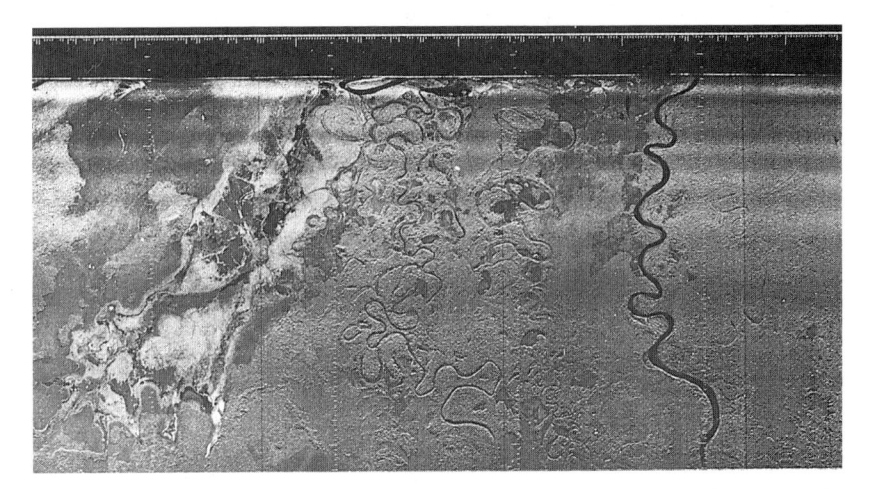

Abb. 5.17 SLAR-Aufnahme aus dem Sepik River-Gebiet, Papua Neuguinea. Erläuterungen des Bildinhalts im Text. (Maßstab 1:400000)

208 5 Interpretation von modernen Fernerkundungsdaten

Auch bei geringerem Relief zeigt das Radarbild eine Fülle von Informationen, wie dieser Ausschnitt aus der Schwemmlandebene des Sepik River zeigt (Abb. 5.17.). Zu erkennen sind die alten, inzwischen verlassenen Flußläufe des Yuat River sowohl links als auch rechts des rezenten Flusses. Die unterschiedlichen Grautöne und die Textur des Bildes deuten auf unterschiedliche Vegetation hin; in der Nähe der alten Flußläufe auf niedrigen Uferdämmen sind Baumbestände vorhanden, dazwischen scharf abgegrenzt die dunklen, meist rundlichen Flecken der Altwasserseen. Das einheitliche glatte Grau deutet auf Grassümpfe hin, während die dunklen Grauwerte offene Wasserflächen anzeigen.

Im Gegensatz zu den Abb. 5.15 – 5.17 ist Abb. 5.18 ein mit einem synthetischen Apertur System aufgenommenes Satellitenradarbild, dessen räumliche Auflösung jedoch fast mit der flugzeuggebundener Radarsysteme vergleichbar ist. Allerdings wird die Auflösung auf dieser Reproduktion nicht erreicht. Dennoch ist das erkennbare Detail der Aufnahme eindeutig der von Landsat MSS-Aufnahmen überlegen, wenn auch die Schrägsicht (Flugbahn westlich des Bildes) die Auswertung etwas

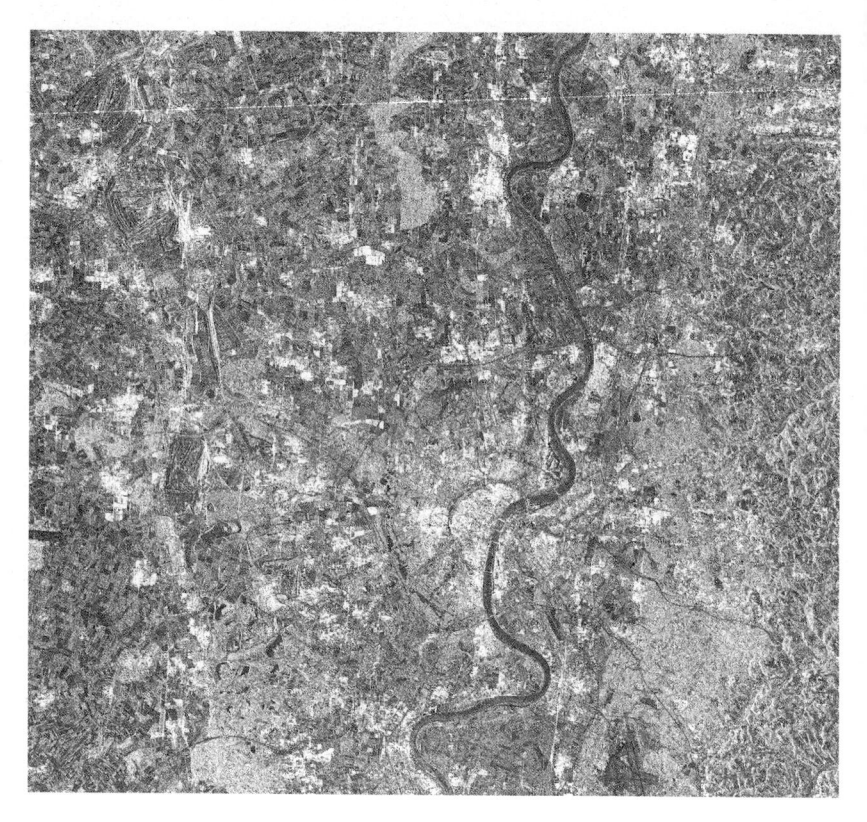

Abb. 5.18 Seasat SAR-Aufnahme der Niederrheinischen Bucht vom 28.8.1978. Erläuterungen zum Bildinhalt im Text. (Maßstab 1:400000)

beeinträchtigt. Die einzelnen Landschaftseinheiten rechts und links des Rheins treten deutlich hervor. Von links nach rechts sind dies; die durch das Schachbrettmuster der Großblockflur gekennzeichnete Zülpicher Börde und das sich streifenförmig durch das Bild erstreckende Braunkohlerevier der Ville. Gebietsweise ist diese Zone aufgeforstet, erkennbar an der hellen Signatur. Es folgt die durch Blockflur und dichte Besiedlung (starkes Radarecho) gekennzeichnete Mittel- und Niederterrasse. Die Stadt Köln mit Altstadt und Vororten sowie die Stadt Dormagen und Industrieanlagen sind anhand des sehr hellen Grauwerts deutlich zu erkennen.

Das rechtsrheinische Gebiet ist deutlich in 3 Einheiten zu gliedern. Ein an den Rhein unmittelbar anschließendes, durch zahlreiche Siedlungen und Agrarflächen gekennzeichnetes Gebiet, stellt die Niederterrasse dar. Deutlich setzt sich davon eine durch Siedlungsarmut und hellere Grauwerte gekennzeichnete Einheit ab; die von Flugsanden überkleidete und größtenteils waldbedeckte Mittelterrasse (Königsforst und Wahrer Heide). Das Bergische Land hebt sich durch die völlig andere Musterung und dem unruhigen Wechsel von hellen und dunkleren Signaturen, ebenfalls wieder deutlich ab. Die hellen Streifen stellen dem Satelliten zugewandte Hangabschnitte dar, daher das starke Echo bzw. der lay-over Effekt.

Außer diesen Großeinheiten sind zahlreiche Details zu erkennen wie Straßenführungen, Rheinbrücken, Hochspannungsmasten und Bahngleise. Letztere erzeugen wegen der hohen elektrischen Leitfähigkeit ein sehr starkes Echo.

Weiter Einzelheiten zur Interpretation dieser SAR Aufnahme siehe ENDLICHER und KESSLER (1981/82) und ENDLICHER (1982 b).

6 Weitere Bereiche der Anwendung von Fernerkundungsdaten

In diesem vorletzten Kapitel sollen einige Anwendungsbereiche besprochen werden, die für geographische Fragestellungen zwar interessant und relevant sind, aber meist nur randlich zum eigentlichen Forschungsbereich des Geographen gehören. Die nachstehend dargelegten Anwendungsbereiche zeichnen sich vor allem dadurch aus, daß hier moderne Fernerkundungssysteme neue Möglichkeiten der Beobachtung und Erfassung gebracht haben; denn es handelt sich hauptsächlich um Bereiche, bei denen kurzfristige Erscheinungen und Veränderungen erfaßt werden müssen, und bei denen daher neben der multispektralen Komponente moderner Fernerkundungssysteme die multitemporale Komponente große Vorteile gebracht hat.

6.1 Hydrologische und hydrogeologische Fragestellungen

Wasser gehört in den meisten Ländern der Erde nicht zu den knappen Ressourcen, aber sicherlich zu den wertvollsten und gleichzeitig am stärksten belasteten und gefährdeten. Die Fernerkundung kann in einer ganzen Reihe von Untersuchungen eingesetzt werden, die dazu beitragen, die Qualität, Quantität, Verteilung und das Management der oberflächlichen Wasserressourcen zu untersuchen, das Vorhandensein von unterirdischen Wasservorräten abzuschätzen, Überflutungen zu überwachen und das Ausmaß ihrer Schäden zu ermessen. Zu unterscheiden sind zunächst direkte Beobachtungen von Oberflächenwasser und indirekte Beobachtungen über unterirdische Wasservorkommen aufgrund ihres Zusammenhangs mit sichtbaren Oberflächenerscheinungen.

6.1.1 Oberflächenwasser

Das Vorhandensein, die Verbreitung und Qualität von Oberflächenwasser kann mit einer Reihe von Sensoren erfaßt werden. Sonnenlicht wird in klarem Wasser innerhalb der obersten 2 – 3 m absorbiert; der Grad der Absorption hängt allerdings stark von der Wellenlänge der Strahlung ab. Der infrarote Bereich der Sonnenstrahlung wird bereits in den obersten paar Zentimetern einer Wasserfläche absorbiert, was zu der bekannten deutlichen Wasser/Land Differenzierung auf Landsat-Bildern der Infrarot-Kanäle 6 und 7 führt. Bilder aus dem Bereich des solaren Infrarot sind daher für eine deutliche Abgrenzung von Wasserflächen sehr gut geeignet. Sie werden für das Kartieren von Seen, die Ausdehnung von Überflutungen oder Beobachtungen von Flußveränderungen verwendet. Kurzfristige Seespiegelveränderungen im Tschad-See konnten z.B. mit Hilfe von Meteosat-Infrarotaufnahmen erfaßt werden. Die ausgedehnten Überflutungen in Zentral-Australien im Jahre 1974 wurden anhand von multispektralen Landsat-Aufnahmen (Abb. 6.1) und Mikrowellen-Daten von Nimbus 5 untersucht (Abb 6.2), wobei die Mikrowellen-Aufnahmen trotz der

6.1 Hydrologische und Hydrogeologische Fragestellungen

wesentlich geringeren räumlichen Auflösung den Vorteil der Wetterunabhängigkeit besitzen und daher gerade bei katastrophalen Überschwemmungen von großem Wert sind (ALLISON u. SCHMUGGE 1979, ROBINOVE 1978).

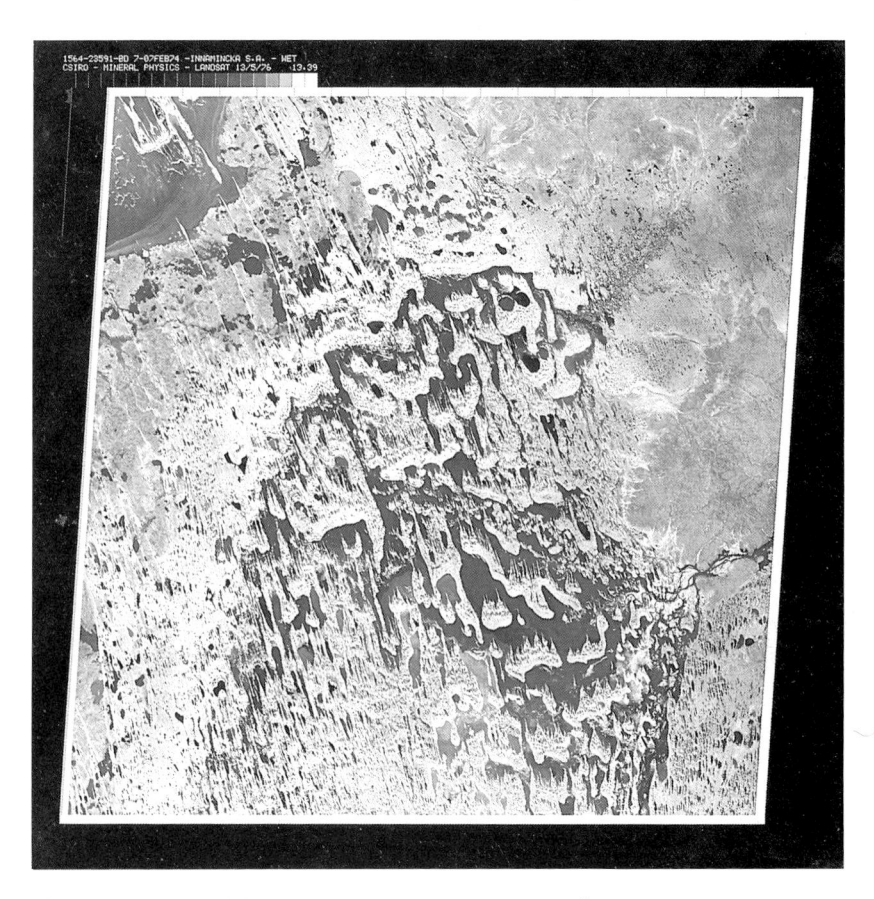

Abb. 6.1 Satellitenaufnahmen sind ausgezeichnete Hilfsmittel, Überschwemmungen zu untersuchen und zu überwachen. Diese Landsataufnahme von 7.2.1974 zeigt den Ausfluß des Cooper Creek (rechts unten) in die Strzlecki Wüste.

Im Bereich des sichtbaren Lichts variiert die Absorption stark in Abhängigkeit von Wellenlänge, Wassertiefe und Wassertrübe. Je kürzer die Wellenlänge und je klarer das Wasser, desto besser die Wasserdruchdringung. Allerdings wird blaues Licht so stark gestreut, daß es zu einer Art „Unterwasserdunst" kommt, was das Erkennen von Erscheinungen unter Wasser erschwert. Die beste Differenzierung unterschiedlicher Wassertiefen erhält man daher bei Verwendung des grün/gelben Wellenlän-

212 6 Weitere Bereiche der Anwendung von Fernerkundungsdaten

genbereichs, der etwa dem Band 4 von Landsat (1 – 3) entspricht, aber selbstverständlich auch in der Multispektralphotographie eingesetzt werden kann.

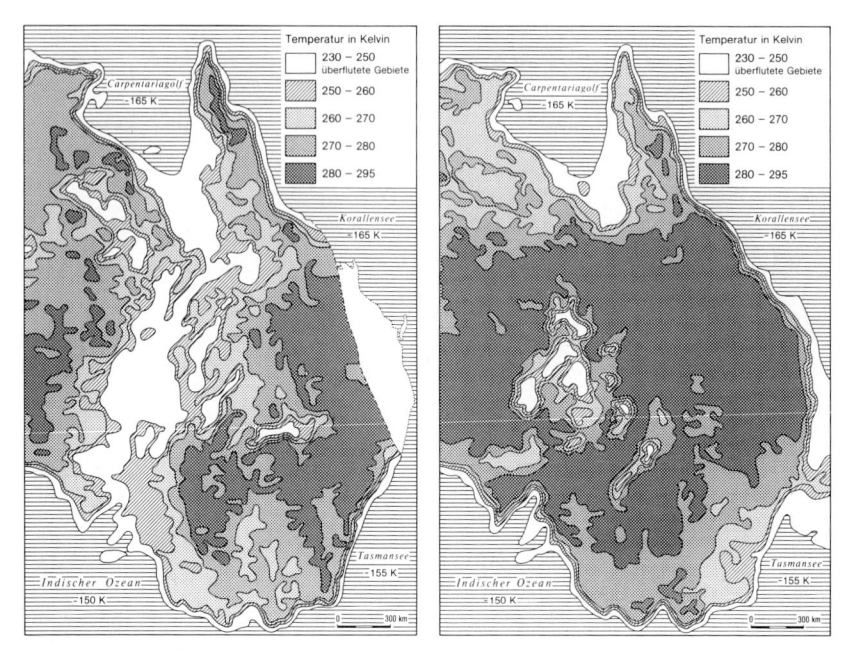

Abb. 6.2 Großräumige Erfassung überfluteter Gebiete mit Hilfe von Mikrowellenaufnahmen (umgezeichnet nach ALLISON und SCHMUGGE 1979).

Bilder aus diesem Wellenlängenbereich sind für die Interpretation des Untergrunds seichter Seen und Gewässer, zum Studium der Sedimentführung von Flüssen, zu einfachen Tiefenbestimmungen (unterschiedliche Wassertiefen zeichnen sich als unterschiedliche Graustufen ab), zu Untersuchungen über Wattgebiete und Korallenriffe geeignet. Auch konventionelle panchromatische Luftbilder und vor allem Farbluftbilder lassen sich in derartigen Untersuchungen einsetzen; allerdings ist die Definition einzelner Phänomene meist nicht so scharf wie auf Bildern engerer spektraler Auflösung.

Ein sehr weites Anwendungsfeld hat die Fernerkundung in der Beobachtung und Überwachung von Gewässerbelastung und Gewässerverschmutzung erhalten. Die verwendeten Sensorensysteme reichen von der konventionellen Luftbildphotographie bis zum thermischen Radiometer- und Radarsystem. Die Verunreinigung von Gewässern mit suspendierten mineralischen Schwebstoffen, organischen und anorganischen Abwässern, synthetisch-organischen und anorganischen Chemikalien, Öl, pflanzlichen Stoffen sowie die thermische Belastung durch Zufuhr von erwärmtem Kühlwasser von Kraftwerken und warmen Industrieabwässern kann mit Hilfe von photographischen Luftbildern, Multispektralaufnahmen, Radar und thermalen Infrarotaufnahmen aufgezeigt werden. Auch wenn es oft nicht möglich ist, die genaue Art der Verschmutzung oder gar deren Konzentration zu erfassen, so ist es doch in vielen Fällen möglich, die Herkunft der Verunreinigung zu ermitteln.

Übermäßige Sedimentzufuhr durch starke Bodenerosion ist schon auf Luftbildern deutlich zu erkennen; auch Ölverschmutzungen und Verschmutzungen durch gefärbte Industrieabwässer lassen sich auf konventionellen Luftbildern aufgrund der unterschiedlichen Grautöne oder Farbtöne ausmachen. Multispektralaufnahmen und thermale Infrarotaufnahmen liefern meist noch bessere und genauere Daten. Ölverschmutzungen sind auf Bildern, die den ultravioletten Bereich des Lichts verwenden, wesentlich deutlicher zu sehen als auf konventionellen Luftbildern. Auch thermale Infrarotaufnahmen eignen sich gut für das Erkennen von Ölverschmutzungen, da die Emission von Ölflecken sich von der des umgebenden Wassers je nach Dicke des Ölfilms unterscheidet. Auch Radaraufnahmen werden in Gebieten mit starker Wolkenbedeckung zur Auffindung von Ölverschmutzungen eingesetzt. Die von Öl bedeckten Wasserflächen zeichnen sich auf den Aufnahmen durch eine andere Oberflächentextur aus.

Thermale Infrarotabtaster und Radiometer sind in der Überwachung von thermischen Verunreinigungen von hohem Aussagewert; denn sie erlauben nicht nur die genaue Identifizierung der Verunreinigungsquelle, sondern auch eine quantitative Aussage über das Ausmaß der Belastung (Abb. 5.6).

Selbst die Eutrophierung von Seen kann anhand von Luftbildern und multispektralen Aufnahmen untersucht werden: Übermäßige Konzentration von Hydrophyten und Algen lassen sich meist deutlich ausmachen, und es ist oft möglich, bei entsprechend großem Maßstab verschiedene Wasserpflanzengesellschaften anhand der Bildtextur zu differenzieren (ADAMS et al. 1977). Algenkolonien lassen sich oft aufgrund unterschiedlicher spektraler Eigenschaften einzelner Ordnungen unterscheiden; blaugrüne Algen (Cyanophyceen) reflektieren stärker im blauen und blaugrünen Bereich des Spektrums als grüne Algen (Euglenales und Volvocales), deren Reflexionsspitzen mehr im Grünbereich liegen.

6.1.2 Grundwasser

Zwar sind in einigen Fällen Quellen und Quellaustritte direkt auf Luftbildern oder auf thermalen Infrarotaufnahmen anhand der geringeren Temperatur des austretenden Wassers zu erkennen. Aber in den meisten Fällen werden Beobachtungen über das Grundwasser nur indirekt über ein Studium der Oberflächenformen, Böden, Vegetation, Gesteinsart- und struktur möglich sein. Die Rolle der Fernerkundung ist daher hier ähnlich wie bei der geologischen Exploration. Sie liegt vor allem in der Interpretation und Abgrenzung von Oberflächenerscheinungen im Hinblick auf ihre potentielle unterirdische Wasserführung, d.h. die Fernerkundung ist ein Hilfsmittel, Grundwassereinzugsgebiete abzugrenzen, ihre Eignung als Wasserspeicher zu schätzen, Grundwasservorkommen anhand von Oberflächenformen, Vegetation und geologischer Struktur zu vermuten und Bohrungen gezielt anzusetzen sowie Bohrergebnisse flächenhaft zu interpolieren. Werden Grundwasservorräte zur Bewässerung genutzt, können Fernerkundungsmethoden auch zur Überwachung möglicher Schäden wie Bodenversalzung und Vernässung herangezogen werden.

6.2 Fernerkundung und meereskundliche Fragestellungen

Vor der Satellitenära war die Fernerkundung in der Meereskunde, ähnlich wie in der Meteorologie, immer nur für räumlich begrenzte Untersuchungen einsetzbar; sie stellte aber auch hier ein schon seit längerem bewährtes Hilfsmittel dar (vgl. GIERLOFF-EMDEN 1961, 1980) und wurde eingesetzt in: küstenmorphologischen Untersuchungen, in Untersuchungen über Küstenströmungen, Küstenveränderungen und über Verlagerungen von Sediment entlang der Küste, in der Überwachung der Belastung von Küstengewässern mit organischen und anorganischen Schadstoffen, von Meereis, Treibeis und Eisbergen, zur Messung von Gezeitenströmungen und dem Einfließverhalten von größeren Flüssen, zur Schadensermessung bei Sturmflutkatastrophen und zur Tiefenbestimmung flacher Küstenabschnitte.

Auch nicht-photographische Sensoren, wie thermales Infrarot und vor allem Radar, wurden bereits relativ früh eingesetzt. Meereis und Eisberge wurden seit Ende der fünfziger Jahre mit Hilfe von flugzeuggebundenen SLAR-Systemen untersucht ebenso wie oberflächennahe Windgeschwindigkeiten bzw. die daraus resultierenden Wellenverhältnisse, denn das Radarecho wird sehr stark von der durch den Wellengang bestimmten Oberflächenrauhigkeit des Wassers beeinflußt, was sich auf den Bildern in unterschiedlichen Texturen zeigt.

Auch Fronten und Grenzen von Wassermassen unterschiedlicher Charakteristik und deren Bewegungen können mit konventionellen Luftbildern erfaßt werden, denn Wassermassen unterschiedlicher Temperatur, Schwebstoffkonzentration und unterschiedlichen Salzgehalts grenzen oft mit deutlich sichtbaren weißlichen Schaumlinien oder dunklen Detrituslinien aneinander (GIERLOFF-EMDEN 1980). In der Fischerei werden Luftbilder zur Lokalisierung von großen Fischen (Wale) und Fischschwärmen (z.B. Tuna, Makrele, Hering) eingesetzt.

Die globale synoptische Beobachtung und Überwachung des Meeres war jedoch erst mit dem Einsatz von Satelliten möglich. Erstmals konnten flächendeckend weltweit vergleichbare Daten über die wichtigsten Oberflächenmerkmale des Meeres gesammelt und ausgewertet werden. Einer der wichtigsten Parameter für das Verständnis ozeanischer und atmosphärischer Prozesse ist die Oberflächentemperatur des Meerwassers. Sie gibt Aufschluß über Strömungsverhältnisse, Fronten und Grenzen von Wassermassen, über Auftriebswässer und absinkende Wassermassen.

Temperaturzustände werden mit Hilfe von Thermal-Infrarotabtastern und Radiometern gemessen, wobei die Temperaturunterschiede in der Größenordnung von etwa 1 °C erfaßt werden können, günstige Bedingungen vorausgesetzt. Allerdings beeinflussen Wolkenbedeckung, Wasserdampf- und Kohlendioxydgehalt der Atmosphäre die Messungen und es ist daher wichtig, Vergleichsdaten von schwimmenden Stationen zur Kalibrierung und Korrektur der Daten heranzuziehen.

Wellengang und unterschiedliche Windverhältnisse können durch Radarerkundungsmethoden ermittelt werden; der leider nur 106 Tage lang funktionierende Seasat war über ein SAR-System in der Lage, Wellenlängen zwischen 100 und 500 m genau zu messen und Wellenhöhen in der Größenordnung von 2 m zu unterscheiden (GONZALEZ et al. 1979). Ein völlig unerwartetes Ergebnis war, daß sich das Relief des Meeresbodens unter bestimmten Bedingungen in Oberflächenmerkmalen der Wasseroberfläche bzw. in deutlichen Mustern des Radarbildes widerspiegelt (siehe Abb. 16.6 in BARRETT und CURTIS 1982).

Ein weiterer wichtiger Anwendungsbereich der modernen Satellitenerkundung ist das Messen und Überwachen von Wasserqualität, Wasserverschmutzung und der Salzkonzentration. Derartige Methoden sind aus flugzeuggebundenen Systemen schon seit längerem bekannt, aber der Satelliteneinsatz ermöglichte erstmals globale Untersuchungen. Die Verbreitung von Gelbstoffen, suspendierten Sedimenten, Phytoplankton und Algen (siehe Abb. 7.115 GIERLOFF-EMDEN 1980) kann durch Multispektralabtaster und Mikrowellensensoren ermittelt werden. Mikrowellenmethoden erlauben Schätzungen des Salzgehalts, denn es bestehen gute Korrelationen zwischen dem Emissions- und Absorptionsvermögen des Wassers, der Wassertemperatur, den gelösten Gasen und dem Salzgehalt (BARRETT und CURTIS 1982).

Eine für die Menschheit besonders wichtige Anwendung liegt in der Möglichkeit der kontinuierlichen weltweiten Überwachung von Ölverschmutzungen, denn diese sind bei entsprechender Auflösung sowohl mit passiven Mikrowellensystemen (Emission ölbedeckter Wasserflächen ist wesentlich höher als die ruhiger ölfreier Wasserflächen) als auch mit Radarsystemen (Wellengang wird durch Ölauflage verändert, was sich in der Textur der Radarbilder zeigt) erfaßbar.

Selbstverständlich haben sich auch die Möglichkeiten der Überwachung von Meereis mit dem Satelliteneinsatz wesentlich verbessert. Nach OSTHEIDER (1975) eignen sich besonders die von Wettersatelliten des Typs NOAA gelieferten VHRR-Bilder zur schnellen Erfassung des Meereises und zur Kartierung der Eisdrift.

Mit der Satellitenerkundung besitzt die Meereskunde ein Hilfsmittel, dessen volles Potential mit Sicherheit noch nicht erschlossen ist. In Anbetracht der riesigen Ausdehnung der Meere (70 % der Erdoberfläche), der enormen Schwierigkeiten der konventionellen Datensammlung und der schnellen Veränderlichkeit vieler Phänomene, bietet die Satellitenerkundung ein nahezu ideales Werkzeug und man geht sicher nicht fehl, vorherzusagen, daß in der Meereskunde, ähnlich wie in der Meteorologie, die Satellitenära eine neue Epoche der Erkundung eingeleitet hat.

6.3 Naturgefahren

Für die Beobachtung, die Überwachung und das Abschätzen von Naturgefahren und Katastrophen stellt die Fernerkundung seit langem ein bewährtes Hilfsmittel dar. Luftbildstudien über die Verbreitung und Auswirkungen von Bergstürzen, Muren, Hangrutschungen, die Häufigkeit ihres Auftretens, ihr Alter und ihren Beitrag zur allgemeinen Hangdenudation, werden schon seit längerem durchgeführt, vor allen Dingen in Gebieten, von denen keine direkten Beobachtungen vorliegen, oder die nur sehr schwer zugänglich sind (SALGUEIRO 1965, SIMONETT et al. 1970). Auch in der Vorhersage und Überwachung von Überflutungen, Sturmfluten und Sturmschäden, in der Überwachung von Waldbränden, Eisbergen und Treibeis, in Studien über Gletschervorstöße und Lawinen haben sich Luftbilder als ausgezeichnete Hilfsmittel bewährt.

Mit modernen Fernerkundungsmethoden, die in einigen Fällen eine fast ständige Beobachtung (GOES/Meteosat), zumindest aber häufigere, regelmäßige und teilweise auch flächendeckende Beobachtung der Erdoberfläche zulassen, und die zudem noch (wie im Falle von Radar und passiven Mikrowellenradiometern) weitgehend wetterunabhängig sind, haben sich die Möglichkeiten der Überwachung kurzfristiger Phänomene nicht nur wesentlich verbessert, sondern das Spektrum der Einsatzmöglichkeiten hat sich auch stark erweitert.

Die Anwendung von verschiedenen Fernerkundungsmethoden vor, während und nach der Eruption des Mt. St. Helens wurde von PREUSSER (1984) beschrieben. Er stellte heraus, daß der Einsatz der Fernerkundung es ermöglichte, rechtzeitig eine Sperrzone zu errichten, damit Menschenleben zu retten und die Gefahren weiterer Eruptionen und Hochwässer relativ präzise vorherzusagen. Abb. 6.3 a und b geben einen Eindruck von dem Ausmaß der Zerstörung durch den Vulkanausbruch. Vulkanische Aktivitäten können auch mit Hilfe von thermalen Infrarotabtastern oder Mikrowellenradiometern beobachtet und die Gefahr bevorstehender Eruptionen anhand der sich verändernden Wärmeemission vorhergesagt werden (SETTLE 1981). Das Ausmaß der winterlichen Schneebedeckung, teilweise auch deren Mächtigkeit und Wassergehalt, kann mit Hilfe von Satellitenbildern ermittelt (KHORRAM 1977) und damit das zu erwartende Frühjahrshochwasser abgeschätzt werden. Brandherde großer Wald-, Busch- und Grasbrände können lokalisiert, die Ausdehnung der Brände überwacht und die vom Brand betroffenen Gebiete schnell ermittelt werden.

Selbstverständlich spielen moderne Fernerkundungsmethoden auch weiterhin bei der Überwachung von Überflutungen eine wichtige Rolle, wobei insbesondere wetterunabhängige Systeme wertvolle Beobachtungen zulassen; denn derartige Ereignisse sind natürlicherweise oft mit Schlechtwetterperioden verbunden, die den Einsatz wetterabhängiger Systeme nicht zulassen.

Abb. 6.3 a, b Mt. St. Helens vor und nach der katastrophalen Eruption vom 18.5.1980. Abb. 6.3 a ist die Schwarzweißwiedergabe eines IR Farbbildes vom 1.5.1980 aus knapp 20.000 m Höhe aufgenommen. Sie zeigt den noch kraterlosen teilweise schneebedeckten Vulkan und die ausgedehnten umliegenden Waldbestände.
Die einen Monat nach der Eruption aufgenommene Abb. 6.3 b zeigt das Ausmaß der Zerstörung, der Wald nördlich und nordwestlich des Vulkans ist völlig zerstört, die Flüsse mit Schutt überladen, und ein tiefer Krater entstand im Gipfelbereich. Die Aufnahmen wurden freundlicherweise von Dr. H. Preußer zur Verfügung gestellt.

Auch Beobachtungen über Auswirkungen von Dürren, über das Ausmaß und die
Ausbreitung der Desertifikation, über wichtige saisonale und episodische Veränderungen im Landschaftsbild sind mit multitemporalen Systemen heute wesentlich

leichter zu erfassen als früher. Selbst wenn das geringe räumliche Auflösungsvermögen der meisten Systeme nur begrenzte Aussagen ermöglicht, so helfen sie doch bei der Lokalisierung und Eingrenzung gefährdeter Gebiete, die dann mit Hilfe besser auflösender Systeme gezielt untersucht werden können.

6.4 Wetter und Klima

Methoden der Fernerkundung nehmen heute in der Wettervorhersage und der Klimatologie eine überragende Stellung ein. Die tägliche Wettervorhersage ist ohne Satellitendaten kaum noch vorstellbar und es ist sicherlich keine Übertreibung, wenn WIESNET und MATSON (1983) schreiben: „the remote sensing of weather and climate by polar-orbiting and geostationary satellites is regarded as the single most significant, breakthrough for monitoring the Earth's weather and climate in the past quarter-century". Der Erfolg der Fernerkundung in der Meteorologie liegt vor allem darin, daß sie Messungen und Beobachtungen erlaubt, die von erdgebundenen Stationen nicht möglich sind; damit wurden die in vielen Ländern vorhandenen und oft gut ausgebauten konventionellen Wetter- und Klimastationen in idealer Weise ergänzt.

Zu den wichtigsten Fähigkeiten der Fernerkundung gehören (teilw. nach BARRETT und CURTIS 1982):

1. Der Sensor muß nicht in das zu messende Medium gebracht werden; die Meßwerte können daher nicht vom Meßsystem beeinflußt werden.
2. Die gemessenen Daten sind einheitlicher und damit vergleichbarer als die erdgebundener Stationen.
3. Fernerkundungsdaten sind flächendeckend, im Gegensatz zu den punktuellen Daten der Bodenstationen. Sie ergänzen sich daher gegenseitig und ermöglichen eine wesentlich bessere Interpolation als es zuvor möglich war.
4. Ein hoher Grad der Automatisierung kann mit einem relativ geringen Aufwand erreicht werden. Da die Daten meist in digitaler Form vorliegen, ist eine unmittelbare Computerverarbeitung und -auswertung sowie eine schnelle Weitervermittlung möglich.
5. Messungen der Atmosphäre können mit bestimmten Systemen (z.B. TOVS, Tiros Operational Vertical Sounder) nicht nur in zwei, sondern in drei Dimensionen durchgeführt werden.
6. Schwer zu messende Parameter und Prozesse wie Turbulenz, Strömungsenergie können direkt erfaßt werden.
7. Die hohe zeitliche Auflösung erlaubt das praktisch kontinuierliche Beobachten des Wettergeschehens auf fast der gesamten Erde.

Die Fernerkundung blieb bis zum Start des ersten speziell für die Wetterbeobachtung ausgerüsteten Satelliten Tiros 1 im Jahre 1960 im wesentlichen auf erdgebundene Radarsysteme und den gelegentlichen Einsatz von Flugzeugen beschränkt. Mit Hilfe erdgebundener Radarsysteme konnten zwar eine ganze Reihe von Erscheinungen und Bedingungen festgestellt werden, wie Wolken- und Niederschlagsbildung und deren räumliche und zeitliche Veränderungen, oder das Vorhandensein von Eispartikeln und Schneeflocken oder anderen Festteilchen in der Atmosphäre, aber es handelte sich immer um räumlich begrenzte Beobachtungen aus erdgebundener Sicht.

Der Einsatz von speziellen Wettersatelliten, wie Tiros und später auch der geostationären Satelliten vom Typ GOES, ermöglichte jedoch eine nahezu weltumfassende Wetterbeobachtung und auch erstmals das direkte Beobachten von globalen Wetter- und Klimazusammenhängen. Zu den wichtigsten, von derartigen Satelliten aus beobachtbaren und meßbaren Erscheinungen und Wetterparametern gehören: kontinuierliche Erfassung der Wolkendecke und Wolkenentwicklung, der Strahlungsverhältnisse, der Schnee- und Eisbedeckung, Klassifikation der Wolkentypen, Überwachen von tropischen und außertropischen Zyklonen, Messungen von Temperaturprofilen in der Atmosphäre und von Temperaturverhältnissen auf den Ozeanen.

Die Fernerkundung ist heute integraler Bestandteil der meteorologischen Beobachtung und der klimatologischen Forschung, und sie hat nicht nur dazu beigetragen, daß unsere Wettervorhersagen wesentlich zuverlässiger als früher geworden sind, daß Sturm- und Unwetterwarnungen schneller und mit größerer Genauigkeit gemacht werden können, sondern sie hat auch unser Verständnis der globalen klimatologischen Zusammenhänge verbessert, vervollständigt und korrigiert (vgl. WEISCHET 1979, 1980 a).

6.5 Untersuchungen über Wildbestände und -habitats

Fernerkundungssysteme besitzen nur selten das räumliche Auflösungsvermögen, das es erlaubt, Tiere direkt zu identifizieren, besonders wenn es sich um kleinere Gruppen oder gar Einzeltiere handelt. Fernerkundungsmethoden werden daher vor allem in der Inventarisierung, Kartierung und Charakterisierung von Revieren und Wildhabitats eingesetzt, wobei hauptsächlich die für die einzelnen Tiergruppen typischen ökologischen Standortbindungen und Standortbedingungen berücksichtigt werden.

Im Prinzip handelt es sich daher meist um eine Erfassung geoökologischer Einheiten, wobei die Vegetation und je nach Tierart auch die hydrologischen oder limnologischen Faktoren im Vordergrund stehen. Die Kartierung von Habitats basiert daher auf ähnlichen Methoden, die auch für die Kartierung naturräumlicher und geoökologischer Einheiten angewendet werden (siehe 4.4, 4.7). Derartige Kartierungen werden in den USA schon seit längerem als Standardmethoden bei der Inventarisierung von Naturparks und Naturschutzgebieten und auch als Hilfsmittel für deren Management eingesetzt (SCHEMNITZ 1980). Als besonders gut geeignet erwiesen sich Luftbilder bei der Erfassung von Tierrevieren in Feuchtgebieten, aber auch Untersuchungen über die Habitats landlebender Tiere wie Elch, Präriehund, Moorschneehühner wurden durchgeführt (CARNEGIE et al. 1983).

220 6 Weitere Bereiche der Anwendung von Fernerkundungsdaten

Hochauflösende Luftbilder werden aber auch zu direkten Zählungen und Schätzungen von Tierpopulationen eingesetzt, insbesondere, wenn es sich um größere Herden, Kolonien oder Scharen handelt. GRZIMEK und GRZIMEK (1960) verwendeten Luftbilder, um Flamingobestände in Ostafrika zu schätzen, während GRAVES et al. (1972) Zählungen des Rehbestands mit Hilfe von thermalen Infrarotaufnahmen durchführten.

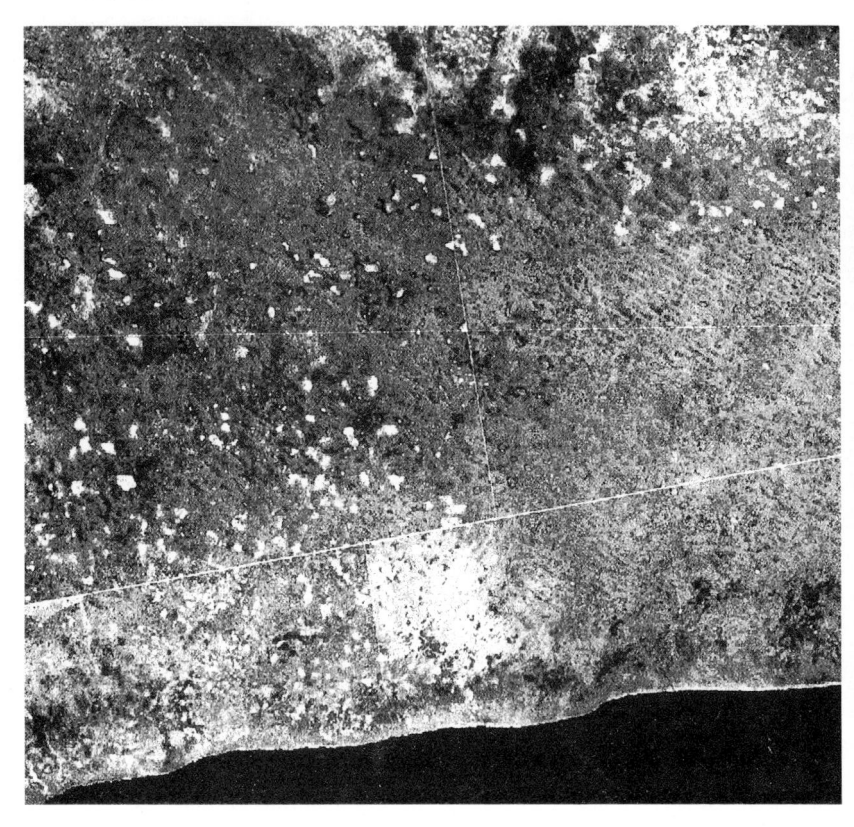

Abb. 6.4 Landsatszene (Ausschnitt) aus der Nullarbor-Ebene, Südaustralien mit rundlichen Flecken starker Reflexion. Es sind Höhlenbauten von Wombats (Plumpbeutler). Die Vegetationsbedeckung (dunkle Signatur) besteht aus einer einheitlichen Salzbuschsteppe. Das durch den fast genau Nord-Süd verlaufenden Zaun (heller Strich) getrennte Gebiet rechts ist frei von Wombats, da dieses Gebiet zur Zeit der Aufnahme (1972) Schafweide darstellte (daher auch etwas heller im Grauwert) und die Wombats durch Abschuß kontrolliert wurden. Der das Weideland im Norden begrenzende Zaun ist nur anhand der unscharfen Grenze, die durch das Fehlen der hellen Flecken hervorgerufen wird, auszumachen. Heute steht das gesamte Gebiet unter Naturschutz. (Maßstab 1:440 000)

Auch Satellitenbilder können unter bestimmten Voraussetzungen eingesetzt werden. REEVES et al. (1976) untersuchten auf Landsatbildern Nistvoraussetzungen und zu erwartende Bruterfolge arktischer Gänse anhand der während der kurzen Brutzeit vorhandenen schneefreien Flächen, während CRAIGHEAD (1976) das Habitat des Grizzly-Bärs mit Hilfe der Standortvoraussetzungen kartierte.

Die Verbreitung des Wombats, eines dachsähnlichen Marsupialiers, konnte in Südaustralien auf Landsatbildern annähernd erfaßt werden, denn die Höhlenbauten, das frische Auswurfmaterial sowie der in der unmittelbaren Umgebung der Höhlen entblößte Boden zeichnen sich recht deutlich als helle rundliche Flecken ab (LÖFFLER und MARGULES 1980) (Abb. 6.4).

Derartige offensichtliche und das Luftbild oder gar Satellitenbildmuster prägende Einflüsse tierischer Aktivität sind allerdings selten, und das Schwergewicht der Anwendung von Fernerkundungsmethoden in der Tiergeographie dürfte daher weiterhin in Habitat- und Revieruntersuchungen liegen.

7 Ausblick: Fernerkundung zwischen technischen Möglichkeiten und natürlichen Grenzen

Die moderne Fernerkundung hat sich seit dem Beginn der „Satellitenära" mit fast atemberaubender Geschwindigkeit entwickelt. Dies zeigt sich nicht allein in einer Flut von wissenschaftlichen und technischen Publikationen und Fachtagungen, sondern auch in dem ungewöhnlich starken öffentlichen Interesse, welches durch zahlreiche Veröffentlichungen, durch Filme und Fernsehberichte angeregt wurde. Gleichzeitig hat sich auch eine überzogene Erwartungshaltung in die Aussagemöglichkeiten der neuen Fernerkundungsdaten eingestellt. Diese wurde zum einen durch stark übertriebene, journalistische und populärwissenschaftliche Berichte, zum anderen aber auch durch übersteigerte Behauptungen von Wissenschaftlern und Technikern, die eng mit der Satellitentechnologie verbunden waren und die daher unter Erfolgszwang standen, verursacht. Äußerungen und/oder gar Erfolgsmeldungen der Art, daß man allein durch Satellitenaufnahmen neue, bislang unbekannte Ölvorkommen oder andere Bodenschätze entdeckt habe oder entdecken könne, daß man die Probleme der Welternährung oder der Desertifikation damit lösen könne, zeugen von mangelndem Verständnis der Methodik der Fernerkundung. Sie haben ihrem Ansehen eher geschadet als genützt.

Inzwischen hat sich eine etwas differenziertere und kritischere Einstellung entwickelt. Es wurden nicht nur die Grenzen der Aussagemöglichkeiten einzelner Systeme aufgezeigt, sondern es wurde auch offensichtlich, daß eine große Kluft zwischen den theoretischen Möglichkeiten und der praktischen operativen Durchführbarkeit vorhanden ist. Hinzu kommen Probleme, die in der Zugänglichkeit der Daten liegen, sowie in der eskalierenden Preisentwicklung der Produkte, dem enorm ansteigenden Datenanfall, Sicherheitsbeschränkungen, mangelnder internationaler Zusammenarbeit und vor allem auch in der immer stärker werdenden Ausrichtung der Daten auf die Möglichkeit und Bedürfnisse „großer Nutzer". Damit verbunden ist die zunehmende Konzentration der eigentlichen Forschung in einigen wenigen technischen Institutionen, die naturgemäß stark technologieorientiert sind.

Es erscheint daher angebracht, zum Abschluß die moderne Fernerkundung, ihre Möglichkeiten und Grenzen, sowie ihre Entwicklung und Zukunftsperspektiven kritisch aus der Sicht des Geographen und des „kleinen Nutzers" zu betrachten.

7.1 Auflösungsvermögen

In der modernen Fernerkundung unterscheidet man zwischen der räumlichen, spektralen, radiometrischen und zeitlichen Auflösung (s. 2.3.14). Nicht-photographische Fernerkundungssysteme haben in der Regel ein wesentlich höheres spektrales, radiometrisches und zeitliches Auflösungsvermögen als Luftbilder. Letztere hingegen zeichnen sich durch ein hohes räumliches Auflösungsvermögen aus, welches das der nicht-photographischen Systeme um ein Vielfaches übertrifft. Das räumliche Auflösungsvermögen kann in der Luftbildphotographie durch Änderungen der Aufnahmeoptik, Filmwahl und Flughöhe verändert werden; es stellt daher selten einen limitierenden Faktor in der Interpretation dar. Für alle Aufgaben, die ein hohes räumliches Auflösungsvermögen erfordern, ist daher die Verwendung von Luftbildern, ob konventionell, infrarot oder multispektral, unabdingbar.

Für Fragestellungen, bei denen die schnelle großflächige Erfassung von Phänomenen, ihre zeitliche und räumliche Veränderung, oder bei denen spezielle Probleme, wie die Verschmutzung der Luft oder des Wassers, Naturgefahren und Naturkatastrophen im Vordergrund stehen, ist eine hohe zeitliche und meist auch spektrale Auflösung wichtig bzw. ist der Einsatz spezieller Sensorensysteme von großem Vorteil. Unter schlechten Witterungsbedingungen ist überhaupt nur der Einsatz von Mikrowellensystemen möglich. So haben sich Radaraufnahmen, trotz der im Vergleich zu Luftbildern wesentlich schlechteren räumlichen Auflösung, für Untersuchungen in innertropischen Gebieten bestens bewährt.

Das maximale räumliche Auflösungsvermögen von satellitengebundenen Systemen ist im Augenblick 25 – 30 m (SAR, MOMS, TM), was eine ganz entscheidende Verbesserung im Vergleich zu früheren Systemen darstellt. Auch das spektrale und radiometrische Auflösungsvermögen der jüngsten Satellitensysteme wurde verbessert. Die zeitliche Auflösung liegt zwischen etwas mehr als zwei Wochen (Landsat) und 30 Minuten (Meteosat/GOES), was die Beobachtung von sehr kurzzeitigen Phänomenen zuläßt.

7.2 Das Problem der Datenschwemme

Verbesserungen der Technik dürfen nicht über die damit verbundenen Probleme hinwegtäuschen. Jede Verbesserung der Auflösung führt notwendigerweise zu einer Vervielfachung der anfallenden Datenmenge. Der auf Landsat 4/5 eingesetzte TM produziert mit seiner auf 120 Megabits/s angestiegenen Datenlieferung nahezu 10 mal so viele Daten wie der MSS; das auf SEASAT eingesetzte SAR-System liefert so viele Daten, daß selbst die größten augenblicklich vorhandenen Computeranlagen sie nicht direkt auswerten bzw. mit dem Datenfluß Schritt halten können.

Eine derartige Datenmenge kann von den meisten potentiellen Interessenten und Nutzern überhaupt nicht bewältigt werden. „Der immer wieder auftauchende Wunsch nach besserer Auflösung ist auf der einen Seite verständlich, andererseits müssen aber erst Methoden entwickelt werden, um der enormen Datenmenge auch im Hinblick auf die Analyse Herr zu werden" (ITTEN 1980). Technologische Entwicklung und Datenlieferung eilen der Datennachfrage und den personellen und technischen Möglichkeiten der Datenaufbereitung und -auswertung weit voraus. Dies zeigt sich sehr deutlich in der fehlenden oder nur rudimentär vorhandenen operativen Anwendung der Daten, sieht man einmal von der Meteorologie, bei der weitgehende Automatisierung möglich ist, ab. Das Gros der Anwendung besteht darin, die Aussagemöglichkeiten der neuen Systeme in bereits gut erforschten und bekannten Gebieten zu testen und bereits bekannte Phänomene und Erscheinungen „wiederzuentdecken". Derartige Untersuchungen sind sicherlich in den Anfangsphasen des Einsatzes neuer Systeme legitim und erforderlich. Sie genügen jedoch nicht, das System auf lange Zeit zu rechtfertigen.

Manche Systeme messen Parameter, deren Aussagewert für Erscheinungen auf der Erdoberfläche zu wenig erforscht oder für viele Fragestellungen ohne Relevanz sind. So führt z.b. die Vergrößerung der spektralen Bandbreite bzw. eine Verfeinerung des spektralen und radiometrischen Auflösungsvermögens nicht unbedingt zu einer Verbesserung der Fähigkeit, Geländeerscheinungen zu erkennen; im Gegenteil, sie kann mitunter sogar eine Verschlechterung bewirken (LANDGREBE 1978).

Der Vorwurf, daß die technologische Entwicklung zum größten Teil um ihrer selbst willen stattfindet, ohne die Wünsche, Erfordernisse und Möglichkeiten der Nutzer zu berücksichtigen, ist daher nicht ganz unberechtigt, – besonders wenn er aus Kreisen kommt, die keinesfalls der Technologiefeindlichkeit bezichtigt werden können. So stellen BARRETT und CURTIS (1982) fest „it seems that remote sensing systems have grown largely without regard to the needs of the community which may use them" und TOWNSHEND (1981) bemerkt „technology in remote sensing has often preceeded explicitly articulated needs for information" und „for many tasks we have already systems that are needlessly overdesigned". Es besteht daher mit Sicherheit die Notwendigkeit der Datenreduzierung und einer drastischen Drosselung der Datenredundanz.

7.3 Kosten

Fernerkundungsdaten waren schon immer relativ teuer, wenn der Nutzer die gesamten Kosten tragen mußte. In der konventionellen Luftbildphotographie ist das in der Regel nicht der Fall – sieht man einmal von speziellen Befliegungen ab; die Preise für einzelne Produkte können durch eine Vielzahl von Nutzern und staatliche Finanzierungen relativ niedrig gehalten werden.

Der hohe technologische Aufwand, der mit den meisten modernen Systemen verbunden ist, führte notwendigerweise zu einer starken Kostenerhöhung. Nicht nur die Ausrüstung von Flugzeugen mit modernen komplizierten Fernerkundungssystemen, sondern auch die Verarbeitung der Daten und der Transport der Flugzeuge ins Einsatzgebiet stellen erhebliche Kosten dar. War noch vor einigen Jahren der Einsatz möglichst vieler Sensorensysteme bei größeren Unternehmen und Projekten üblich, so wird heute selbst in der normalerweise nicht gerade finanzschwachen Mineral- und Erdölexploration davon abgesehen; denn unterschiedliche Systeme lassen sich selten simultan bei einer Befliegung optimal einsetzen, und Mehrfachbefliegungen sind sehr teuer. Man entscheidet sich daher v o r der Befliegung für das System, welches unter den gegebenen Umständen die beste Information zu liefern verspricht (SABINS 1978).

In der Satellitenerkundung wurden bisher die Hauptkosten von den Ländern getragen, die die Satelliten installierten; für die Nutzer entstanden relativ geringe Kosten. Es ist fraglich, ob diese großzügige Handhabung, die selbstverständlich zunächst auch im Eigeninteresse der betreffenden Länder lag, weitergeführt werden wird. Die starke Preiserhöhung der Landsat-Produkte, insbesondere die hohen Kosten der TM-Produkte, deuten bereits auf das Ende dieser Situation hin. Sollte diese Entwicklung anhalten und der größte Teil der Kosten auf die Nutzer abgewälzt werden, so ist abzusehen, daß die Produkte sehr schnell die finanziellen Möglichkeiten kleiner Nutzer übersteigen, zu denen die meisten Universitäten, private Consulting-Firmen, aber auch viele Entwicklungsländer gehören.

Ein weiterer wichtiger Kostenfaktor liegt in der Datenverarbeitung. Eine optimale Auswertung moderner Fernerkundungsdaten ist eigentlich nur mit Hilfe rechnergestützter Verfahren möglich, der Einsatz von Computern ist daher unumgänglich. Trotz der deutlichen Reduzierung der Kosten für derartige Anlagen bleibt es doch fraglich, ob kleine Nutzer bereit und in der Lage sind, die finanziellen und personellen Mittel dafür bereitzustellen, insbesondere im Hinblick auf die zu erwartende Kosteneskalierung bei den Daten. Teilweise kann dieses Problem dadurch gelöst werden, daß eine größere Vielfalt von direkt auswertbaren, optimal aufbereiteten Bildprodukten angeboten wird. „The presentation of directly intelligible and usable data must be regarded as a key element" (HAYDN 1982, S. 77).

7.4 Technische Perfektion versus natürliche Limitation

Die starke Betonung der komplexen technologischen Aspekte der modernen Fernerkundung führt leicht dazu, ihr eigentliches Ziel, die Erkundung der Erscheinungen, Gegebenheiten und Prozesse auf der Erdoberfläche, aus dem Auge zu verlieren. Wenn DENT und YOUNG (1981) feststellen „photo interpretation calls for a knowledge not so much of photographs as of landscapes", so gilt dies auch für die moderne Fernerkundung, selbst wenn diese selbstverständlich ein höheres Maß an Verständnis der technischen und physikalischen Zusammenhänge und insbesondere der Prinzipien der Datenverarbeitung erfordert. Dennoch kann letztendlich alles nur dann sinnvoll eingesetzt werden, wenn ein Verständnis der Landschaft und Umwelt, ihres Aufbaus, ihrer Vielfalt und Prozesse, die sie gestalten, vorhanden ist. Die Fernerkundung stellt ein Hilfsmittel dar, dieses Verständnis anzuwenden und auszubauen, und es ist daher ungemein wichtig, daß eine ständige Wechselbeziehung zwischen der Fernerkundung und der Geländeforschung besteht.

Dieser Zusammenhang droht jedoch zusammenzubrechen: Die technologische Entwicklung wird weitgehend von Wissenschaftlern und Technikern getragen, denen dafür Verständnis fehlt, während auf der anderen Seite der geländeorientierte Wissenschaftler das Wissen um die technischen Zusammenhänge nicht besitzt. Es ist unbestreitbar, daß der technischen Entwicklung ein wesentlich höherer Stellenwert eingeräumt wurde als der Geländearbeit, und daß ihr sowohl finanziell wie personell eine wesentlich größere Förderung zuteil wurde. Ergebnis ist, daß die Datenproduktion nicht nur der Datennachfrage vorauseilt, sondern auch unserem Geländeverständnis. Die Fernerkundung hat einen Stand der Perfektion erreicht, der den der Geländearbeit und die Möglichkeiten der Geländeüberprüfung bei weitem übertrifft. Eine derartige Situation ist in den Anfangsphasen einer technischen Innovation berechtigt. Sie darf aber nicht zum Dauerzustand werden. Es ist daher unerläßlich, für die weitere Entwicklung wieder einen intensiveren Bezug zwischen Fernerkundung und Geländearbeit herzustellen, wie er bei der konventionellen Luftbildauswertung immer vorhanden war.

Die oben geäußerten kritischen Bedenken ändern natürlich nichts an der Tatsache, daß uns die moderne Fernerkundung ausgezeichnete Hilfsmittel geliefert hat, die, wenn sinnvoll eingesetzt, eine große Bereicherung unseres methodischen Instrumentariums bedeuten. Die Zeiten der euphorischen Begeisterung über die neuen Bildprodukte, insbesondere der Satellitenbilder, sind vorbei und einer Phase der kritischen Überprüfung und Abwägung gewichen. Jedes Fernerkundungssystem hat seine Vor- und Nachteile und seine Anwendbarkeit (vgl. Tab. 3).. **Nur selten ersetzt ein System das andere**. Die Frage, ob ein System besser ist als ein anderes, ob etwa Radar und Thermale Infrarotbilder besser als konventionelle Luftbilder sind, oder ob Satellitenbilder flugzeuggebundene Systeme ersetzen können, ist daher ebenso wenig sinnvoll, wie die Frage, ob ein Flugzeug ein besseres Transportmittel ist als ein Auto. Zu entscheiden ist, welches System unter den gegebenen Bedingungen die besten Daten bei möglichst niedrigen Kosten liefert.

Für geographische Fragestellungen wird das in vielen Fällen das Luftbild sein und bleiben. Deshalb stehen in diesem Buch auch die Luftbildauswertung und die Auswertung photographischer Produkte im Vordergrund. Neuere Versuche, photographische Methoden in der Satellitenerkundung einzusetzen, wie etwa im Metric Camera Experiment, zeigen, daß der Wert der photographischen Aufnahme durchaus anerkannt ist.

Der Geograph muß jedoch in der Lage sein, auch mit modernen Fernerkundungsmethoden zu arbeiten; vor allem muß er ausreichende Kenntnis darüber haben, wann und wie er die neuen Hilfsmittel für seine Fragestellungen einsetzen kann. Hierbei wird er sehr viel stärker als früher auf die Zusammenarbeit mit Technikern und Wissenschaftlern aus anderen Disziplinen angewiesen sein; denn die Komplexität der Arbeitsweise und Auswertung der neuen Systeme erfordert multidisziplinäres Arbeiten. Ein Blick in die Liste der über 200 Autoren und Mitarbeiter des Manual of Remote Sensing (COLWELL 1983) und deren Berufe und Arbeitsbereiche genügt, um sich davon ein Bild zu machen.

Tab. 3 Fernerkundungssysteme im Vergleich

Photographisch	Nicht photographisch
Zentralprojektion, einfache Abbildungsgeometrie, geometrische Auswertung möglich	Abbildungsgeometrie kompliziert und von System zu System unterschiedlich, meist zeitunabhängig und panoramisch, geometrische Auswertung nur begrenzt möglich
Stereoskopie vorhanden	Stereoskopie meist nicht möglich, Pseudostereoskopie kann geschaffen werden. Neue Systeme (SPOT, MOMS, Stereosat) werden Stereoskopie liefern
Handlich und transportierbar, im Gelände auswertbar	Nicht unmittelbar handlich und transportierbar, Umsetzung der Daten in Grau- oder Farbwerte erforderlich, dadurch Verlust von Informationen
Bild unmittelbar anschaulich, Information in gewohnter Form von Grau- oder Farbtönen	Erst durch Umsetzen der Daten anschaulich, ungewohnte Grau- und Farbwerte
Preisgünstig, einfache Auswertung mit Hilfe von Stereoskopen	Meist teuer, Auswertung kompliziert, optimale Auswertung erfordert digitale Bildverarbeitungsanlagen
Nicht unmittelbar über Computer auswertbar	Daten unmittelbar über Computer auswertbar und klassifizierbar
Nicht direkt auf elektronischem Wege übertragbar	unmittelbar auf elektronischem Wege übertragbar
Hohe räumliche Auflösung. Nur geringer Teil des Spektrums erfaßt, geringe spektrale und radiometrische Auflösung	Geringe räumliche Auflösung. Fast das gesamte Spektrum erfaßbar, hohe spektrale und radiometrische Auflösung
Hoher technischer und methodischer Stand der Bildauswertung	Hoher technischer umd methodischer Stand der Bildauswertung
Quantitative Strahlungsmessung nicht möglich	Quantitative Strahlungsmessung möglich
Wetterabhängig	Manche Systeme wetterunabhängig
Multitemporale Aufnahmen möglich, aber selten	Meist multitemporal

7.5 Zukunftsperspektiven

Es ist kaum möglich, bei der rasanten Entwicklung der Fernerkundung Zukunftsprognosen zu stellen. Sicher ist, daß die moderne Fernerkundung fest etabliert ist und weiter entwickelt werden wird. Die Phase der nahezu explosionsartigen Entwicklung dürfte allerdings vorbei sein. Auch wenn einzelne Systeme verbessert und verfeinert werden, so ist es dennoch unwahrscheinlich, daß revolutionäre neue Methoden entwickelt werden; denn fast das gesamte erfaßbare und aussagefähige elektromagnetische Spektrum vom UV-Licht bis zu den passiven Mikrowellen, von Laserstrahlen bis zum Radar, wird ausgenützt. Verbesserungen sind noch in der Satellitentechnologie zu erwarten, vor allem im Einsatz von Raumschiffen und Raumfähren, die nicht nur häufige Flüge desselben Raumschiffs zulassen, sondern auch Reparaturen von Satelliten und den Transport von Daten, wie Filmrollen, vom Weltraum zur Erde.

Für die Geowissenschaften sind besonders die zu erwartenden stereoskopischen Satellitenaufnahmen, wie sie für den MOMS, SPOT und STEREOSAT geplant sind, und photographische Aufnahmen, wie sie durch das Metric Camera Experiment erbracht wurden, von großem Interesse; sie dürften eine wesentliche Bereicherung darstellen. Der Einsatz von Zoomlinsen, die es erlauben, bestimmte Gebiete der Erdoberfläche kurzfristig in starker Vergrößerung darzustellen, ist für geostationäre Satelliten vom Typ Meteosat/GOES geplant; er würde faszinierende Perspektiven für die Erfassung von Kurzzeitphänomenen erschließen.

Große Fortschritte sind selbstverständlich in der digitalen Bildverarbeitung und -auswertung zu erwarten. Automatische Bildauswertungssysteme werden immer stärker in den Vordergrund rücken, insbesondere, da Mikrocomputer derartige Systeme einem größeren Nutzerkreis erschließen. So wertvoll sich derartige Systeme auch für optimale Bilddarstellungen erwiesen haben, so notwendig sie auch in Anbetracht der Datenfülle sind, ist es doch unwahrscheinlich, daß ein vollautomatisches Computersystem die Auswertung von Fernerkundungsdaten einmal übernehmen wird; denn der Computer kann die menschliche Intuition und Originalität nicht ersetzen, und er wird auch der Komplexität und Vielfalt der natürlichen und vom Menschen beeinflußten Umwelt nicht gerecht werden können.

Das entscheidende Kriterium für alle neuen, im zivilen Bereich eingesetzten Systeme wird letztlich ihr langfristiger, operationeller Einsatz in der weiteren Erforschung und Überwachung der Umwelt sein. Nur die Umsetzung der Datenvielfalt in praktische problemorientierte Anwendungen, die Mensch und Natur berücksichtigen, und die dem Wohl der Menschheit dienen, wird den enormen Aufwand, der mit der modernen Fernerkundung verbunden ist, rechtfertigen.

Verzeichnis der Abkürzungen

ATS	Application Technology Satellite	S. 76
AVHRR	Advanced Very High Resolution Radiometer	S. 76
CCD	Charge Coupled Devices	S. 55
CCT	Computer Compatible Tape	S. 65
CITARS	Crop Identification Technology Assessment for Remote Sensing	S. 200
DFVLR	Deutsche Forschungs- und Versuchsanstalt für Luft- und Raumfahrt	S. 44; 63
DOMSAT	Domestic Satellite	S. 40
EROS	Earth Resources Operation Systems	S. 64
GMS	Geostationary Meteorological Satellite	S. 33
GOES	Geostationary Operational Environmental Satellite	S. 33; 76
HAP	High Altitude Photography	S. 31
HCMM	Heat Capacity Mapping Mission	S. 36
HRV	High Resolution Visible	S. 57
IFOV	Instantaneous Field of View	S. 61
IPF	Image Processing Facility	S. 65
IR	Infrarot	S. 27
LACIE	Large Area Crop Inventory Experiment	S. 200
LASER	Light Amplification by Stimulated Emission of Radiation	S. 26
LIDAR	Light Detection and Ranging	S. 23; 74
MMS	Multimission Modular Spacecraft	S. 39
MOMS	Modular Optoelectronic Multispectral Scanner	S. 56
MSS	Multispectral Scanner	S. 52
NOAA	National Oceanic and Atmospheric Administration	S. 76
PIXEL	Picture Element	S. 61
RADAM	Radar Amazon	S. 205
RADAR	Radio Detection and Ranging	S. 23
RBV	Return Beam Vidicon	S. 50
RMK	Reihenmeßkammer	S. 42; 44
SAR	Synthetische Apertur	S. 73
SLAR	Side Looking Airborne Radar	S. 71
SPOT	Système Probatoire d'Observation de la Terre	S. 57
TDRS	Tracking and Data Relay Satellite	S. 40
TIR	Thermales Infrarot	S. 69
TIROS	Television and Infrared Observation Satellite	S. 76
TM	Thematic Mapper	S. 53
TOVS	Tiros Operational Vertical Sounder	S. 218
VHRR	Very High Resolution Radiometer	S. 76
WRS	Worldwide Reference System	S. 40

Literaturhinweise

Lehrbücher:

ALBERTZ, J.; KREILING, W.: Photogrammetrisches Taschenbuch. 3. Aufl. Karlsruhe 1980

BARRETT, E.C.; CURTIS, L.F.: Introduction to environmental remote sensing. 2. Aufl. London 1982

COLWELL, R.N. (Hrsg.): Manual of Remote Sensing. Falls Church, Virginia 1983

DIETZ, K.R.: Grundlagen und Methoden geographischer Luftbildinterpretation. Münchner Geographische Abhandlungen 25, 1981

GIERLOFF-EMDEN, H.G.; SCHROEDER-LANZ, H.: Luftbildauswertung Teil I – III. Hochschultaschenbücher, Mannheim 1970

HARPER, E.: Eye in the Sky – Introduction to remote sensing. 2. Aufl. Montréal 1983

HUSS, J.; AKCA, A.; HILDEBRANDT, G.; KENNEWEG, H.; PEERENBOOM, G.H.; RHODY, B.: Luftbildmessung und Fernerkundung in der Forstwirtschaft. Karlsruhe 1984

KRONBERG, P.: Photogeologie – eine Einführung in die Grundlagen und Methoden der geologischen Auswertung von Luftbildern. Stuttgart 1984

LINTZ, J.; SIMONETT, D.S. (Hrsg.): Remote sensing of environment. Reading, Mass. 1976

LILLESAND, T.M.; KIEFER, R.W.: Remote sensing and image interpretation. New York 1979

SABINS, F.F.: Remote sensing. San Francisco 1978

SCHNEIDER, S.: Luftbild und Luftbildinterpretation. Lehrbuch der allgemeinen Geographie Band 11. Berlin – New York 1974

SCHNEIDER, S. (Hrsg.): Angewandte Fernerkundung. Methoden und Beispiele. Hannover 1984

TOWNSHEND, J.R.G. (Hrsg.): Terrain analysis and remote sensing. London 1981

TRICART, J.; RIMBERT, S.; LUTZ, G.: Introduction en l'utilisation des photographies aeriennes. Paris 1970

WEIMANN, G.: Geometrische Grundlagen der Luftbildinterpretation. Karlsruhe 1984

VAN ZUIDAM, R.A.; VAN ZUIDAM-CANCELADO, F.I.: Terrain analysis and classification using aerial photographs. ITC Textbook of Photo-Interpretation 7. Enschede 1978/79

VERSTAPPEN, H.Th.: Remote sensing in geomorphology. Amsterdam 1977

Zeitschriften und Schriftenreihen:

Bildmessung und Luftbildwesen (BuL), Karlsruhe

International Institute for Aerial Survey and Earth Sciences (ITC) Journal, Enschede

Münchner Geographische Abhandlungen, Schriftenreihe des Instituts für Geographie der Universität München

Photogrammetric Engineering and Remote Sensing (Photogramm. Eng. Remote Sensing), Falls Church

Photogrammetria, Amsterdam

Photo Interprétation, Paris

Proceedings of the International Symposia on Remote Sensing of Environment, Ann Arbor

Remote Sensing of Environment, New York

Zitierte und verwertete Literatur

ADAMS, M.S.; SCARPACE, F.L.; SCHERZ, J.P.; WOELKERLING, W.J.: Assessment of aquatic environment by remote sensing IES Report 84. Inst. for Environmental Studies, University of Wisconsin, Madison 1977

ADENIYI, P.O.: An aerial photographic method for estimating urban population. Photogramm. Eng. Remote Sensing 49 (1983) 545-560

ALBERTZ, J.: Vorschläge für die einheitliche Terminologie in der Fernerkundung. BuL 45 (1977) 119-124

ALBERTZ, J. et al.: Luftbildinterpretation für umweltrelevante Straßenplanung. Forschung, Straßenbau und Straßenverkehrstechnik. 377, Bonn 1982

ALLISON, L.J.; SCHMUGGE, T.J.: A hydrological analysis of East Australian floods using Nimbus-5 Electronically Scanning Radiometer data. Bull. Amer. Met. Soc. 60 (1979) 1414-1420

ARNAL, B.: Luftbilder als Hilfsmittel räumlicher Planung. Bau Intern 8 (1984) 151-153

BADEWITZ, D.: Sozialräumliche Gliederung als Ergebnis stadtgeographischer Luftbildinterpretation. BuL 39 (1971) 253-261

BÄHR, A. (Hrsg.): Digitale Bildverarbeitung. Karlsruhe 1985

BARRETT, E.C.; CURTIS, L.F.: Introduction to environmental remote sensing. 2. Aufl. London 1982

BAUMGART, J.; QUIEL, F.: Einfluß verschiedener Klassifizierungsparameter auf die Landnutzungskartierung mit Landsat Daten. BuL 49 (1981) 29-41

BLEEKER, P.: Soils of Papua New Guinea. Canberra 1983

BLEEKER, P.; SPEIGHT, J.G.: Soil-landform relationship at two localities in Papua New Guinea. Geoderma 21 (1978) 183-198

BOBEK, H.: Luftbild und Geomorphologie. Luftbild und Luftbildmessung 20, Berlin 1941

BOBEK, H.: Zur Kenntnis der südlichen Lut. Mitt. Österr. Geogr. Ges. 111 (1969) 155-192

BODECHTEL, J.: Erste Ergebnisse des MOMS-Flugs auf STS-11. Z. Flugwiss. Weltraumforsch. 8 (1984) 304-308

BODECHTEL, J.; GIERLOFF-EMDEN, H.G.: Weltraumbilder – die dritte Entdeckung der Erde. München 1974

BORN, M.: Das Luftbild im Dienste der historischen Landeskunde. Landeskundliche Luftbildauswertung im mitteleuropäischen Raum 3 (1960) 9-16

CARNEGIE, D.M.; SCHRUMPF, B.J.; MOUAT, D.A.: Rangeland application. In COLWELL, R.N. (Hrsg.): Manual of Remote Sensing II, Falls Church 1983, 2325-2384

CENTRE NATIONAL d'ETUDES SPATIALES: SPOT satellite – based remote sensing system. Toulouse 1984

COLLINS, J.E.; El-BEIH, A.H.A.: Population Census with the aid of aerial photographs. Photogramm. Rec. 7 (1971) 16-26

COLLINS, J.E.; RUSSEL, P.B.: Laser applications in remote sensing. In SCHANDA, E. (Hrsg.): Remote sensing for environmental sciences, Ecological Studies 18, Berlin, Heidelberg, New York 1976, 110-146

COLWELL, R.N. (Hrsg.): Manual of Remote Sensing. Falls Church, Virginia 1983

CRAIGHEAD, J.J.: Studying grizzly bear habitat by satellite. Natl. Geogr. 150 (1976) 148-158

DAVIES, S.; TUYAHOV, A.; HOLZ, R.K.: Use of Remote Sensing to determine urban poverty neighborhoods. In HOLZ, R.K. (Hrsg.): The Surveillance Science. Boston (1973) 386-390

DENNERT-MÖLLER, E.; EHLERS, M.: Auswertung von Reihenmeßkammer- und Flugzeugabtasteraufnahmen aus Wattgebieten. BuL 50 (1982) 59-67

DENNERT-MÖLLER, E.: Erstellung einer Sedimentkarte der nordfriesischen Wattgebiete aus Landsat-Bilddaten. BuL 50 (1982) 204-206

DENT, D.; JOUNG, A.: Soil survey and land evaluation. London 1981

DIETZ, K.R.: Grundlagen und Methoden geographischer Luftbildinterpretation. Münchner Geographische Abhandlungen 25 (1981)

DODT, J.: Innerstädtisches Sozialgefüge im Luftbild, dargestellt anhand einer Beispielaufnahme aus dem Ruhrgebiet. Intern. Archiv f. Photogram. 18 (1971)

EBERT, J.I.; LYONS, R.L. (Hrsg.): Archaeology, Anthropology, and Cultural Resources Management. In COLWELL, R.N. (Hrsg.): Manual of Remote Sensing II, Falls Church 1983, 1233-1304

EHLERS, E.: Zur baulichen Entwicklung und Differenzierung der marokkanischen Stadt: Rabat – Marrakesch – Meknes. Die Erde 115 (1984) 183-208

ELACHI, C.: Radarbilder der Erde. Spektrum der Wissenschaft (1983) 52-63

ENDLICHER, W.: Luft- und Oberflächentemperaturen auf Großterrassen in Strahlungsnächten. Ann. d. Meteorologie, N.F. 12 (1977)

ENDLICHER, W.: Lokale Klimaänderung durch Flurbereinigung – das Beispiel Kaiserstuhl. Erdkunde 34 (1980 a) 175-190

ENDLICHER, W.: Thermalbilder – Möglichkeiten und Probleme ihres Einsatzes in Landschaftsökologie und Stadtklimatologie. Vermessungswesen und Raumordnung 42 (1980 b) 58-73

ENDLICHER, W. Der peripher-zentrale Wandel des Ökotypengefüges im Hudson-Bay-Tiefland. Die Erde 113 (1982 a) 1-20

ENDLICHER, W.: Radar-Bilder in den Geowissenschaften. Grundlagen und Aussagemöglichkeiten eines neuen Fernerkundungssystems. G.R. 34 (1982 b) 316, 325-327

ENDLICHER, W.: Die Rebflurbereinigung im Kaiserstuhl – Untersuchungen der geländeklimatologischen Konsequenzen mit Hilfe von Thermalbildern. In SCHNEIDER, S. (Hrsg.): Angewandte Fernerkundung, Hannover 1984, 251-254

ENDLICHER, W.; KESSLER, R.: Geowissenschaftliche Radar-Bildinterpretation – Systemgrundlagen einer neuen Fernerkundungsmethode am Beispiel eines Seasat-SAR Bildes der Kölner Bucht. Berichte der Naturforschenden Gesellschaft Freiburg/Brsg. 71/72 (1981/82) 17-34

ENGEL, H.; WINTER, R.: Nationales Ansprechzentrum (NPOC) im EARTHNET-Programm und wissenschaftliche Nutzerunterstützung für die Fernerkundung in der DFVLR. BuL 49 (1981) 3-15

FEHN, H. (Hrsg.): Luftbildatlas Bayern. München 1973

FEZER, F.: Lokalklimatische Interpretation von Thermalluftbildern. BuL 43 (1975) 152-158

FINSTERWALDER, R.: Stereoorthophotos als Hilfsmittel der Hochgebirgskartierung. BuL 49 (1981) 161-164

FREITAG, U.: Stadttypen Nigerias im Luftbild: Oyo – Bida – Kano – Lagos. Die Erde 101 (1970) 243-264

FRICKE, W.: Herdenzählungen mit Hilfe von Luftbildern. Die Erde 96 (1965) 206-223

FRICKE, W.; HENKEL, R.; MAHN, C.: Untersuchungen zur Siedlungsstruktur im zentralen Kenya. Erster Bericht einer Forschungsreise 1978. Die Erde 111 (1980) 85-120

GEO-ABSTRACTS G: Remote Sensing, Cartography and Photogrammetry. Norwich 1971-85

GERKE, A.: Großmaßstäbige Thermalbilder als Hilfsmittel zur Differenzierung verschieden strukturierter Baukörper einer Stadt. Bericht zum Symposium Flugzeugmeßprogramm der DFVLR Bundesministerium f. Forsch. u. Techn. Forschungsbericht W 78-04, 1978

GERKE, A.; STOCK, P.: Klimaanalyse Stadt Duisburg. Kommunalverband Ruhrgebiet, Essen 1982

GIERLOFF-EMDEN, H.G.: Luftbild und Küstengeographie am Beispiel der Nordseeküste. Landeskundliche Luftbildauswertung im mitteleuropäischen Raum 4 (1961)

GIERLOFF-EMDEN, H.G.: Orbital remote sensing of coastal and offshore environments. A manual of interpretation. Berlin, New York 1977

GIERLOFF-EMDEN, H.G.: Geographie des Meeres Teil 1. Berlin, New York 1980.

GIERLOFF-EMDEN, H.G.; DIETZ, K.R.: Auswertung und Verwendung von High Altitude Photography (HAP). Münchner Geogr. Abh. Bd. 32, 1983

GIERLOFF-EMDEN, H.G.; RUST, U.: Verwertbarkeit von Satellitenbildern für geomorphologische Kartierung von Trockenräumen. (Chihuahua, New Mexiko, Baja California). Bildinformation und Geländetest. Münchner Geogr. Abh. Bd. 5, 1971

GIERLOFF-EMDEN, H.G.; SCHROEDER-LANZ, H.: Luftbildauswertung Teil I – III. Hochschultaschenbücher, Mannheim 1970

GIERLOFF-EMDEN, H.G.; WIENEKE, F.: Geographische Fernerkundung (Weltraumbilder der Erde). 42. Deutscher Geographentag Göttingen 1979, 145-166

GÖTTING, H.R.: Fernerkundung mit Landsat sowie die digitale Verarbeitung der Daten zur Herstellung einer Landnutzungskarte des Landkreises Tübingen im Maßstab 1:50000. DFVLR, Oberpfaffenhofen 1982

GOETZ, A.F.H.; ROWAN, L.C.: Geologic remote sensing. Science 211 (1981) 781-791

GONZALEZ, F.I.; BEAL, R.C.; BROWN, W.E.; GOWER, J.F.R.; LICHY, D.; ROSS, D.B.; RUFENACH, C.L.; SHUCHMAN, R.A.: Seasat Synthetic Aperture Radar: Ocean wave detection capabilities. Science 204 (1979) 1418-1421

GOSSMAN, H.: Radiometrische Oberflächentemperaturmessungen und Thermalbilder als Hilfsmittel der Umweltforschung. Quantitative Methoden in Forschung und Didaktik der Geographie, Begleitband G.R. H. 3 (1977) 101-112

GOSSMANN, H.: Grundlegende Probleme der Thermalbildauswertung über Landflächen in Thermalluftbildern für die Stadt- und Landesplanung. Akademie für Raumforschung und Landesplanung 62 (1982) 5-22

GOSSMANN, H.: Erfassung und Darstellung des Reliefs der Erde durch Weltraumbilder. Geoökodynamik 4 (1983) 249-286

GOSSMANN, H.: Nichtphotographische Aufnahmeverfahren. In SCHNEIDER, S. (Hrsg.): Angewandte Fernerkundung. Hannover 1984 a, 30-43

GOSSMANN, H.: Satelliten-Thermalbilder. Ein neues Hilfsmittel der Umweltforschung? Fernerkundung in Raumforschung und Städtebau 16, Bad Godesberg 1984 b

GOSSMANN, H.: Satellitenfotos für die Umwelt. Teil 3 Klima-Analyse. Bild der Wissenschaft 1984 c, 59-64

GOSSMANN, H.; LEHNER, M.; STOCK, P.: Wärmekarten des Ruhrgebietes. G.R. 12 (1981) 556-562

GRAVES, H.B.; BELLIS, E.D.; KNUTH, W.: Censusing white-tailed deer by airborne thermal infrared imagery. J. Wildlife Management 36 (1972) 875-884

GREENWOOD, J.E.G.W.: Rock weathering in relation to the interpretation of igneous and metamorphic rocks in arid regions. Arch. Int. Photogr. 14 (1962) 93-99

GRENZEBACH, K.: Luftbilder: Indikatoren für regionale Komplexanalyse. Die Erde 105 (1974) 97-123

GRENZEBACH, K.: The structure and development of Greater Lagos – a documentation in aerial photographs. Geojournal 2 (1978) 295-310

GRZIMEK, M.; GRZIMEK, B.: Flamingo censuses in East Africa by aerial photography. J. Wildlife Management 24 (1960) 215-217

HABERÄCKER, P.; KIRCHHOF, W.; KRAUTH, E.; KRITIKOS, G.; WINTER, R.; SCHRAMM, M. und SOSNOWSKI, H.: Auswertung von Satellitenaufnahmen zur Gewinnung von Flächennutzungsdaten. Raumordnung 06.039, Bad Godesberg 1979

HARPER, D.: Eye in the Sky – Introduction to remote sensing. 2. Aufl. Montréal 1983

HASSENPFLUG, W.: Formen und Wirkungen der Bodenverwehung im Luftbild. In HASSENPFLUG, W. und RICHTER, G.: Formen und Wirkungen der Bodenabspülung und -verwehung im Luftbild. Landeskundliche Luftbildauswertung im mitteleuropäischen Raum 10 (1972) 43-84

HASSENPFLUG, W.: Leistungsgrenzen von Landsat? Anmerkungen zur Wattklassifikation von Dennert-Möller in BuL 6/82. BuL 51 (1983) 187-188

HAYDN, R.: Some aspects of the presentation of remote sensing data. Proceed. EAR SeL-ESA Symp. Igls., Austria, April 1982 (ESA SP – 175, 1982) 77-80

HELLER, R.C.; ULLIMANN, J.J.: Forest resource assessments. In COLWELL, R.N. (Hrsg.): Manual of Remote Sensing II, Falls Church 1983, 2229-2324

HELMCKE, D.; LIST, F.K.; ROLAND, N.W.: Geologische Interpretation von Luft- und Satellitenbildern des Tibesti-Gebirges (Zentralsahara, Tschad). Geol. Jb 33 (1976) 89-115

HILDEBRANDT, G.: Zur Situation der Fernerkundung. BuL 6 (1976) 245-248

HILDEBRANDT, G.: Fernerkundung im Dienste forstwissenschaftlicher Planungsarbeit. In SCHNEIDER, S. (Hrsg.): Angewandte Fernerkundung, Hannover 1984, 203-209

HILDEBRANDT, G.; KADRO, A.: Aspects of countrywide inventory and monitoring of actual forest damages in Germany. BuL 52 (1982) 201-216

HOFMANN, O.: Digitale Aufnahmetechnik. BuL 50 (1982) 16-32

ITTEN, K.I.: Die Verwendung thermaler Infrarot-Aufnahmen bei geographischen Untersuchungen. Zürich 1973

ITTEN, K.I.: Großräumige Inventuren mit Landsat-Erderkundungssatelliten. Landeskundliche Luftbildauswertung im mitteleuropäischen Raum, Heft 15, Bonn-Bad Godesberg 1980

JÄGER, H.: Das Luftbild in seiner landschaftlichen Aussage. Landeskundliche Luftbildauswertung im mitteleuropäischen Raum, Heft 3, 1960

JUSTICE, C.O.; TOWNSHEND, R.G.: The use of Landsat data for land cover inventories of Mediterranean lands. In: TOWNSHEND, J.R.G. (Hrsg.): Terrain analysis and remote sensing (1981), 133-153

KHORRAM, S.: Remote sensing – aided systems for snow quantification, evapotranspiration estimation and their applications in hydrological models. Proc. 11th Intern. Symp. Remote Sens. Environm. Env. Res. Inst. Mich. Ann Arbor 1977, 795-807

KONECNY, G.: The photogrammetric camera experiment on Spacelab 1. BuL 52 (1984) 195-200

KONECNY, G.; SCHUHR, W.: Untersuchungen über die Interpretierbarkeit von Bildern unterschiedlicher Sensoren und Plattformen für die kleinmaßstäbige Kartierung. BuL 50 (1982) 187-200

KRAUSE, G.H.M.; PRINZ, B.; ADAMEK, K.: Erkennen von Immissionswirkungen auf Pflanzen mit Hilfe von Infrarot-Farbluftbildern. In SCHNEIDER, S. (Hrsg.): Angewandte Fernerkundung, Hannover 1984, 210-216

KROESCH, V.: Der SDC-Farbmischprojektor – ein einfaches Auswertegerät für Multispektralbilder. BuL 42 (1974) 53-57

KRONBERG, P.: Photogeologie. Clausthaler Tektonische Hefte 6, Clausthal-Zellerfeld 1967

KRONBERG, P.: ERTS entdeckt unbekannte tektonische Strukturen in der Bundesrepublik. Umschau 74 (1974) 552-553

KRONBERG, P.: Bruchstrukturen des Rheinischen Schiefergebirges, des Münsterlandes und des Niederrheins – kartiert in Aufnahmen des Erderkundungssatelliten ERTS 1. Geol. Jb. A 33 (1976) 37-48

KRONBERG, P.: Photogeologie – eine Einführung in die Grundlagen und Methoden der geologischen Auswertung von Luftbildern. Stuttgart 1984

LANDGREBE, D.A.: Useful information from multispectral image data: another look. In SCHWAIN, P.H.; DAVIS, S.M. (Hrsg.): Remote sensing: the quantitative approach. Maidenhead 1978, 336-374

LAUT, P.; HEYLIGERS, P.C.; KEIG, G.; LÖFFLER, E.; MARGULES, C.; SCOTT, R.M.; SULLIVAN, M.E.; LAZERIDIES, M.: Environments of South Australia. Canberra 1977

LAUT, P.: Developing a state land resources inventory: an example from South Australia. Aust. Geogr. 14 (1979) 237-243

LENHART, K.G.: Mögliche Anwendungen von Meteosat für die Fernerkundung. BuL 6 (1978) 113-122

LICHTENEGGER, J.: Eine Reihenmesskammer im Weltraum. Geographica Helvetica 39 (1984) 110-112

LICHTENEGGER, J.; SEIDEL, K.: Landnutzungskartierungen mit multitemporalen Landsat-MSS-Daten. BuL (1980) 123-131

LILLESAND, T.M.; KIEFER, R. W.: Remote sensing and image interpretation. New York 1979

LINTZ, J.; SIMONETT, D.S. (Hrsg.): Remote sensing of environment. Reading, Mass. 1976

LO, C.P.: Surveys of squatter settlements with sequential aerial photography – a case study in Hong Kong. Photogrammetria 35 (1979) 45-63

LO, C.P.; CHAN, F.F.: Rural population estimation from aerial photographs: Photogramm. Eng. Remote Sensing 46 (1980) 337-345

LÖFFLER, E.: Land Ressources Surveys in Ostneuguinea. G.R. 26 (1974) 60-63

LÖFFLER, E.: Geomorphology of Papua New Guinea. Canberra 1977.

LÖFFLER, E.: Landform interpretation with modern remote sensors – examples from Papua New Guinea. Die Erde 108 (1977) 202-216

LÖFFLER, E.: Landsat-Bilder als Hilfsmittel geographischer Forschung – Möglichkeiten und Grenzen. Die Erde 112 (1981) 11-31

LÖFFLER, E.: Übersichtsuntersuchungen zur Erfassung von Landressourcen in West-Kalimantan, Indonesien. In MEYNEN, E.; PLEWE, E. (Hrsg.): Forschungsbeiträge zur Landeskunde Süd- und Südostasiens. Erdk. Wissen 58 (1982) 122-131

LÖFFLER, E.; MARGULES, C.: Wombats detected from space. Remote sensing of Environment 9 (1980) 47-56

LÖFFLER, E.; SULLIVAN, M.E.: Lake Dieri ressurected: an interpretation using satellite imagery. Z. Geomorph. 23 (1979) 233-242

Mc CRACKEN, K.G.; ASTLEY-BODEN, C.E.: Satellite Images of Australia. Sydney, Melbourne 1982

MEYER, F.; BODECHTEL, J.: Diercke-Weltraumbildatlas. Braunschweig 1981

MEYNEN, E.; SCHMITHÜSEN, J.; GELLERT, J.; NEEF, E.; MÜLLER-MINY, H.; SCHULTZE, J.H.: Handbuch der naturräumlichen Gliederung Deutschlands. Bad Godesberg 1953-1962

MOSS, R.P.: The appraisal of land resources in tropical Africa. Pacific Viewpoint 9 (1969) 107-127

MUEKSCH, M.C.: A splash and sheet erosion model from Landsat data. Proceed. IGAR SS 84 Symp. Strasbourg, Aug. 1984 (ESA SP-215, 1984) 295-299

MÜHLFELD, R.: Anleitung für die geologische Auswertung von Luftbildern und die Planung photogeologischer Arbeiten. Hannover 1964

MÜHLFELD, R.: Relationship between vegetation, soil, bedrock, and other geologic features in moderate humid climate (Central Europe) as seen on ERTS-1 imagery. Geol. Jb. 33 (1976) 21-35

MÜLLER-MINY, H.: Natur und Kultur des Landes an der mittleren Warthe im Luftbild. Landeskundliche Luftbildauswertung im mitteleuropäischen Raum 1, Remagen 1952

MÜNZER, V.; BODECHTEL, J.: Digitale Verarbeitung von Landsat-Daten über Eis- und Schneegebieten des Vatnajökulls (Island). BuL 8 (1980) 21-28

MEYRS, V.I. (Hrsg.): Remote Sensing applications in agriculture. In COLWELL, R.N. (Hrsg.): Manual of Remote Sensing II, Falls Church 1983, 2111-2228

NASA, JOHNSON SPACECENTER: Independant peer evaluation of the large crop inventory experiment (LACIE); NASA ISC-14550, ISC 14551, ISC-16015, Springfield 1978

NASA GODDARD SPACE FLIGHT CENTER: Heat Capacity Mapping Mission data users handbook. Greenbelt, Maryland 1979

NEEF, E.: Zur großmaßstäbigen landschaftsökologischen Forschung. Peterm. Geogr. Mitt. 108 (1964) 1-7

OBST, J.: Veränderungen des Kulturlandes am oberen Vogelsberg im Spiegel des Luftbilds. In SCHOTT, C. (Hrsg.): Das Luftbild in seiner landschaftlichen Aussage. Landeskundliche Luftbildauswertung im mitteleuropäischen Raum 11 (1960) 24-28

OLLIER, C.D.: Terrain classification – methods, applications, and principles. In HAILS, J.R. (Hrsg.): Applied Geomorphology, Amsterdam 1977, 277-316

OSTHEIDER, M.: Möglichkeiten der Erkennung und Erfassung von Meereis mit Hilfe von Satellitenbildern (NOAA-2 VHRR). Münchner Geographische Abhandlungen 18, 1975

OSTHEIDER, M.; STEINER, D.: Glossar zur Fernerkundung. Beitrag zum IGU-Fachwörterbuch. 2. Aufl. Geographisches Institut ETH Zürich

PAIJMANS, K.: Typing of tropical vegetation by aerial photographs and field sampling in Northern Papua. Photogrammetria 21 (1966) 1-25

PHILIPSON, W.R.; LIANG, T.: An airphoto key for major tropical crops. Photogramm. Eng. Remote Sensing 48 (1982) 223-233

PREUSSER, H.: Mount St. Helens-Anwendungsbereiche von Fernerkundungsverfahren. BuL 52 (1984) 115-124

RATHJENS, C.: Die Formung der Erdoberfläche unter dem Einfluß des Menschen. Stuttgart 1979

Ray, R.G.: Aerial photographs in geologic interpretation and mapping. Geological Survey Professional Paper 373, Washington 1960

Reeves, H.M.; Coock, F.G.; Muro, R.E.: Monitoring Arctic habitat and goose production by satellite imagery. J. Wildlife Management 40 (1976) 532-541

Reichenbach, K.: Luftbildmessung im rheinischen Braunkohlebergbau. In Schneider, S. (Hrsg.): Angewandte Fernerkundung, Hannover 1984, 128-132

Richardson, S.L.: Remote Sensing on a shoestring. Photogramm. Eng. Remote Sensing 44 (1978), 1027-1032

Richter, G.: Formen und Wirkungen der Abspülung im Luftbild. In Hassenpflug und Richter (Hrsg.): Formen und Wirkungen der Bodenabspülung und -verwehungen im Luftbild. Landeskundliche Luftbildauswertung im mitteleuropäischen Raum 10 (1972) 11-42

Richter, H.: Naturräumliche Ordnung. Wiss. Abh. Geogr. Ges. der DDR 5 (1967) 129-160

Richter, W.: Phönizische Hafenstädte im östlichen Mittelmeerraum und ihre Bedeutung in heutiger Zeit. Sonderfolge der Schriftenreihe Landeskundliche Luftbildauswertung im mitteleuropäischen Raum 4 (1975)

Robinove, C.J.: Interpretation of a Landsat image of an unusual flood phenomenon in Australia. Remote Sensing of Environment 7 (1978) 219-225

Rust, U.; Wieneke, F.: Geomorphologie der küstennahen zentralen Namib (Südwestafrika). Münchner Geographische Abhandlungen 19, 1976

Sabins, F.F.: Thermal infrared imagery and its application to structural mapping in Southern California. Geological Society of America Bulletin 80 (1969) 397-404

Sabins, F.F.: Remote Sensing. San Francisco 1978

Salgueiro, P.R.: Landslide investigation by means of photogrammetry. Photogrammetria 20 (1965) 107-114

Sauter, J.: Ortsplanung am Beispiel der Gemeinde Fläsch/Graubünden. In Schneider, S. (Hrsg.): Angewandte Fernerkundung. Hannover 1984, 85-86

Schanda, E. (Hrsg.): Remote sensing for environmental sciences. Berlin, Heidelberg, New York 1976

Schemnitz, S. D. (Hrsg.): Wildlife management techniques manual. Wildlife Society, Washington D.C. 1980, 4. Aufl.

Schmidt-Kraeplin, E.; Schneider, S.: Luftbildinterpretation in der Agrarlandschaft. Landeskundliche Luftbildauswertung im mitteleuropäischen Raum 7, Bad Godesberg 1966

Schneider, S.: Die Verwendung der Luftbilder bei Problemen der Raumgliederung. BuL 38 (1970) 295-300

Schneider, S.: Luftbild und Luftbildinterpretation. Lehrbuch der allgemeinen Geographie Band 11, Berlin – New York 1974

Schneider, S.: Gewässerüberwachung aus der Luft. In Schneider, S. (Hrsg.): Angewandte Fernerkundung, Hannover 1984, 168-175

Schneider, S. (Hrsg.): Angewandte Fernerkundung. Methoden und Beispiele. Hannover 1984

Schneider, S.;. Ammann, F.;. Dister, E.; Lorenz, D.; Miosga, G.;. Phillipi, G.; Solmsdorf, H.: Gewässerüberwachung durch Fernerkundung – eine Methodenstudie am Beispiel des mittleren Oberrheins im Vergleich zur mittleren Saar. Landeskundliche Luftbildauswertung im mitteleuropäischen Raum 13, Bad Godesberg 1977

SCHNEIDER, S.; BAUER, H.J.; BÜRGENER, M.; DODT, J.; FEZER, F.; FISCHER, H.; HAEFNER, H.; HASSENPFLUG, W.; KLINK, H.-J.; KRAUER, W.; SCHENKEL, G.; WEIS, H.: Naturräumliche Gefüge im Luftbild. Landeskundliche Luftbildauswertung im mitteleuropäischen Raum 11, Bad Godesberg 1973

SCHNEIDER, S.; DEWES, E.; KRAUSE, A.; KROESCH, V.; LORENZ, D.; MIOSGA, G.: Gewässerüberwachung durch Fernerkundung – die mitterle Saar. Landeskundliche Luftbildauswertung im mitteleuropäischen Raum 12, Bad Godesberg 1974

SCHNEIDER, S.R.; MCGINNIS, D.F.; PRITCHARD, J.A.: Use of Satellite infrared data for geomorphology studies. Remote Sensing of Environment 8 (1983) 313-330

SCHROEDER-LANZ, H.: Satellitenbild – Analyse von Küstenformen und Landnutzung des schleswig-holsteinschen Küstenraumes. G.R. 30 (1978) 395-398, 418

SCOLLAR, I.: Archäologie aus der Luft. Arbeitsergebnisse der Flugjahre 1960-1961 im Rheinland. Schriften des Rheinischen Landesmuseums, Bonn, Bd. 1, 1965

SCOLLAR, I.: Image processing via computer in aerial archaeology. Computers and the Humanities 11 (1977) 347-351

SETTLE, M. (Hrsg.): Workshop on geological applications of thermal infrared remote sensing techniques: Lunar and Planetary Institute Technical Report 81-06, Houston, Texas 1981

SHARP, J.M.: Demonstrating the value of Landsat Data: a case for lowered expectations. Photogramm. Eng. Remote Sensing 45 (1979) 1487-1493

SHORT, N.M.; LOWMAN, P.D.; FREDEN, S.C.; FINCH, W.A.: Mission to earth: Landsat views the world. Washington 1976

SIMONETT, D.S.: Landslide distribution and earthquakes in the Bewani and Toricelli Mountains. In JENNINGS J. N.; MABBUTT, J.A. (Hrsg.): Landform studies, from Australia and New Guinea (1967) 64-84

SIMONETT, D.S.; SCHUMM, R.L.; WILLIAMS, D.L.: The use of air photos in a study of landslides in New Guinea. Department of Geography, University of Kansas, Lawrence, Kansas, 1970

SIMONETT, D.S.: Remote sensing with imaging radar. Geoforum 2 (1970) 61-74

SOIL CONSERVATION SERVICE: Aerial-Photo interpretation in classifying and mapping soils. Agricultural Handbook 294, Washington 1966

SPEIGHT, J.G.: A parametric approach to land-form regions. Trans. Inst. British Geogr. Spec. Publ. 7 (1974) 213-230

STEINER, D.: Die Jahreszeit als Faktor bei der Landnutzungsinterpretation. Landeskundliche Luftbildauswertung im mitteleuropäischen Raum 7, Bad Godesberg 1961

STOCK: Klimafunktionskarte nach Thermalluftbildern am Beispiel der Stadt Hagen. In SCHNEIDER, S. (Hrsg.): Angewandte Fernerkundung. Hannover 1984, 236-243

STÜBNER, K.: Luftbild und Bodenerosion. Berlin 1955

STÜBNER, K.: Luftbild Diagnostik erosionsgefährdeter Ackerböden. Umschau 56 (1956) 370-373

TARANIK, J.V.: Characteristics of the Landsat multispectral data system. US Geological Survey Open File Report, Sioux Falls 1978

TOWNSHEND, J.R.G. (Hrsg.): Terrain analysis and remote sensing. London 1981

TRICART, J.: Influence des oszillations climatiques récentes sur le modelé en Amazonie orientale (région de Santarém); d'apres les images radar lateral. Z. f. Geomorph. NF 19 (1975) 140-163

TRICART, J.; RIMBERT, S.;. LUTZ, G.: Introduction en l'utilisation des photographies aeriennes. Paris 1970

TROLL, C.: Luftbildforschung und landeskundliche Forschung. In Erdkundliches Wissen, H. 12, Wiesbaden 1966

TUCKER, C.J.: A comparison between the first four thematic mapper reflective bands and other satellite sensor systems for vegetational monitoring. Proc. Amer. Soc. Photogram. Albuquerque, New Mexico (1978) 1839-1852

TUCKER, C.J.; VANPRET, E.; BOERWINKEL, E.; GASTON, A.: Satellite remote sensing of total dry matter production in the Senegalese Sahel. Remote Sensing of Environment 13 (1983) 461-478

UHLIG, H.: Die Kulturlandschaft. Methoden der Forschung und das Beispiel Nordostengland. Kölner Geographische Arbeiten 9/10 (1956)

UHLIG, H.: Das Gefüge niederrheinischer Siedlungen im Luftbild. Landeskundliche Luftbildauswertung im mitteleuropäischen Raum 3 (1960) 41-50

U.S. GEOLOGICAL SURVEY: Landsat Data Users Handbook. Revised Edition Arlington Virginia 1979

U.S. GEOLOGICAL SURVEY: Landsat 4 Data Users Handbook. Goddard Space Flight Center, Greenbelt, Maryland 1984

VERSTAPPEN, H.Th.: Remote sensing in geomorphology. Amsterdam 1977

VERSTAPPEN, H.Th.: Applied Geomorphology. Amsterdam 1983

VOSS, F.: Kalimantan Timur. East Kalimantan Transmigration area development project (TAD) Atlas, Hamburg 1982

WEISCHET, W.: Klimatologische Interpretation von Meteosat-Aufnahmen. G.R. (1979) 337-342; 379-381; 421-423; 515-517

WEISCHET, W.: Klimatologische Interpretationen von Meteosat-Aufnahmen. G.R. (1980 a) 39-40; 80-84; 114-115; 267-270; 307-308; 345-346; 378-380

WEISCHET, W.: Der Vorteil einer Baukörperklimatologie unter Verwendung von Fernerkundungsverfahren für Zwecke der Stadtplanung. In SCHNEIDER, S. (Hrsg.): Angewandte Fernerkundung, Hannover 1984, 244-250

WIECZOREK, V.: Der Einsatz von Äquidensiten in der Luftbildinterpretation und bei der quantitativen Analyse von Texturen. Münchner Geogr. Abh. Bd.7, München 1972

WILKE, F.: Die Verwendung von Schrägluftbildern in der Stadt- und Regionalplanung. In SCHNEIDER, S. (Hrsg.): Angewandte Fernerkundung. Hannover 1984, 91-94

WILLIAMS, D.F.: Integrated land survey methods for the prediction of gully erosion. In TOWNSHEND, J.R.G. (Hrsg.): Terrain Analysis and Remote Sensing, London 1981, 154-168

WILLIAMS, R.S.; CARTER, W.O. (Hrsg.): ERTS-1 A new window on our planet. Geol. Surv. Prof. Paper 929, Washington 1976

WILLIAMS, R.S. (Hrsg.): Geological applications. In COLWELL, R.N. (Hrsg.): Manual of Remote Sensing II, Falls Church 1983, 1667-1954

WIENEKE, F.;. RUST, V.: Das Satellitenbild als Hilfsmittel zur Formulierung geomorphologischer Arbeitshypothesen (Beispiel Zentrale Namib, Südwestafrika). Wiss. Forschung in Südwestafrika 11 (1972)

WIESNET, D.R.; MATSON, M. (Hrsg.): Remote sensing of weather and climate. In COLWELL, R.N. (Hrsg.): Manual of Remote Sensing II, Falls Church 1983, 1305-1369

WINKENBACH, H.; MEIßNER, D.: MOMS a new optoelectronic scanning system for remote sensing demonstrated in Space Shuttle missions. XXXVth IAF Congress – Lousanne, Switzerland, October 1984, 1 – 11.

ZIMMER, D.: Luftbildinterpretation- Siedlungs- und Wirtschaftsstrukturen der Bundesrepublik Deutschland. Die Industrie. Düsseldorf 1981

Sachregister

Stichwörter beziehen sich hauptsächlich auf Begriffe, die unmittelbar mit der Fernerkundung in Verbindung stehen. Regionale und allgemein geographische Begriffe, die im Zusammenhang mit den Interpretationsbeispielen erwähnt werden, wurden nicht aufgenommen. Die kursiven Seitenzahlen bezeichnen Stellen im Text, an denen der jeweilige Begriff erläutert bzw. definiert wird.

Abbildung 25; 204
Absorption 26; 29
Abtast/streifen 36; 38; 52f.; 57; 61; 76
 -systeme s. MOMS; HRV; MSS; RBV
 -vorgang 50; 52f.; 70
additive Farbmischung 45; 48; 50
aerial photographs 24
air photo pattern 22; 113
Albedo 29
Apertur, reale 73
 -, synthetische 73f.; 208
Apollo 32f.
Application Technology Satellite ATS 76
Arundel- methode 104f.
atmosphärische Fenster 28; 177
Auflösung 73f.; 77ff.; 78; 202; 222
 -, multispektrale 190
 -, räumliche 51; 53; 57; 59f.; 71; 77; 78f.; 177; 200; 222f.
 -, radiometrische 53; 79; 190; 196; 222f.
 -, spektrale 51; 79; 222f.
 -, thermale 79; 177
 -, zeitliche 76; 80; 222f. s. Repetitionsrate
Auflösung in (Schräg) Entfernungsreichweite 73
Auflösungsvermögen 31; 44; 50ff.; 58; 71; 73ff.; 78f.; 222. s. Auflösung

Aufnahme/basis *(b)* 87; 88
 -systeme 32; 50 - 60; 76
Aufsichtaufnahme 204
Auswertung 70ff.; 75; 192
 s. Interpretation
AVHRR 76
Azimutauflösung, azimuth resolution 73

Beispielschlüssel 117; *118*
Bild 24; *25*; 64f.
 -basis *(b')* 87; 88; 94; 96 - 100; 104; 106
 -element *61ff.*; 66; 198; 201
 -mittelpunkt *(M* oder *N')* 84; 87; 89; 93f.; 96 - 100; 104
 -, übertragener *(M')* 87; 93f.; 96 - 100; 104f.
 -verbesserung 65 - 68; 190
Boden/klassifizierung 148ff.
 -zerstörung 151ff.; 163
Breitbandmodus 57
Brennweite *(f)* 42; *87*; 88

Charge Coupled Devices CCD 55; 56
CITARS 200;
colour additive viewer 48
Computer Compatible Tape CCT 65
contrast stretching 66

Sachregister

Daten/aufnahme 32; *60*; 61
 -relaissatellit 40; 63
 -übermittlung 32; 38; 40; 50; 63
 -verarbeitung 60f.; 74; 184; 223
 -verteilung 63f.
Dehnungsverfahren *66f.*; 190; 196
density slicing 71; 178
DFVLR 44; 56; 63
Diazo - Prozess 48ff.
Dichte - Trennung 71
Dielektrizitätskonstante 74; 203
digital image enhancement 65
DOMSAT *40*
Doppeloptik 56f.
Dopplerverschiebung *73*; 74
Dreipunktemethode 102

Earth Resources Operation Systems EROS *64*
Echtzeit *38*; 63
edge enhancement 68
Eichung 65; 70
 s. Kalibrierung
Einzelobjektivkamera 41f.
elektromagnetisches Spektrum 23; 26ff.
elektromagnetische Strahlung 26; 27; 71
electron beam image recorder 65
Eliminationsschlüssel 117; *118*
Emission 79
Empfangsstationen 63
Entzerrung 90; 103; *104*; 105f.
 -, differentielle 108
 -, digitale 184
Erntevorhersagen 200ff.
EROS Data Center 64; 68

Falschfarben/bilder 45; *47*; 49f.; 148; 174
 -komposite 196
Farb/äquidensiten *60*; 71; 178
 -bild *45*; 46; 49
Farben
 -, komplementäre *45*
 -, primäre *45*
Farb/film 44ff.
 -mischprojektor 48; 196
 -mischung, additive *45*; 48ff.
   -, subtraktive *45*; 50
 -sehen 29f
 -ton 24; *113*; 188

Fehler
 -, geometrischer *64*;
 -, radiometrischer *64*; 65
Fernerkundung 19f.; *21*; 22 - 25; 222f.
 nicht photographische Daten 20; 173ff.
 Plattformen *31*
 Systeme, s. MSS, Radiometer, Radar, Lidar
 -, aktive *29*; 74
 -, passive *29*; 75
Fernsehkameras 50f.
Filme 42 - 48
Flug/bahn- oder Umlaufnummer 40
 -höhen 31ff.; 36; 38; 44; 76; *87*; 88
Flurformen 160
Frequenz 26
Fusion *90*; 92

Gemini 32
Gewässer/beobachtung 179; 180ff.; 211ff.;
 -netz 143ff.
Glättung 68; 190;
GOES *33*; *76*; 80
GMS *33*; 76
Grau/skala 66f.
 -ton 24; 65; 70; 74; *113*; 116; 120; 122; 140; 146ff.; 151; 188; 196
ground range images 204

Hangneigung 101f.
HCMM *36*; 38; 71; 180; 184f.
Heat Capacity Mapping Mission s. HCMM
High Altitude Photography HAP *31*
High Gain Antenna 40
High Resolution Visible HRV 57
Histogrammangleichung 67
histogram - equalized stretch 67
Hochbefliegungsphotographie 31f.; 42
Höhenunterschiede 89; 99f.

Identifizierung 110
IFOV 61; 79; 177
images 24
image enhancement *65ff.*
Image Processing Facility IPF *65*
Infrarot IR 23; 26f.; *28*; 30; 173
 -, fernes 28; 30; 173f.;
 -, nahes oder solares 26; 28; 173f.
 -, photographisches *174*

-, reflektiertes 26; 28; 30; 173; 177
-, thermales 28; 30; 177
Infrarot/abtaster 69
-aufnahme 25; 174f.
-erkundung 176 - 187
-farbtechnik 44; 46f.; 148; 174f.
-reflexion 30; 174f.
Instantaneous Field of View s. IFOV
integrated multidisciplinary surveys 22
Interpretation 19f.; 22; 70f.; 75; *110*; 111 - 116
-, automatische 23; *25*; 188; *197* - 200
-, maschinelle 25
-, qualitative 25; *199*; 200
-, quantitative *25*; 199f.
-, visuelle 20; 25; 113; 184; *188ff.*; 194; 196f.; 199f.
von digitalen Daten 173ff.
  -Luftbildern 110 - 172
  -MSS - Bildern 188 - 202
  -nichtphotographischen Produkten 113; 173 - 187
  -SLAR - Daten 202ff.
Interpretationsschlüssel *117*; *118*; 148; 197
IR s. Infrarot

Kalibrierung 70; 214
Kameratypen 41ff.
Klassifizierung 110; 197ff.; 201
-, automatische 188; 197ff.
-, nicht überwachte 197
-, überwachte 197
Komplementärfarben *30*; 45f.; 48
Kontrastdehnen 66

LACIE 200f.
Landnutzungskartierung 162ff.; 165; 200ff.
Landsat 4; 36 - 40; 50ff.; 63; 79f.
Landressourcenkartierung 157f.; 165; 191ff.; 205ff.
Landsat/-Infrarot Aufnahmen 25
  -MSS Aufnahmen 25; 38; 40; 49ff.; 188ff.; 192; 197; 200
  -RBV Aufnahmen 50f.
  -szene 40f.; 190
  -TM Aufnahmen 53f.
Landsystem, land system *157ff.*; 192
Landsystemkonzept 157

land units *158*
Laser 26
Laser beam image recorder 65
Laser/strahl - Bildaufzeichner 65
  -radar 74f. s. Lidar
lay over 204
Light Detection and Ranging s. Lidar 23; *74*
linear array of detectors 55; 57
lineare Dehnung, linear stretch 57
Linsenstereoskop *91*; 92
local operations 68
Luftbild 23; *24f.*; 81ff.; 111; 223
  -interpretation 20ff.; *24*; 84; 90; 110ff.; 118 - 172
  -muster 115; 135

Maßstab 24; *87f.*; 105; 149
Maximum Likelihood Verfahren 202
mehrlinsige Kamera 41f.
Meteosat 33; 76f.
Metric Camera Experiment 42ff.
Mikrowellen 23; 28; *30*; 31; 71f.
  -erkundung 28
  -systeme 75
Modular Optoelectronic Multispectral Scanner MOMS *56*; 57f.
momentanes Gesichtsfeld 61; 79; 177;
Multilinsenkamera 48
Multimission Modular Spacecraft MMS *39*
Multispectral Scanner MSS 23; *50*; 52; 61; 79
  -Aufnahmen 25; 40; 49f.; 63; 188ff.
  -Systeme 32; 50; 52ff.; 69
Multispektralabtaster s. Multispectral Scanner
Multispektralkamera 41f.; 48
Muster 113; 115f.; 146; 158; 188; 193

Nadir 57; 77; 84; *86*; 99
NASA 40; 63
naturräumliche Gliederung 22; 157
near polar orbit *34*;
nicht - bild erzeugende Systeme 69
nicht - photographische/Methoden 23; 50f.; 227
  -Produkte 24f.
NOAA 76
non imaging systems 69

Sachregister 243

Oberflächenklassifizierung 119-143; 148ff.; 193
Öffnungswinkel 57; 79
  s. Instantaneous Field of View
operational satellites 76
optoelektronische Systeme 55 - 60
optomechanische Systeme 50 - 54
  s. RBV; MSS; TM
Orthophoto *106*; 107 - 109
  -skop 108
Orthogonalprojektion 106; 109; 204

Panoramakamera 41; *42*;
pathnumber *40*
Parallaxe *96f.*; 98 - 101; 109
Paßpunkte 105f
Photobasis *87*
Photographie 24; 44
Pixel *61*; 68
Plattformen 23; 31
point operations 68
Primärfarben 45f.; 48
previsual symptom 175
principal component enhancement 68
push broom scanning *55*

Radam 205
Radar/ *23*; 26; 71; 203f.
  -bild 72; 74; 202; 204f
  -echo 29; 72; 74; 202f.
  -system 28f.; 71ff
  -wellen 27; 71
Radialschlitzschablonen 106
Radiometer 23; *69*; 75f.; 180f.; 212f.
Radiowellen 26
Rahmenmarken *87*
Randschärfenverbesserung 68
range resolution 73
Ratioverfahren 68; 190
reale Apertur 73
real time 38
Reflexion 28; *29*; 30; 73
Reflexionswerte 24
Reihen/bildkamera 41f
  -meßkammer RMK 42; 44
  -nummer 40f.
Relaissatelliten 63
Repetitionsrate 38; 59; *80*
Return Beam Vidicon RBV *50f.*; 53; 63

Röntgenstrahlen 27f
rownumber *40*; 41
Rückstrahlfähigkeit s. Albedo

SAR 71; 73f; 208f.
Satelliten/ 23; *32*; 35; 76
  -bild *25*
  -erkundung 32; 45; 214f.; 225
Schatten *116*; 203f.
Schräg/aufnahmen 32
  -entfernungsreichweite 73
  -luftbild *81f.*; 170f.
  -sichtaufnahmen 204
Schwarzweißphototechnik 25; 42; *44*; 45; 48ff.; 51
Seasat 38; 74; 215
Seitensichtradar s. SAR; SLAR
selektiver Interpretationsschlüssel 117
Senkrechtluftbild 81f.; 84; 96
sichtbares Licht 26ff.
Side Looking Airborne Radar SLAR *71*; 72f.; 214
Siedlungskartierung 165ff.
SIR-A 74
Skylab 32f.
slant range images 204
SLAR *71*; 72f.; 214
smoothing 68
Solid Line Scanner 44; *55*
spektrale Trennbarkeit 198
Spektralphotometer 30
Spektralsignatur 30
Spektrum, sichtbares s. elektromagnetisches Spektrum
Spiegelstereoskop *92*; 93
SPOT 38; *57*; 59
Stereo/mikrometer 101f
  -modell 94f.; 102
  -orthophoto 109
  -paar 82; 91; 97
  -photogrammetrie 97
  -überlappung 82; 92f.
Stereoskope 91ff.
stereoskopisches Betrachten 21; 24; *59f.*; 82; 85; *90*; 91 - 95; 116
Strahlung s. elektromagnetische Strahlung
  Ultraviolett-Strahlung
Strahlungs/energie 27
  -thermometer 69; 181

Streifen/beseitigung 68
-kamera 41; *42*
Streuung *29*
Subsatellitenpunkt 77
subtraktive Farbmischung *45*
supervised classification 197
swathing pattern *36*
Symptom, präsichtbares s. previsual symptom
synthetische Apertur SAR 73; 208

Taschenstereoskop 91
Temperaturaufzeichnung 69ff.; 177
Textur 24; *116*; 117; 148; 188
Thematic Mapper TM 40; *53f.*; 61; 63; 79; 180
thermales Infrarot s. TIR 69; 75; 177
Tierpopulationen 219ff.
TIR/ abtaster 69; 180
-aufnahmen 70f.; 177ff.; 184
-erkundung 71; 177 - 187
TIROS-N 76; 80; 218f.
Tracking and Data Relay Satellite TDRS *40*; 63
Trainingsgebiet 197f.
Transmission 28
true range images 204

Über/hängen 204
-höhung 95
Übungsgebiet 197f.

Umlauf, geneigter oder schräger *33*
geostationärer *33*
geosynchroner *33*
polarer oder fast polarer 33; *34*; 76
sonnensynchroner *34*; 38
Umlauf/bahnen *32ff.*; 36ff.; 76
-nummer 40
-periode und -zeit 36ff.
unsupervised classification 197
Ultraviolett/ UV 28
-photographie 44
-strahlung 27

Vegetations/kartierung 146ff.; 199
-schäden 148; 175f.
Versatz 85; 88ff.
vertikale Überhöhung 95
Verzerrung 64; 77; 84; 88
-, seitliche 204
VHRR 76
Vidicon 50

Wärmeemission 28; *30*;
Waldschadenskartierung 148; 176
Wasserressourcen 210 - 215
Wellenlänge 26; 27; 52f.; 57; 71ff.; 76; 174; 177
Wetter/beobachtung 33; 75; *76*; 218f.
-satelliten 75ff.; 218f.
Worldwide Reference System WRS *40*

zentralperspektivische Abbildung 56; *84*; 88
Zentralprojektion 84f.